Lecture Notes in Mathematics

Edited by A. Dold and B. Eckmann

868

Surfaces Algébriques

Séminaire de Géométrie Algébrique d'Orsay 1976–78

Edité par J. Giraud, L. Illusie et M. Raynaud

Springer-Verlag
Berlin Heidelberg New York 1981

Editeurs
Jean Giraud
Luc Illusie
Michel Raynaud
Université de Paris-Sud, Centre d'Orsay, Mathématique, Bât. 425
91405 Orsay Cédex, France

AMS Subject Classifications (1980): 10D21, 14D25, 14F05, 14F30, 14F40, 14J10, 14J17, 14J25, 14K10, 14L05, 14L15

ISBN 3-540-10842-4 Springer-Verlag Berlin Heidelberg New York
ISBN 0-387-10842-4 Springer-Verlag New York Heidelberg Berlin

CIP-Kurztitelaufnahme der Deutschen Bibliothek

Surfaces algébriques / Séminaire de Géométrie Algébrique d'Orsay 1976 – 78. Ed. par J. Giraud ... – Berlin; Heidelberg; New York: Springer, 1981.
(Lecture notes in mathematics; Vol. 868)
ISBN 3-540-10842-4 (Berlin, Heidelberg, New York)
ISBN 0-387-10842-4 (New York, Heidelberg, Berlin)
NE: Giraud, Jean [Hrsg.]; Séminaire de Géométrie Algébrique <1976 – 1978, Orsay>; GT

Printing and binding: Beltz Offsetdruck, Hemsbach/Bergstr.
2141/3140-543210

INTRODUCTION

Ce volume rassemble des exposés du séminaire organisé à Orsay en 1976-77 et 1977-78 sur quelques aspects de la théorie des surfaces algébriques. Trois thèmes principaux sont abordés :

a) Les exposés I à III sont une introduction à l'étude des surfaces de Hilbert-Blumenthal. On donne leur interprétation modulaire et on calcule certains invariants classiques : dimensions d'espaces de formes automorphes, etc.

b) Les exposés IV à VII sont consacrés à des questions de calcul différentiel en caractéristique p . Dans l'exposé IV, on prouve, à partir du théorème de Rudakov-Shafarevitch, que toute surface K3 polarisée en caractéristique p se relève en caractéristique nulle. Dans l'exposé V, on montre que la variété modulaire formelle d'une surface K3 ordinaire de caractéristique différente de 2 possède une structure naturelle de groupe formel, analogue à celle de la variété modulaire formelle d'une variété abélienne ordinaire. Cette dernière structure est étudiée dans l'exposé Vbis, où l'on compare les points de vue de Dwork et de Serre-Tate. L'exposé VII contient un résultat d'annulation utilisé dans l'exposé VI, qui présente le théorème de dualité plate de Milne à l'aide du formalisme du complexe de de Rham-Witt.

c) Les trois derniers exposés portent sur des travaux de Bogomolov. L'exposé VIII rappelle la théorie de Mumford de la stabilité. L'exposé IX présente le point de vue de Bogomolov sur l'instabilité des fibrés vectoriels. L'exposé X donne des applications aux surfaces de type général, en particulier l'inégalité de Miyaoka $c_1^2 \leqslant 3c_2$.

Orsay, janvier 1981

J. Giraud, L. Illusie, M. Raynaud

Les formations associées au C.N.R.S. suivantes ont participé à ce séminaire : ERA n° 653 et LRA n° 305.

TABLE DES MATIERES

SURFACES D'HILBERT-BLUMENTHAL

Exposé I par J. GIRAUD (*)

d'après HIRZEBRUCH et beaucoup d'autres

(*) Equipe de Recherche Associée au C.N.R.S. n° 653

Les groupes d'Hilbert-Blümenthal et les fonctions automorphes qui leur sont attachées apparaissent lorsque l'on étudie les espaces de modules de variétés abéliennes de dimension g dont l'anneau d'endomorphismes contient un ordre d'un corps de nombres totalement réel de degré g. Ces exposés ne prétendent que servir d'introduction à un sujet maintenant très étendu auxquels ont contribué beaucoup de mathématiciens. Les travaux les plus récents et les résultats les plus complets traitent du cas $g=2$ dans le cas analytique complexe et sont dûs principalement à Hirzebruch et Zagier. Ils ne font pas usage de l'interprétation modulaire par laquelle je vais commencer mais celle-ci m'a semblé indispensable pour guider le néophyte que je suis dans ce vaste jardin. Il est une raison plus sérieuse. La thèse de Rapoport établit, dans le cadre de la géométrie algébrique, l'existence de compactifications des variétés d'Hilbert-Blumenthal de dimension g et décrit leur frontière de façon combinatoire (éventails) et le lien avec le point de vue transcendant ne peut guère être assuré que par l'interprétation modulaire.

Je me limiterai ici au cas $g=2$ (sur le corps des nombres complexes) et m'efforcerai de décrire la compactification explicite dûe à Hirzebruch de façon à illustrer le plus directement possible la vaste généralisation exposée dans Smooth Compactification of Locally Symmetric Varieties de Ash, Mumford, Rapoport et Tai, Math. Sci. Press, 1975 .

On ne peut s'empêcher de signaler ici un problème modulaire encore plus particulier, où l'on impose à une variété abélienne de dimension g d'avoir de la multiplication complexe, c'est à dire que son anneau d'endomorphismes contient l'anneau d'entiers d'un corps de nombres de degré $2g$. L'espace modulaire est alors de dimension nulle, mais, loin d'être trivial, il donne naissance à des extensions de corps de nombres et conduit à la description de certains corps de classes par les "valeurs en des points spéciaux de certaines fonctions modulaires" (Shimura et Taniyama pour g quelconque, Deuring pour $g = 1$). On peut espérer que les méthodes de géométrie algébrique utilisées avec succès par ces auteurs finiront par être de quelque secours dans le domaine qui nous occupe ici. Pour terminer sur ce point, notons que les points singuliers des variétés d'Hilbert-Blumenthal correspondent à des variétés abéliennes à multiplication complexe ayant en outre des automorphismes exceptionnels respectant une polarisation convenable.

§ 1. Variétés abéliennes.

Ce bref rappel se limitera au point de vue le plus naïf : tore complexe admettant une forme de Riemann. Pour plus de détails, on consultera le livre de Mumford ou le Séminaire fait ici il y a 9 ans.

Un tore complexe X de dimension g est le quotient d'un espace vectoriel complexe T de dimension g par un réseau π, (sous-groupe discret de rang maximum donc $2g$). Bien entendu, T s'identifie à la fois à l'algèbre de Lie et au revêtement universel de X et π à son groupe fondamental. Le dual $\hat{X}$ de X est le quotient de l'espace vectoriel $\hat{T}$ des formes $\underline{\underline{C}}$- antilinéaires $f:T \longrightarrow \underline{\underline{C}}$ par le réseau dual $\hat{\pi} = \{f \in \hat{T}$, pour tout $x \in \pi$, $\mathrm{Im}(f(x)) \in \mathbb{Z}\}$. Cette définition se justifie par le fait que $\hat{X}$ s'interprète comme la composante neutre $\mathrm{Pic}^{\circ}(X)$ de la variété de Picard de X. Un morphisme $X \longrightarrow \hat{X}$ s'interprète donc comme une forme $H:T\times T \longrightarrow \underline{\underline{C}}$, linéaire par rapport à la première variable et antilinéaire par rapport à la seconde telle que $\mathrm{Im}\, H(x,y) \in \mathbb{Z}$, si $x,y \in \pi$, le morphisme ϕ_H attaché à une telle forme étant défini par son application tangente à l'origine notée f_H, avec

$$(1) \quad \phi_H : X \longrightarrow \hat{X},\ f_H : T \longrightarrow \hat{T},\ f_H(x)(y) = H(x,y).$$

On a bien sûr $X = \hat{\hat{X}}$ (qui s'interprète comme l'isomorphisme de bidualité $X \simeq \mathrm{Pic}^{\circ}(\mathrm{Pic}^{\circ}(X))$) et par suite, on a une involution sur $\mathrm{Mor}(X, \hat{X})$ notée $f \longmapsto \hat{f}$ et si l'on pose $\hat{H}(x,y) = \overline{H(y,x)}$, on a $\hat{\phi}_H = \phi_{\hat{H}}$. On appelle groupe de Néron-Severi de X le groupe

$$(2) \quad NS(X) = \{\phi : X \longrightarrow \hat{X}\ ,\ \ \hat{\phi} = \phi\}$$

qui est aussi l'ensemble des formes hermitiennes sur T de partie imaginaire entière sur π. Dire qu'une telle forme est non dégénérée signifie que le morphisme ϕ_H est surjectif, son noyau est donc un groupe fini, dont l'ordre est $(\hat{\pi}:\phi_H(\pi))$. Pour calculer celui-ci, on introduit

$E = \operatorname{Im} H$, qui est une forme $\mathbb{Z}$-bilinéaire alternée sur π, qui satisfait à $E(ix,iy) = E(x,y)$ et qui détermine H par la formule $H(x,y) = E(ix,y) + iE(x,y)$. Dire que H est non dégénérée signifie que E l'est et l'on définit alors le degré de ϕ_H comme le cardinal de son noyau ce qui donne

(3) $\quad \deg(\phi_H) = \det E.$

où l'on représente E par une matrice dans une base quelconque du réseau π.

On appelle <u>forme de Riemann</u> sur X une forme hermitienne $H \in NS(X)$ qui est positive et non dégénérée. On dit qu'un tore complexe est une <u>variété abélienne</u> s'il admet une forme de Riemann. Pour expliquer l'introduction de cette notion, il faut relier le groupe $NS(X)$ défini par (2) à celui défini en termes de faisceaux inversibles. Pour cela, on note que, pour tout O_X-module inversible L et tout $a \in X$ on a un élément $cl(L_a - L)$ de $Pic(X)$, où L_a désigne l'image inverse de L par la translation $T_a(x) = x+a$ de X. En fait, cet élément appartient à $Pic^\circ(X)$ et L définit une application

(4) $\quad \phi_L : X \longrightarrow \hat{X} = Pic^\circ(X)$

dont on montre que c'est un morphisme de tores complexes qui est symétrique ($\hat{\phi}_L = \phi_L$) et on a donc associé à L un élément $H(L) \in NS(X)$ défini par $\phi_{H(L)} = \phi_L$.

<u>Théorème 1.1.</u> L'application $L \longmapsto H(L)$ induit un isomorphisme de groupes $Pic(X)/Pic^\circ(X) \xrightarrow{\sim} NS(X)$. Par cet isomorphisme, les faisceaux amples correspondent aux formes hermitiennes positives non dégénérées.

Notons qu'il n'y a qu'une façon, au signe près, d'identifier fonctoriellement $\hat{X}$ et $\mathrm{Pic}^{\circ}(X)$; en imposant que les faisceaux amples correspondent aux formes positives, on fixe ce signe. Les variétés abéliennes apparaissent ainsi comme les tores complexes que l'on peut munir d'une structure de variété algébrique (nécessairement unique). induisant la structure complexe donnée. Nous retiendrons que le groupe de Néron-Severi d'une variété abélienne X est muni du "<u>cône-positif</u>" des formes hermitiennes positives non dégénérées, que l'on note $NS^{+}(X)$. Le théorème de Riemann-Roch va nous permettre d'expliciter, pour une variété abélienne de dimension 2, (surface abélienne), la forme d'intersection sur le groupe de Néron-Severi.

<u>Théorème</u> 1.2. (Mumford p. 150 et 162). Soit L un O_X-module inversible sur une variété abélienne X de dimension g. Soit D un diviseur tel que $L = O_X(D)$. On a $\chi(L) = (D^g)/g!$ et $\chi(L)^2 = \deg \phi_L$, où (D^g) est le nombre d'intersection de g copies de D et où $\deg \phi_L = 0$ si le noyau de ϕ_L est de dimension > 0, cependant que $\deg \phi_L$ est le cardinal de ce noyau s'il est fini. En outre, dans le dernier cas, $H^i(X,L) = 0$ sauf lorsque i est le nombre de valeurs propres négatives de la forme hermitienne $H(L)$.

On a vu que $\deg \phi_L$ est le déterminant de $E(L) = \mathrm{Im}\, H(L)$, et comme le déterminant d'une matrice alternée est le carré de son pfaffien, on a forcément

(5) $(D^g) = g!\, \chi(L) = \pm\, g!\, \mathrm{Pf}(E(L))$

Le réseau π étant contenu dans l'espace vectoriel complexe T il est muni d'une orientation naturelle qui est celle que l'on choisit pour définir le pfaffien de la forme alternée E.

On peut montrer que l'on a toujours le signe + (Mumford p. 155) et par suite, pour une _surface_ abélienne X et un $H \in NS(X)$ la forme d'intersection est donnée par

(6) $(H.H) = 2 \, Pf \, E$

Si L est un O_X-module inversible tel que $H = H(L)$ et si $H \in NS^+(X)$, on aura en outre (lorsque $g = \dim X = 2$)

(7) $\dim H^0(X,L) = \dim H^2(X,L^{-1}) = \frac{1}{2}(H.H) = \sqrt{\deg \phi_H}$.

En revanche, si H est non dégénérée mais a deux valeurs propres de signes contraires, alors on a

(8) $\dim H^1(X,L) = \dim H^1(X,L^{-1}) = -\frac{1}{2}(H.H) = \deg \phi_H$.

§ 2. Variétés abéliennes à multiplication réelle ou complexe.

On prendra garde que certains des résultats énoncés ici ne sont pas valables en caractéristique positive. En effet, la taille de l'anneau d'endomorphismes est limitée en caractéristique nulle par le fait qu'il opère sur le groupe fondamental, alors qu'en caractéristique $p > 0$ on ne dispose que des représentations l-adiques, $l \neq p$. Un phénomène typique est que l'anneau d'endomorphismes d'une variété abélienne "générale" sur $\underline{C}$ est réduit à $\mathbb{Z}$, alors qu'une variété abélienne définie sur un corps fini admet toujours un endomorphisme, à savoir le frobenius. Certes celui-ci peut être scalaire (appartenir à $\mathbb{Z}$) et l'on n'est guère avancé en apparence mais, dans ce cas, un résultat de Tate (Inven. Math., 2 (1966), p. 134) nous apprend que l'anneau d'endomorphismes est alors aussi gros que possible, c'est à dire de rang $4g^2$ sur $\mathbb{Z}$.

Ceci dit, comme nous travaillons sur le corps des nombres complexes, compte tenu des énoncés admis jusqu'ici, ceux que l'on va démontrer sont des exercices d'algèbre linéaire. Si $f:X \longrightarrow Y$ est un morphisme de variétés abéliennes, on notera $Tf:TX \longrightarrow TY$ son effet sur les algèbres de Lie, $\pi f:\pi X \longrightarrow \pi Y$ son effet sur les groupes fondamentaux et $\hat{f}:\hat{Y} \longrightarrow \hat{X}$ son effet sur les variétés abéliennes duales. Le premier point est que Mor(X,Y) est un $\mathbb{Z}$-module de type fini, car il se plonge dans $Mor(\pi X,\pi Y)$, et sans torsion car $Tnf = nTf$, $n \in \mathbb{Z}$. On dira que f est un isogénie si Tf est bijectif, ce qui signifie que f est surjectif à noyau fini et l'on a alors grâce au lemme du serpent

(1) $\quad \operatorname{Ker} f = \operatorname{coker} \pi f.$

Il est immédiat qu'il existe alors une isogénie $g:Y \longrightarrow X$ telle que $gf(x) = Nx$ et $fg(y) = Ny$, où $N = \deg f = \operatorname{card} \operatorname{Ker} f$. Pour énoncer sans contorsion les conséquences de cette remarque, il est commode de plonger la catégorie des variétés abéliennes dans une catégorie qui a mêmes objets mais où l'ensemble des morphismes de X dans Y est

(2) $\quad \operatorname{Mor}(X,Y)_o = \operatorname{Mor}(X,Y) \otimes_{\mathbb{Z}} \mathbb{Q}$

ce qui revient à inverser les isogénies. On est immédiatement récompensé par le théorème de complète réductibilité de Poincaré qui affirme que cette nouvelle catégorie est semi-simple, ou encore sans cuistrerie, que toute variété abélienne est isogène à un produit de variétés abéliennes simples, la classe à isogénie près des composantes ne dépendant pas de la décomposition choisie. On en tire le théorème que voici :

<u>Théorème. 2.1.</u> Soit X une variété abélienne de dimension g . Alors $\mathrm{End}(X)_o = \mathrm{End}(X)\otimes_{\mathbb{Z}}\underline{\underline{Q}}$ est une $\underline{\underline{Q}}$-algèbre semi-simple de rang fini. Si X est isogène à $\Pi X_i^{n(i)}$ où les X_i sont simples et deux à deux non isogènes, on a $\mathrm{End}(X)_o = \Pi M_{n(i)}(E_i)$, où $E_i = \mathrm{End}(X_i)_o$ est un corps de rang fini sur $\underline{\underline{Q}}$ et où $M_{n(i)}$ désigne l'anneau des matrices carrées d'ordre $n(i)$.

<u>Corollaire 2.2.</u> On a $(\mathrm{End}(X)_o : \underline{\underline{Q}}) \leq 2g^2$ avec $g = \dim X$.

Le plongement $\pi X \longrightarrow TX$ donne un $\mathbb{R}$-isomorphisme $\pi X\otimes_{\mathbb{Z}}\mathbb{R} = TX$ (car πX est un réseau), donc un isomorphisme $\pi X\otimes_{\mathbb{Z}}\underline{\underline{C}} = TX \oplus \overline{TX}$. Comme ces isomorphismes sont compatibles avec les opérations de $E = \mathrm{End}(X)$ on en tire que, par extension des scalaires de $\mathbb{Z}$ à $\underline{\underline{C}}$, la représentation de E dans πX devient isomorphe à la somme de sa représentation dans l'algèbre de Lie et de la représentation conjuguée de celle-ci, d'où l'inégalité cherchée. On notera que la représentation dans πX ne donnerait que $(E:\mathbb{Z}) \leq 4g^2$, inégalité valable en caractéristique positive à cause des représentations ℓ-adiques.

<u>Corollaire 2.3.</u> Soit K un sous-corps <u>commutatif</u> de $E_o = \mathrm{End}(X)_o$. Alors $(K:\underline{\underline{Q}}) \leq 2g$. Si $(K:\underline{\underline{Q}}) = 2g$, alors K est son propre commutant dans E_o, en outre X est isogène à X'^n, où X' est <u>simple</u> de dimension g/n, $\mathrm{End}(X')_o$ est un corps <u>commutatif</u> avec $(\mathrm{End}(X')_o : \underline{\underline{Q}}) = 2g/n$ et bien sûr $\mathrm{End}(X)_o = M_n(\mathrm{End}(X')_o)$. Si X est simple, $K = E_o$.

La représentation de K dans $\pi X\otimes_{\mathbb{Z}}\underline{\underline{Q}}$ plonge K dans $M_{2g}(\underline{\underline{Q}})$, ce qui prouve que $(K:\underline{\underline{Q}}) \leq 2g$ et que si $(K:\underline{\underline{Q}}) = 2g$, alors K est son propre commutant dans E_o. De plus, on sait que $X = \Pi X_i^{n(i)}$, donc K

se plonge dans l'un des quotients simples $M_{n(i)}(X_i)$ de E_o. Posons pour simplifier $n=n(i)$ et $X' = X_i$; on sait que $\mathrm{End}(X')_o$ est un corps car X' est simple et si Z est son centre, alors en posant $(\mathrm{End}(X')_o:Z) = h^2$ et $(Z:\underline{\underline{Q}}) = f$, on sait que $2g = (K:\underline{\underline{Q}}) \leq nhf$ car K est un sous-corps commutatif de $M_n(\mathrm{End}(X')_o)$. D'autre part, la représentation de $\mathrm{End}(X')_o$ dans $\pi X' \otimes_{\mathbb{Z}} \underline{\underline{Q}}$ est un multiple de l'unique représentation simple de ce corps donc fh^2 divise $2\dim(X')$, d'où l'on tire $2\sum n(i)\dim(X_i) = 2g \leq nfh \leq nfh^2 \leq 2n\dim(X')$. On en tire qu'il n'y a qu'une composante X_i, à savoir X', et que $h=1$, d'où la conclusion.

Pour savoir ce qu'il en est en caractéristique non nulle, voir Complex Multiplication of Abelian Varieties, by Goro SHIMURA et Yutaka TANAYAMA, Pub. Math. Soc. Japan, 1961, et l'article déjà cité de TATE.

Corollaire 2.4. Soit X une variété abélienne de dimension g et soit K un sous-corps commutatif de $\mathrm{End}(X)_o$ avec $(K:\underline{\underline{Q}}) = 2g$. Alors K est totalement imaginaire.

Puisque πX est de rang $2g = (K:\underline{\underline{Q}})$, $\pi X \otimes_{\mathbb{Z}} \underline{\underline{Q}}$ est un K-espace vectoriel de dimension 1. En étendant les scalaires de $\underline{\underline{Q}}$ à $\underline{\underline{C}}$, on en tire un K-isomorphisme $K \otimes_{\underline{\underline{Q}}} \underline{\underline{C}} \simeq TX \oplus \overline{TX}$. Or chaque $K \otimes_{\underline{\underline{Q}}} \underline{\underline{C}}$-module simple est obtenu en faisant opérer K sur $\underline{\underline{C}}$ grâce à l'un des $2g$ plongements $f_i : K \longrightarrow \underline{\underline{C}}$. Donc TX est décrit par g de ces plongements et l'isomorphisme ci-dessus montre que, en leur adjoignant leurs conjugués, on trouve tous les plongements complexes de K. Donc K est totalement imaginaire. En outre, les g plongements qui décrivent TX sont deux à deux distincts et deux d'entre eux ne sont jamais conjugués.

Notons au passage que, si on suppose $(K:\underline{\underline{Q}}) = g$ et K totalement réel, alors la décomposition en composantes K-simples de TX fait nécessairement intervenir les g plongements de K dans $\underline{\underline{C}}$ car sinon πX ne serait pas un réseau de TX. Bien entendu, $\mathfrak{o} = K \cap \mathrm{End}(X)$ est alors un ordre de K et πX un $\mathfrak{o}$-module sans torsion de rang 2, cependant que si $(K:\underline{\underline{Q}}) = 2g$, alors πX est un $\mathfrak{o}$-module sans torsion de rang 1. Si $(K:\underline{\underline{Q}}) = 2g$, on dit que X est une variété abélienne admettant de la multiplication complexe et si $(K:\underline{\underline{Q}}) = g$, on dit que X admet de la multiplication réelle. La terminologie dans le second cas est inspirée du premier et dans celui-ci elle tient au fait, que, si $g = 1$, alors un endomorphisme de X s'interprète comme un nombre complexe t tel que la multiplication par t dans TX respecte le réseau πX.

Corollaire 2.5. Soit X une variété abélienne admettant K comme corps de multiplication complexe. Il existe un K-isomorphisme $TX \xrightarrow{\sim} K \otimes_{\underline{\underline{Q}}} \underline{\underline{C}}$ tel que l'image de πX soit contenue dans l'image du morphisme naturel $K \longrightarrow K \otimes_{\underline{\underline{Q}}} \underline{\underline{C}}$.

On vient de voir que TX est K-isomorphe à $K \otimes_{\underline{\underline{Q}}} \underline{\underline{C}}$ et il suffit d'ajuster l'isomorphisme pour satisfaire à la seconde condition.

§ 3. La famille modulaire.

3.1. On fixe désormais un sous-corps K de $\mathbb{R}$ avec $(K:\mathbb{Q})=2$, on note $\mathcal{O}$ son anneau d'entiers et $x \longmapsto x'$ son automorphisme non trivial. On convient de noter

(1) $\mathbb{R} \oplus \mathbb{R}'$ (Resp. $\mathbb{C} \oplus \mathbb{C}'$)

la somme directe de deux copies de $\mathbb{R}$ (resp. $\mathbb{C}$) sur laquelle K opère par $k(x,y) = (kx, k'y)$. On appelle $\mathcal{O}$-surface abélienne une variété abélienne de dimension 2 munie d'un morphisme d'anneaux $\mathcal{O} \longrightarrow \mathrm{End}(X)$ grâce auquel on convient d'identifier $\mathcal{O}$ et son image. D'après les résultats du § 2, le groupe fondamental πX est un $\mathcal{O}$-module projectif de rang 2 et un tel module est isomorphe à $\mathcal{O} \oplus \mathfrak{a}$, où $\mathfrak{a}$ est un idéal fractionnaire qui contient $\mathcal{O}$. On a donc deux éléments e_1 et e_2 de πX tels que $\pi X = \mathcal{O}e_1 \oplus \mathfrak{a}e_2$. On a vu également que TX est $\mathcal{O}$-isomorphe à $\mathbb{C} \oplus \mathbb{C}'$. Or aucune des composantes simples de TX ne contient d'élément de l'image de $\pi X \longrightarrow TX$ car πX est un réseau. On peut donc choisir l'isomorphisme $TX \simeq \mathbb{C} \oplus \mathbb{C}'$ de façon que e_1 s'identifie à $(1,1)$, auquel cas $e_2 = (-z_1, -z_2)$ avec $\mathrm{Im} z_1 . \mathrm{Im} z_2 \neq 0$ car πX est un réseau. Donc X apparaît comme une des fibres de la famille modulaire que nous allons décrire.

3.2. On pose $S = \{z = (z_1, z_2) \in \mathbb{C}^2,\ \mathrm{Im} z_1 . \mathrm{Im} z_2 \neq 0\}$. On considère un idéal fractionnaire $\mathfrak{a}$ de $\mathcal{O}$ et pour $z \in S$, on pose

(1) $T(z) = \mathbb{C} \oplus \mathbb{C}'$, $\pi(z) = \mathcal{O}e_1 \oplus \mathfrak{a}e_2 \subset T(z)$, $X(z) = T(z)/\pi(z)$,

avec $e_1 = (1,1)$ et $e_2 = (-z_1, -z_2)$. Bien entendu, $X(z)$ apparait comme la fibre d'un morphisme de variétés analytiques complexes

(2) $\varpi : \underline{X}(\mathfrak{a}) \longrightarrow S$

où $\underline{X}(\mathfrak{a})$ est le quotient évident de $S \times \underline{\underline{C}}^2$, et cette fibre est un tore complexe muni d'opérations de $\mathfrak{v}$. On considère l'anneau des $\mathfrak{v}$-endomorphismes de $\mathfrak{v} \oplus \mathfrak{a}$, qui est

(3) $$E = \mathrm{End}(\mathfrak{v} \oplus \mathfrak{a}) = \left\{ \begin{pmatrix} a & b \\ c & d \end{pmatrix} , a \in \mathfrak{v} , b \in \mathfrak{a}^{-1}, c \in \mathfrak{a}, d \in \mathfrak{v} \right\}$$

les monoïdes

(4) $$M = M(\mathfrak{v},\mathfrak{a}) = \{\alpha \in E, \text{dét}(\alpha) \neq 0\},\ M^+ = M^+(\mathfrak{v},\mathfrak{a}) = \{\alpha \in E, \text{dét}(\alpha) \gg 0\}$$

où, pour un élément x de K, la condition $x \gg 0$ signifie que x est <u>totalement positif</u>, c'est à dire $x > 0$ et $x' > 0$. Les groupes

(5) $$GL_2(\mathfrak{v},\mathfrak{a}),\ GL_2^+(\mathfrak{v},\mathfrak{a}),\ SL_2(\mathfrak{v},\mathfrak{a})$$

sont définis respectivement par $\text{dét}(\alpha) \in U$, $\text{dét}(\alpha) \in U^+$, $\text{dét}(\alpha) = 1$, où U (resp. U^+) est le groupe des unités (resp. unités totalement positives) de $\mathfrak{v}$. On fait opérer $M(\mathfrak{v},\mathfrak{a})$ sur $\underline{X}(\mathfrak{a})$ et S de façon compatible avec la projection (2) par les formules ci-dessous, où $\alpha = \begin{pmatrix} a & b \\ c & d \end{pmatrix} \in M$

(6) $$\begin{cases} S(\alpha): S \longrightarrow S, & S(\alpha)(z_1,z_2) = \left(\dfrac{az_1+b}{cz_1+d}, \dfrac{a'z_2+b'}{c'z_2+d'}\right) \\ T(\alpha): T(z) \longrightarrow T(\alpha z), & T(\alpha)(t_1,t_2) = (\text{dét}(\alpha)t_1/(cz_1+d), \text{dét}(\alpha')t_2/(c'z_2+d')) \\ \pi(\alpha): \pi(z) \longrightarrow \pi(\alpha z), & \pi(\alpha)(ue_1+ve_2(z)) = ((au+bv)e_1+(cu+dv)e_2(\alpha z)) \end{cases}$$

En effet, il est facile de vérifier que $\pi(\alpha)$ et $T(\alpha)$ sont compatibles avec les inclusions $\pi(z) \subset T(z)$ et $\pi(\alpha z) \subset T(\alpha z)$.

<u>Lemme 3.3.</u> Pour tout couple (z,z') d'éléments de S, tout $\mathfrak{v}$-morphisme non nul $a: X(z) \longrightarrow X(z')$, est une isogénie et il existe un unique $\alpha \in M(\mathfrak{v},\mathfrak{a})$ tel que $a = X(\alpha)$, où $X(\alpha): X(z) \longrightarrow X(\alpha z)$ est le morphisme défini par (6). On a $\deg X(\alpha) = N_{K/Q}(\text{dét}(\alpha))$. Si $\alpha \in \mathfrak{v}$, on a $\deg X(\alpha) = N_{K/Q}(\alpha)^2$.

Le conoyau de a ne peut être de dimension 2 car a est non nul; s'il est de dimension 1, c'est une courbe elliptique munie d'opérations de $\mathfrak{o}$, ce qui n'existe pas, donc a est une isogénie. Alors $\pi(a):\pi X(z)\longrightarrow \pi X(z')$ s'identifie à une matrice $\pi(\alpha)$, $\alpha \in M$, et comme $T(a)$ est compatible avec $\pi(a)$, il ne peut être que donné par la formule (6). Enfin, le degré de l'isogénie $X(\alpha)$ est le cardinal du conoyau de $\pi(\alpha)$ donc vaut $N_{K/Q}(\text{dét}(\alpha))$.

On observera que l'on peut identifier un élément α de $\mathfrak{o}$ à une matrice diagonale et son action sur S est <u>triviale</u> donc α opère sur $X(z)$, c'est l'action déjà rencontrée.

3.4. Il faut maintenant déterminer le groupe de Néron-Severi de $X(z)$, ou du moins une partie de celui-ci. On rappelle qu'un élément du groupe de Néron-Severi est une forme hermitienne H sur $TX(z) = T(z)$, de partie imaginaire entière sur $\pi X(z) = \pi(z)$ et que H définit un morphisme symétrique $\phi_H : X(z)\longrightarrow X(z)\hat{}$. On pose

(1) $\mathfrak{o}\text{-}NS(X(z)) = \mathfrak{o}\text{-}NS(z) = \{H \in NS(X(z)),\ \forall\alpha \in \mathfrak{o},\ \phi_H \circ \alpha = \hat{\alpha} \circ \phi_H\}$

(2) $\mathfrak{o}\text{-}NS^+(X(z)) = \mathfrak{o}\text{-}NS^+(z) = \{H \in \mathfrak{o}\text{-}NS(z),\ H >> 0\}$.

On prendra garde que, pour tout morphisme $\alpha : X(z)\longrightarrow X(z)$, on a

(3) $\phi_{\alpha^*(H)} = \hat{\alpha} \circ \phi_H \circ \alpha$

donc la condition (1) <u>n'est pas</u> $H = \alpha^*(H)$.

<u>Proposition 3.5.</u> On a une application injective

(1) $n(z) : \mathfrak{o}\text{-}NS(X(z))\longrightarrow K$

telle que $n(z)(H) = h$ soit caractérisé par

(2) $Tr(ha) = E(ae_1, e_2)$, $E = Im(H)$, $a \in \mathfrak{o}$,

dont l'image est

(3) $\mathfrak{a}^* = \{h \in K, \forall a \in \mathfrak{a}, \mathrm{Tr}(ha) \in \mathbb{Z}\}$.

Si $h \in \mathfrak{a}^*$, la forme H telle que $n(z)(H) = h$ est

(4) $H((t_1,t_2),(s_1,s_2)) = t_1\overline{s_1}\, h/y_1 + t_2\overline{s_2}\, h'/y_2$, $(z_q = x_q + iy_q, q = 1,2)$

Enfin, on a

(5) $\mathfrak{o}\text{-NS}^+(z) = \{h \in \mathfrak{a}^*, hy_1 > 0, h'y_2 > 0\}$.

La condition que $H \in \mathfrak{o}\text{-NS}(z)$ de (3.4 (1)) s'écrit aussi

(6) $H(at,s) = H(t,as)$, $a \in \mathfrak{o}$, $t,s \in \underline{\underline{C}} \oplus \underline{\underline{C}}'$.

Il est clair que H définit une application $\mathbb{Z}$-linéaire

(7) $\mathfrak{a} \longrightarrow \mathbb{Z}$, $a \longmapsto E(ae_1,e_2) = E(e_1,ae_2)$,

ce qui détermine un élément $h = n(z)(H)$ de $\mathfrak{a}^*$ par la condition (2). Comme H est déterminée par sa partie imaginaire, l'application (1) est injective. Inversement, si $h \in \mathfrak{a}^*$, la forme hermitienne (4) satisfait évidemment à la condition (6) et sa partie imaginaire est $E(ae_1,be_2) = \mathrm{Tr}(hab)$ qui est entier pour $a \in \mathfrak{o}$, $b \in \mathfrak{a}$. Enfin (5) résulte de (4).

<u>Corollaire 3.6.</u> Tout tore complexe muni d'opérations de $\mathfrak{o}$ est une surface abélienne.

Notons que l'on peut énoncer (3.5) de façon plus intrinsèque en disant que, pour toute $\mathfrak{o}$-surface abélienne X de groupe fondamental πX, on a un isomorphisme canonique

(1) $\mathfrak{o}\text{-NS}(X) \xrightarrow{\sim} \mathrm{Hom}_{\mathbb{Z}}(\Lambda^2_{\mathfrak{o}} \pi X, \mathbb{Z})$.

Sachant comme on l'a dit que πX est nécessairement de la forme $\mathfrak{o} \oplus \mathfrak{a}$, on en tire que $\mathfrak{o}$-NS(X) <u>détermine</u> πX.

<u>Remarque 3.7.</u> Si $H \in \mathfrak{o}$-NS(X), si $a \in \mathfrak{o}$, alors on définit aH par

(1) $aH(s,t) = H(as,t) = H(s,at)$ ou encore $\phi_{aH} = a \circ \phi_H = \phi_H \circ \hat{a}$

et bien sûr, on a $aH \in \mathfrak{o}$-NS(X). Si $z \in S$, on a identifié $\mathfrak{o}$-NS(X(z)) et $\mathfrak{a}^*$ dans la proposition précédente et il résulte de (3.5(2)) que cette identification préserve les structures de $\mathfrak{o}$-modules.

Par ailleurs, NS est un foncteur contravariant et $\mathfrak{o}$-NS est un foncteur contravariant pour les $\mathfrak{o}$-morphismes. On vérifie aisément que si $a \in M(\mathfrak{o},\mathfrak{a})$ détermine $X(a):X(z) \longrightarrow X(az)$ par (3.2(6)), le morphisme $\mathfrak{o}$-NS(a): $\mathfrak{o}$-NS(az) $\longrightarrow$ $\mathfrak{o}$-NS(z) s'interprète grâce à l'isomorphisme de (3.5) comme <u>l'homothétie de rapport</u> dét(a) dans $\mathfrak{a}^*$. On écrira

(2) $\mathfrak{o}$-NS(a)(H) = $a^*(H)$, $a \in M(\mathfrak{o},\mathfrak{a})$, donc $n(z)(a^*(H)) = \text{dét}(a)n(az)(H)$.

Bien entendu, si $a \in \mathfrak{o}$, l'application (2) est <u>le carré</u> de (1).

<u>Remarque 3.8.</u> Nous allons déterminer la forme d'intersection sur le groupe $\mathfrak{o}$-NS(z). Nous nous limiterons au cas où $\mathfrak{o} = \mathfrak{a}$, le cas général étant laissé au lecteur. Nous allons voir que cette forme d'intersection ne dépend que de la composante connexe de S à laquelle appartient z (cf. (3.5(5))). Bien que ce ne soit pas indispensable, il sera instructif d'expliciter d'abord $\mathfrak{o}^*$. On suppose que $K = \mathbb{Q}(\sqrt{d})$, où d est un entier positif sans facteur carré et l'on sait que $\mathfrak{o} = \mathbb{Z}[\omega]$, et que si l'on note $D = (\omega - \omega')^2$ le discriminant de l'équation de ω, on a

(1) $\omega = \sqrt{d}$, $D = 4d$, si $d \not\equiv 1$ (4), $\omega = \frac{1+\sqrt{d}}{2}$, $D = d$, si $d \equiv 1$ (4).

On sait en outre que $\mathfrak{O}^*$ est principal,

(2) $\mathfrak{O}^* = \mathfrak{O}\delta$, $\delta = 1/(\omega - \omega')$, $N(\delta) = -1/D$

Pour $h \in \mathfrak{O}^*$, on note $H(h)$ la forme hermitienne telle que $n(z)(H) = h$ et $\phi_{H(h)}$ ou $\phi_h : X(z) \longrightarrow X(z)^{\wedge}$ l'isogénie correspondante. On sait que $\deg(\phi_h)$ est le déterminant de la matrice de la forme alternée $\mathrm{Im}(H(h))$. Un calcul simple montre que $\deg(\phi_\delta) = 1$ (exercice : le faire sans calcul); comme $h = a\delta$, $a \in \mathfrak{O}$, et que $\phi_{a\delta} = \phi_\delta \circ a$, on en tire par (3.3)

(3) $\deg(\phi_h) = D^2 N_{K/Q}(h)^2$.

D'après ce que l'on a dit dans le paragraphe 1 la forme d'intersection est donc donnée par

(4) $(H,H) = 2sDN(h)$, avec $h = n(z)(H)$, s = signe de $y_1 y_2$,

(5) $(H(h), H(k)) = DsTr(hk')$, $h,k \in \mathfrak{O}^*$.

Remarquons que tout générateur h du $\mathfrak{O}$-module $\mathfrak{O}^*$ donne un $\mathfrak{O}$-isomorphisme $X(z) \xrightarrow{\sim} X(z)^{\wedge}$ mais cet isomorphisme n'est donné par une forme de Riemann que si $h \in \mathfrak{O}\text{-}NS^+(z)$ (cf. (3.5(5))). On en tire immédiatement ce qui suit.

Corollaire 3.9. Si $\mathfrak{O}$ admet une unité de norme négative, toute $\mathfrak{O}$-surface abélienne admet une polarisation de degré 1. Sinon, pour que $X(z)$ admette une polarisation de degré 1, il faut et il suffit que $y_1 y_2 < 0$.

3.10. Interprétation modulaire des quotients de S.

On rappelle que $\mathfrak{a}$ est un idéal fractionnaire de $\mathfrak{o}$ et $\mathfrak{a} \supset \mathfrak{o}$.

On pose $H = \{z \in \mathbb{C},\ \mathrm{Im}(z) > 0\}$ et $H^- = \{z \in \mathbb{C},\ \mathrm{Im}(z) < 0\}$, ce qui permet de décrire les quatre composantes connexes de S. Bien entendu, le stabilisateur dans $GL_2(\mathfrak{o},\mathfrak{a})$ de l'une d'elles est $G = GL_2^+(\mathfrak{o},\mathfrak{a})$. On voit tout de suite que $M(\mathfrak{a}) = S/GL_2(\mathfrak{o},\mathfrak{a})$ est égal à H^2/G si $\mathfrak{o}$ admet une unité de norme -1 et à $H^2/G \amalg H \times H^-/G$ sinon. De (3.3) il résulte que les points de $M(\mathfrak{a})$ sont en correspondance bijective avec l'ensemble des classes à isomorphisme près de surfaces abéliennes X munies d'un morphisme $e : \mathfrak{o} \longrightarrow \mathrm{End}(X)$ telles qu'il existe un $\mathfrak{o}$-isomorphisme $\pi X \xrightarrow{\sim} \mathfrak{o} \oplus \mathfrak{a}$, c'est à dire telles qu'il existe un $\mathfrak{o}$-isomorphisme $\mathfrak{o}\text{-}NS(X) \xrightarrow{\sim} \mathfrak{a}^*$ (3.6(1)). Bien entendu, ceci suggère que l'espace analytique $M(\mathfrak{a})$ (cf. exposé II) ne dépend que de la classe de $\mathfrak{a}$ dans $\mathrm{Pic}(\mathfrak{o})$, ce qui est facile à vérifier directement. En attachant à (X,e) le couple (X,e'), où e' est le composé de e et de l'automorphisme non trivial de $\mathfrak{o}$, on trouve une bijection $M(\mathfrak{a}) \longrightarrow M(\mathfrak{a}')$; elle est induite par l'involution $(z_1,z_2) \longmapsto (z_2,z_1)$ de S. Comme les classes de $\mathfrak{a}$ et $\mathfrak{a}'$ dans $\mathrm{Pic}(\mathfrak{o})$ sont inverses, il en résulte lorsque cette classe est de carré un, par exemple si $\mathfrak{a} = \mathfrak{o}$, une involution sur $M(\mathfrak{a})$. Bien entendu, l'image de $M(\mathfrak{a})$ dans l'ensemble $\mathcal{M}$ des classes à isomorphisme près de surfaces abéliennes est alors le quotient de $M(\mathfrak{a})$ par cette involution. Si $\mathfrak{a}^2 \neq \mathfrak{o}$, l'application $M(\mathfrak{a}) \longrightarrow \mathcal{M}$ est injective.

Si X est une $\mathfrak{o}$-surface abélienne, le couple $(\mathfrak{o}\text{-}NS(X), \mathfrak{o}\text{-}NS^+(X))$ est un $\mathfrak{o}$-module inversible "muni d'un cône positif " que l'on a explicité dans (3.5). Une telle paire $(\mathfrak{a}^*, \mathfrak{a}^{*+})$ a pour automorphismes le groupe U^+ des unités totalement positives de $\mathfrak{o}$ et, pour $\mathfrak{a}$ fixé, il y a une ou deux structures d'ordre non isomorphes selon que $\mathfrak{o}$ admet ou non une unité de norme -1, ce qui signifie que $(U^+ : U^2)$ vaut 1 ou 2

Si on choisit un tel couple $(\mathfrak{a}^*, \mathfrak{a}^{*+})$, on note $R(\mathfrak{a}^*, \mathfrak{a}^{*+})$ l'ensemble des classes à isomorphismes près de $\mathfrak{o}$-surfaces abéliennes munies d'un $\mathfrak{o}$-isomorphisme $(\mathfrak{o}\text{-NS}(X), \mathfrak{o}\text{-NS}^+(X)) = (\mathfrak{a}^*, \mathfrak{a}^{*+})$, ce qui est le problème de modules considéré par Rapoport dans sa thèse. Pour fixer les idées posons $\mathfrak{a}^{*+} = \{x \in \mathfrak{a}, x >> 0\}$ et $\mathfrak{a}_2^{*+} = \{x \in \mathfrak{a}, x > 0, x' < 0\}$.

Proposition 3.11. On a une bijection $R(\mathfrak{a}^*, \mathfrak{a}^{*+}) = H^2/SL_2(\mathfrak{o}, \mathfrak{a})$ et l'application naturelle $R(\mathfrak{a}^*, \mathfrak{a}^{*+}) \longrightarrow M(\mathfrak{a})$ a pour image $H^2/PGL_2^+(\mathfrak{o}, \mathfrak{a})$. Elle est bijective si $(U^+ : U^2) = 1$. Si $(U^+ : U^2) = 2$, cette application est un revètement de degré 2 de son image. En outre, dans ce cas, on a une bijection $R(\mathfrak{a}^*, \mathfrak{a}_2^{*+}) = H \times H^-/SL_2(\mathfrak{o}, \mathfrak{a})$ et l'application naturelle $R(\mathfrak{a}^*, \mathfrak{a}_2^{*+}) \longrightarrow M(\mathfrak{a})$ a pour image $H \times H^-/GL_2^+(\mathfrak{o}, \mathfrak{a})$ et c'est un revètement de degré 2 de son image.

Pour décrire $R(\mathfrak{a}^*, \mathfrak{a}^{*+})$, il suffit d'observer que le cône positif de $\mathfrak{a}^*$ défini par l'isomorphisme $n(z) : \mathfrak{o}\text{-NS}(X(z)) \xrightarrow{\sim} \mathfrak{a}^*$ ne dépend que de la composante connexe de S à laquelle appartient z (3.5(5)) et qu'un élément $a \in M(\mathfrak{o}, \mathfrak{a})$ opère sur $\mathfrak{a}^*$ par son déterminant (3.7(2)). Le reste en résulte car les groupes considérés opèrent sur S à travers leurs images dans PGL_2 et le déterminant nous fournit un isomorphisme

$$PGL_2^+(\mathfrak{o}, \mathfrak{a})/PSL_2(\mathfrak{o}, \mathfrak{a}) \xrightarrow{\sim} U^+/U^2 .$$

Université de Paris-Sud
Centre d'Orsay
Mathématique, bât. 425
91405 ORSAY (France)

SURFACES DE HILBERT-BLUMENTHAL II

Exposé II J. Giraud (*)

(*) Equipe de Recherche Associée au C.N.R.S. n° 653

§ 1 .Domaine fondamental

On considère à nouveau un corps quadratique réel $K = \mathbb{Q}(\sqrt{d})$, de discriminant D, son anneau d'entiers $\mathcal{O}$ et les groupes $\hat{G} = PGL_2^+(\mathcal{O})$ et $G = PSL_2(\mathcal{O})$ opérant sur $H^2 = \{z = (z_1, z_2) \in \mathbb{C}^2 \quad ,y_1 > 0 \quad ,y_2 > 0\}$,où l'on a posé $z_k = x_k + iy_k$, k = 1,2 .Pour l'étude du quotient $X = H^2/G$,on renvoie à C.L. SIEGEL ,Lectures on advanced analytic number theory, Tata Institute, Bombay, 1961 ,où l'on trouvera la justification de ce qui suit. Puisque le déterminant permet d'identifier $\hat{G}/G$ au quotient U^+/U^2 du groupe des unités totalement positives de $\mathcal{O}$ par le sous groupe des carrés, son ordre vaut 1 ou 2 et il n'est pas difficile d'étendre à $\hat{G}$ les résultats ci-dessous qui concernent G.

Lemme 1.1. Etant donnés deux compacts B et B' de H^2 ,il n'existe qu'un nombre fini de $g \in G$ tels que $gB \cap B' \neq \phi$.

On remarque d'abord que si $g = \begin{pmatrix} a & b \\ c & d \end{pmatrix}, g \in GL_2(K)$,on a

(1) $y_1(gz) = y_1(z)\text{dét}(g)/|cz_1+d|^2$ et $y_2(gz) = y_2(z)\text{dét}(g')/|c'z_2+d'|^2$

et que si l'on pose $A(z) = y_1(z)y_2(z)$,alors

(2) $A(gz) = A(z)N(\text{dét}(g))/|cz_1+d|^2 \, |c'z_2+d'|^2$, où N est mis pour $N_{K/\mathbb{Q}}$.

La fonction $y_1(z)/y_1(z')$ est bornée sur le compact $B \times B'$,d'ou l'on tire par (1) que si $g \in G$ est tel que $gB \cap B' \neq \phi$ alors c et d appartiennent à une partie bornée de $\mathbb{R}$ .Il en est de même de c' et d' comme on voit en remplaçant y_1 par y_2 ,donc c et d ne prennent qu'un nombre fini de valeurs. De même pour a et b comme on voit en considérant $y_1(-1/z)/y_1(-1/z')$,d'où la conclusion.

Il résulte de ceci que le quotient $X = H^2/G$ peut être muni d'une structure d'espace analytique complexe séparé dont les points singuliers sont les images des points à stabilisateur non trivial. D'après le lemme, le stabilisateur d'un point est fini et on peut montrer (directement ou grâce à l'interprétation modulaire) qu'il est cyclique. Nous reviendrons sur ces singularités au moment d'étudier les invariants topologiques de X. Pour étudier le défaut de compacité de X/G, on est conduit à considérer l'action de G sur la droite projective P^1_K. Bien entendu, $G_K = PSL_2(K)$ opère transitivement sur P^1_K, le stabilisateur de ∞ étant

(3) $$B = \left\{\begin{pmatrix} a & b \\ o & d \end{pmatrix} \in SL_2(K)\right\} / \{1,-1\} .$$

Lemme 1.2. En attachant au point $x \in P^1_K$ de coordonnées homogènes (a,c) la classe de l'idéal fractionnaire $\mathcal{O}a + \mathcal{O}c$, on définit une bijection

(1) $$p : PSL_2(\mathcal{O}) \backslash P^1_K \xrightarrow{\sim} \mathrm{Pic}(\mathcal{O}) .$$

Soit $g \in G_K$ tel que $x = g\infty$ et soit $G(x)$ le stabilisateur de x dans $G = PSL_2(\mathcal{O})$. La projection $GL_2(K) \longrightarrow PGL_2(K)$ induit un isomorphisme

(2) $G(M,U^2) = \left\{\begin{pmatrix} e & m \\ 0 & 1 \end{pmatrix},\ e \in U^2,\ m \in M^{-2}\right\} \xrightarrow{\sim} g^{-1}G(x)g$ où U est le groupe des unités de $\mathcal{O}$ et où M est un idéal fractionnaire de classe $p(x)$; plus précisément, si $g = \begin{pmatrix} a & b \\ c & d \end{pmatrix}$, $M = \mathcal{O}a + \mathcal{O}c$.

Un point x de P^1_K de coordonnées homogènes (a,c) définit une droite D de K^2, d'où un module inversible $N = D \cap \mathcal{O}^2$ et un autre $M = \mathcal{O}^2/N$. Le produit extérieur nous dit que $N = M^{-1}$ et comme la suite exacte $0 \to N \to \mathcal{O}^2 \to M \to 0$ se scinde, il est facile d'en déduire que la classe d'isomorphie de M caractérise l'orbite de D (c'est à dire x) sous $SL_2(\mathcal{O}) = G'$. Le sous-groupe $G'(x)$ de G' qui fixe D (c'est à dire x) contient le sous-groupe invariant des $g \in G'$ qui induisent l'identité sur N, lequel est isomorphe à $\mathrm{Hom}(M,N) = M^{-2}$. Le quotient est $U = \mathrm{Aut}(N)$.

On en tire pour $G(x)=G'(x)/\{\pm 1\}$ une suite exacte où v est le carré de la valeur propre attachée à D

(3) $$1 \longrightarrow M^{-2} \longrightarrow G(x) \xrightarrow{v} U^2 \longrightarrow 1 .$$

qui est scindée (produit semi-direct). Si on choisit g comme dans l'énoncé la forme linéaire $-cx+ay$ a pour noyau N et identifie donc M à l'idéal fractionnaire $M=\mathfrak{O}a+\mathfrak{O}c$. Il reste à vérifier (2) ,ce qui est aisé;on notera que l'on a choisi un relèvement de $g^{-1}G(x)g$ qui est dans GL .On notera aussi, et c'est important,qu'il ne dépend de l'idéal M que par son carré.

On choisit et on fixe désormais un système de représentants $x_1,\dots,x_h$ des orbites de G dans P^1_K et,pour chacun d'eux,un $g_i \in G_K$ tel que $g_i x_i = \infty$. On pose alors

(2) $D(z,x_i) = A(g_i z) = y_1(g_i z)y_2(g_i z)$ .Pour chaque nombre réel $r>0$,on peut donc poser

(3) $$W_r(i) = \left\{ z \in H^2 \;\middle|\; D(z,x_i) \geq r \right\}$$ et l'on a un isomorphisme

(4) $$W_r(i) \xrightarrow{\sim} W_r \;,\quad z \longmapsto g_i z \;,\quad W_r = \left\{ z \in H^2 \;,\; A(z) \geq r \right\} .$$

Lemme 1.3. Soit $p: H^2 \longrightarrow X = H^2/G$ la projection naturelle. Pour r assez grand, on a $p(W_r(i)) \cap p(W_r(j)) = \phi$ si $i \neq j$ et $p(W_r(i)) = W_r(i)/G(i)$ où $G(i)$ est le stabilisateur de x_i dans G .

Ceci résulte de (1.1 (2)) .

Théorème 1.4. Il existe un compact F de H^2 et un nombre réel $r>0$ tels que
$$X = p(F) \bigsqcup_{1 \leq i \leq h} p(W_r(i)) .$$

On trouvera même dans les notes de SIEGEL une description d'un domaine fondamental de G mais nous n'utiliserons pas ce fait. Il est clair que X n'est pas compact car la fonction $D(z,x_i)$ n'est pas bornée sur $W_r(i)$ .Pour étudier $p(W_r(i))$,il est commode de l'identifier,grâce à g_i, à $W_r/G'(i)$, $G'(i)=g_iG(i)g_i^{-1}$,qui est une partie du quotient $H^2/G'(i)$.

Au paragraphe suivant,nous allons construire une compactification partielle de $H^2/G'(i)$,c'est à dire une surface lisse $X(i)$ contenant un diviseur à croisements normaux $S(i)$ et un isomorphisme $H^2/G'(i)\xrightarrow{\sim} X(i)-S(i)$ .En outre, nous construirons un <u>voisinage compact</u> $\overline{W_r(i)}$ de $S(i)$ dans $X(i)$ et un isomorphisme entre $p(W_r(i))$ et $\overline{W_r(i)}-S(i)$ .On peut alors recoller les $\overline{W_r(i)}$ à $X=H^2/G$ de manière à obtenir un espace analytique compact qui n'a d'autre singularités que celles de X .Retenons que la compactification de $W_r(i)$ ne dépend que du groupe $g_iG(i)g_i^{-1}$ explicité dans (1.2) .

§ 2 .<u>Voisinage d'une pointe</u> .

2.1. On considère dans ce paragraphe un idéal fractionnaire M de K , le sous-groupe (d'indice fini) U_M^+ de U^+ formé des unités totalement positives $u\in U^+$ telles que $uM\subset M$ et un sous-groupe d'indice fini V de U_M^+ .A une telle paire,on peut associer le groupe

(1) $$G(M,V)=\left\{\begin{pmatrix} v & m\\ 0 & 1\end{pmatrix} , v\in V , m\in M\right\} .$$

Nous ne supposons pas que l'ordre attaché à M soit l'anneau de tous les entiers de K ,mais pour que $G(M,V)$ soit attaché à une pointe de $PSL_2(\mathcal{O})$,il faut et il suffit que $V=U^2$ et que M soit un $\mathcal{O}$-réseau dont la classe est un carré (1.2) . Pour étudier $H^2/G(M,V)$,il est naturel d'effectuer d'abord le quotient H^2/M qui apparait comme un ouvert du tore $T(M)=\mathbb{C}^2/M$, de groupe de caractères M^* ,où

(2) $$M^*=\left\{x\in K , \forall\ y\in K , tr(xy)\in\mathbb{Z}\right\}\simeq Hom(M,\mathbb{Z}) .$$

On fixe cette identification en disant que la fonction sur $T(M)$ attachée au caractère $m \in M^*$ correspond à la fonction sur H^2

(3) $$m(z) = \exp(2\pi i(m,z)) \ , \quad (m,z) = mz_1 + m'z_2 \ ,$$

où $x \mapsto x'$ est l'automorphisme non trivial de K .Dans un premier temps, on attache à H^2/M une frontière, d'où une surface non compacte $X(M)$ sur laquelle opère V .On peut alors diviser par V et trouver une surface $X(M,V)$ dans laquelle on peut plonger $H^2/G(M,V)$ .Nous utiliserons pour ces descriptions le langage des éventails car c'est lui qui permet à Rapoport de donner une description explicite de la compactification en dimension > 2 ,mais ici, ce point de vue n'ajoute rien de neuf au travail d'HIRZEBRUCH,Hilbert Modular Surfaces, L'enseignement Mathématique,29,183-281, (1973).

2.2.On sait que M est un réseau de $K \otimes_{\mathbb{Q}} \mathbb{R} = \mathbb{R} \oplus \mathbb{R}$ ' (cf. I 3.1 (1)) ,on considère l'intersection M^+ de M et du premier quadrant, donc $M^+ = \left\{ m \in M \ , \ m > 0 \ , \ m' > 0 \right\}$, l'enveloppe convexe CM de $M^+ - \{0\}$,le bord ∂CM de celle-ci et on pose

(1) $$\partial M^+ = M^+ \cap \partial CM \ .$$

Quitte à multiplier M par un élément totalement positif de K ,ce qui ne change pas les variétés étudiées, on peut suppos er que 1 fait partie d'une base de M sur $\mathbb{Z}$ et l'on peut alors trouver $w_0 \in M$ tel que

(2) $$M = \mathbb{Z}.1 + \mathbb{Z}w_0 \ , \text{avec } \ w_0' < w_0 \ .$$

Si l'on impose en outre $0 < w_0' < 1 < w_0$,alors on a unicité de w_0 , car $w_0 = e_{-1}$ avec les notations de (2.4) mais ce fait est , pour l'instant, sans importance.
Pour décrire les points de ∂M^+ situés au dessus de $e_0 = 1$,on pose, par récurrence

(3) $$b_0 = \inf\left\{ b \in \mathbb{Z} \ , \ be_0 - w_0 \in M^+ \right\} \ , \quad e_1 = b_0 e_0 - w_0$$

(4) $$b_k = \inf\left\{ b \in \mathbb{N} \ , \ be_k - e_{k-1} \in M^+ \right\} \ , \quad e_{k+1} = b_k e_k - e_{k-1} \quad k \geq 1 \ .$$

Proposition 2.3. Pour $K \in \mathbb{N}$,on a $e_K \wedge e_{K+1} = w_0 \wedge e_0$ dans $\wedge^2 M$. Il existe un entier $r \geq 1$,tel que $b_{k+r} = b_k$ pour $k \geq 1$,de plus, pour r minimum, e_r est le générateur de U_M^+ tel que $0 < e_r < 1 < e'_r$,et l'on a $e_{k+r} = e_r e_k$. De plus, $(b_0, b_1, \ldots, b_k, \ldots)$ est le développement en fraction continue par excès de w_0 c'est à dire que pour $k \geq 0$,on a

(1) $$w_k = b_k - 1/w_{k+1} , \quad b_k \in \mathbb{N} , \quad w_{k+1} > 1$$ .Enfin,on a

(2) $$e_k = (w_1 w_2 \ldots w_k)^{-1} , \quad k \geq 1 .$$

D'après (2.2 (4)), on a $w_o \wedge e_o = e_o \wedge e_1 = \ldots = e_k \wedge e_{k+1}$ dans $\wedge^2 M$, donc (e_k, e_{k+1}) est une base de M . En outre, e_{k+1} est le point du bord ∂M^+ situé immédiatement au dessus de e_k , ceci pour $k \geq 0$: faire un dessin et utiliser la définition de b_k . Par ailleurs, le générateur e de U_M^+ qui satisfait à $o < e < 1 < e'$ opère sur ∂M^+ et comme il n'y a qu'un nombre fini de points de ∂M^+ à l'intérieur du secteur limité par $1 = e_o$ et $e = e_o e$, il existe un entier $r \geq 1$ tel que $e = e_r$, d'où il résulte immédiatement que $e_{k+r} = e e_k = e_r e_k$ pour $k \geq 0$, donc $b_{k+r} = b_k$ pour $k \geq 1$ .De ceci il résulte que $e'_k / e_k \longrightarrow \infty$ lorsque $k \longrightarrow \infty$ et par suite, les e_k , $k \geq 0$, sont <u>tous</u> les points de ∂M^+ situés au dessus de e_o et l'axe vertical (celui-ci correspond à la composante $\mathbb{R}'$ de $\mathbb{R} \oplus \mathbb{R}'$) est asymptote du polygone ∂M^+ . Les formules (1) et (2) se prouvent aisément par récurrence. Il reste à prouver que si r' est un entier tel que $b_{k+r'} = b_k$ pour $k \geq 1$, alors $e_{r'}$ est un élément de U_M^+ , ce qui prouvera comme annoncé que l'entier r défini par le générateur de U_M^+ est la plus petite période de la suite des b_k . Or la formule (1) montre que $(b_k, b_{k+1}, \ldots)$ est le développement en fraction continue de w_k , donc $w_{k+r'} = w_k$; grâce à (2) , on en tire $e_{r'+1} = (w_1 \dots w_{r'+1})^{-1} = (w_1 \dots , w_{r'})^{-1} w_1^{-1} = e_{r'} e_1$ et comme $e_{r'} = e_{r'} e_o$, on en tire que la multiplication par $e_{r'}$ applique une $\mathbb{Z}$ - base de M sur une autre, donc $e_{r'} \in U_M^+$.

<u>Corollaire 2.4</u>. Pour $k \in \mathbb{Z}$, $k \leq 0$, on définit b_k et e_k par récurrence $b_k = b_{k+r}$, $e_k = e_{k+r}/e_r$. Les e_k , $k \in \mathbb{Z}$, sont les points du bord ∂M^+ de M^+ .

<u>Scholie 2.5</u>. Pour tout $k \in \mathbb{Z}$, soit s_k le secteur limité par les demi droites qui portent e_{k-1} et e_k et soit s_k^* l'intersection de M^* et du secteur dual pour la forme $\mathrm{Tr}(xy)$. Alors on a

(1) $s_k^* = \{ m \in M^* , \forall v \in s_k , (m,v) \geq 0 \}$ avec $(m,v) = mv_1 + m'v_2$ où $v = (v_1, v_2) \in \mathbb{R} \oplus \mathbb{R}'$ et on a $s_k^* = \mathbb{N} u_k + \mathbb{N} v_k$, où u_k et v_k sont définis par

(2)
$$\begin{pmatrix} u_k & u'_k \\ v_k & v'_k \end{pmatrix} = \begin{pmatrix} e_{k-1} & e_k \\ e'_{k-1} & e'_k \end{pmatrix}^{-1}$$

parce que cette égalité matricielle signifie $(u_k, e_k) = (v_k, e_{k-1}) = 0$ et $(u_k, e_{k-1}) = v_k, e_k) = 1$. Par ailleurs, on a

(3) $$u_{k+1} = b_k u_k + v_k \quad , \quad v_{k+1} = -u_k \; .$$

On notera que $s_k^* \supset M^{*+}$ et que, puisque les e_k , $k \in \mathbb{Z}$, engendrent le monoïde M^+ dont le bord est asymptote aux axes, on a

(4) $$M^{*+} = \bigcap_{k \in \mathbb{Z}} s_k^*$$

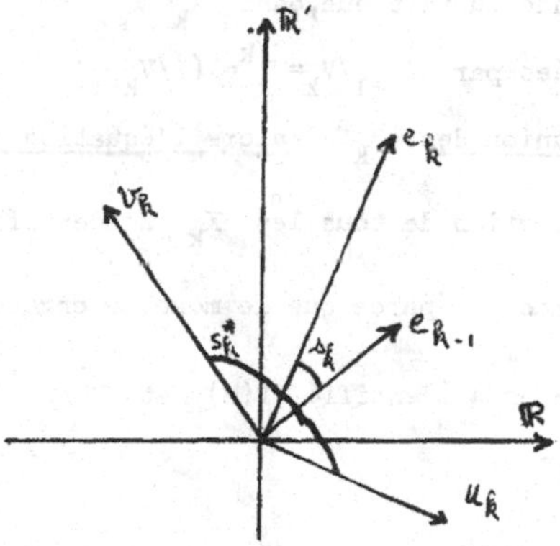

Les secteurs s_k définissent un découpage infini du quadrant positif d'où, conformément aux principes généraux de construction des éventails, une variété $X(M)$ (algébrique séparée <u>localement</u> de type fini ou analytique paracompacte au choix), obtenue en recollant les ouverts

(5) $\qquad X_k = \underline{\underline{C}}^2$ avec coordonnées U_k, V_k

grâce aux formules de changement de cartes

(6) $\qquad U_{k+1} = U_k^{b_k} V_k \ , \quad V_{k+1} = 1/U_k \ .$

On notera que $X_k \cap X_h$ s'identifie à $\underline{\underline{C}}^{*2}$ si $|h-k| \neq 1$ parce que le monoïde engendré par s_k^* et s_h^* est alors égal à M^*. On pose

(7) $\qquad F_k = \{x \in X_k \ , \ V_k(x)=0\} \qquad F'_k = \{x \in X_k \ , \ U_k(x)=0\}$

<u>Proposition 2.6</u>. Pour $k \in \mathbb{Z}$, on pose $S_k = F_k \cup F'_{k+1}$. Alors S_k est canoniquement isomorphe à la droite projective P et, si I désigne le faisceau d'idéaux définissant S_k dans X, on a $I/I^2 \simeq O_P(b_k)$, ce que l'on écrit aussi $(S_k . S_k) = -b_k$. En outre, S_k et S_h se coupent transversalement en un seul point si $|k-h| = 1$ et ne se coupent pas si $|k-h| \neq 1$.

La première affirmation résulte du fait que l'on a des fonctions coordonnées U_k et V_{k+1} sur les ouverts F_k et F'_{k+1} de S_k, avec $V_{k+1}U_k = 1$, la seconde du fait que, dans $X_k \cap X_{k+1}$, les deux équations définissant S_k sont liées par $U_{k+1}/V_k = U_k^{b_k} = (1/V_{k+1})$, le reste est trivial. <u>Si l'on note</u> S <u>la réunion des</u> S_k, <u>alors l'équation de</u> S <u>dans</u> X_k <u>est</u> $U_k V_k = 0$.

L'intersection de tous les X_k s'identifie au tore $T(M)$ de groupe de caractères M parce que le monoïde engendré par les s_k^*, $k \in \mathbb{Z}$, est M^*, et comme on a identifié $T(M)$ et H^2/M (2.1 (3)), on en tire une application injective

(1) $F:H^2/M \longrightarrow X(M)$,avec $m(F(z)) = \exp(2\pi i(m,z))$, $m \in M^*$.

Il est facile de vérifier que , pour tout $m \in M^*$ et tout $k \in \mathbb{Z}$, on a

(2) $m=(m.e_{k-1})u_k + (m.e_k)v_k$ d'où l'on tire pour $z \in H^2$ et $F(z) \in X_k$:

(3) $m(F(z)) = \exp(2\pi i(m,z)) = U_k^{(m.e_{k-1})} V_k^{(m.e_k)}$

et grâce à (2.5(2)) , en posant comme toujours $z_q = x_q + iy_q$, on a dans $X(M)$

(4) $$\begin{cases} -2\pi y_1 = e_{k-1}\mathrm{Log}\,|U_k| + e_k \mathrm{Log}\,|V_k| \\ -2\pi y_2 = e'_{k-1}\mathrm{Log}\,|U_k| + e'_k \mathrm{Log}\,|V_k| \end{cases}$$

d'où l'on déduit que $F(H^2/M) \cap X_k$ est défini par les équations

(5) $|U_k|^{e_{k-1}} |V_k|^{e_k} < 1$, $|U_k|^{e'_{k-1}} |V_k|^{e'_k} < 1$, $U_k V_k \neq 0$.

L'on fait opérer le générateur $e=e_r$ de U_M^+ sur X_M par

(6) $e(X_k) = X_{k+r}$, $U_{k+r} \circ e = U_k$, $V_{k+r} \circ e = V_k$.

Alors, si $(U^+:V)=s$, e^s est un générateur de V et à cause de la formule (2.6(1)) ,l'action de V sur $X(M)$ ainsi obtenue est compatible avec celle de V sur H^2/M induite par l'action de $G(M,V)$ sur H^2.

Proposition 2.7. Le quotient $X(M,V) = X(M)/V$ est une variété analytique complexe, la projection $p:X(M) \longrightarrow X(M,V)$ est étale si $rs \geq 2$. Si $s=(U_M^+:V)$, on note encore S_k l'image de S_k par p , pour $1 \leq k \leq sr$. C'est une droite projective si $rs \geq 2$ et l'on a

(1) $S_k.S_k = -b_k$, $S_k.S_h = 1$ si $|k-h| = 1 \bmod.(rs)$, $S_k.S_h = 0$ sinon, et la forme quadratique de matrice $S_k.S_h$ est négative non dégénérée.

La description de $X(M,V)$ est bien facile : recoller les $sr+1$ ouverts $X_k, 1 \leq k \leq rs+1$, grâce à l'isomorphisme $X_1 \xrightarrow{e^s} X_{sr+1}$ .Le cas $r=s=1$, qui se produit par exemple pour $K=\underline{Q}(\sqrt{5})$ est laissé au lecteur. La forme d'intersection est non dégénérée car au moins l'un des b_k est > 2 parce que le bord ∂M^+ n'est pas une droite.

Corollaire 2.8. Pour $k \in \mathbb{Z}$,soit $W_{M,k}$ l'ouvert de X_k défini par les inégalités

(1) $|U_k|^{e_{k-1}} |V_k|^{e_k} < 1$, $|U_k|^{e'_{k-1}} |V_k|^{e'_k} < 1$

Alors $W_M = \bigcup_{k \in \mathbb{Z}} W_{M,k}$ est un voisinage ouvert de $S = \bigcup_{k \in \mathbb{Z}} S_k$ dans $X(M) = \bigcup_{k \in \mathbb{Z}} X_K$ et F induit un isomorphisme $H^2/M \xrightarrow{\sim} W_M - S$.

En outre, $W(M,V) = p(W_M)$ est un voisinage ouvert de $p(S)$ dans $X(M,V)$, et F induit un isomorphisme $H^2/G(M,V) \xrightarrow{\sim} W(M,V) - p(S)$.

Ceci résulte de (2.6(5)); on rappelle que l'application F est caractérisée par (2.1(3))

Remarque 2.9. Pour tenir les promesses faites à la fin du § 1 ,il faut trouver un certain voisinage compact de S dans $X(M,V)$ .On note que la fonction $A(z_1,z_2) = 1/y_1y_2$,définie sur $H \times H$, est invariante par $G(M,V)$ car $ee'=1$ si $e \in V$,et qu'en vertu des formules (2.6(4)) ,elle se prolonge par continuité à $X(M,V)$ en prenant la valeur 0 sur S .Soit r un nombre réel strictement positif, alors

(1) $\overline{W_r(M)} = \{x \in W(M,V) \ , \ 1/y_1y_2 \leq 1/r\}$

est un voisinage compact de S dans $W(M,V)$ comme on voit aisément et S est caractérisé dans ce voisinage par la condition $1/y_1y_2 = 0$ .En outre, l'image réciproque par $H \times H \longrightarrow X(M,V)$ de $\overline{W_r(M)}$ est évidemment $W_r = \{(z_1,z_2) \in H \times H \ , \ y_1y_2 \geq r\}$.

En conclusion, en considérant les divers groupes $G(i)$ correspondant aux pointes de $PSL(2,\mathcal{O})$ et en recollant à $X = H \times H/PSL(2,\mathcal{O})$ les voisinages compacts des diviseurs exceptionnels $S(i)$ analogues aux $\overline{W_r(M)}$ que nous venons de construire,on obtient un espace analytique compact qui n'a d'autres singularités que celles de X .

Grâce à la fonction $1/y_1y_2$,on peut,en utilisant sous sa forme la plus simple le critère de contractibilité de GRAUERT [Über Modifikationen, und exzeptionelle analytische Mengen, Math. Ann;, 146, 331-368(1962)], compactifier X en lui attachant seulement autant de points singuliers qu'il y a de pointes. Remarquons d'abord que la fonction $f=1/y_1y_2$ est fortement pluri-sous-harmonique sur $H\times H$,En effet, par définition, ceci signifie que la forme hernitienne $h=\sum \frac{\partial^2 f}{\partial z_i \partial z_j} dz_i dz_j$ est positive non dégénérée, ce qui est vrai car on a

$$(1) \qquad h=\frac{1}{4y_1y_2}\left(\frac{2dz_1\overline{dz_1}}{y_1^2}+\frac{dz_1\overline{dz_2}+dz_2\overline{dz_1}}{y_1y_2}+\frac{2dz_2\overline{dz_2}}{y_2^2}\right)$$

qui est positive non dégénérée , comme on voit en la diagonalisant.

Il en résulte déjà que la fonction définie par f sur $W(M,V) - S$ est fortement pluri-sous-harmonique, donc, par définition, le voisinage $W_r(M,V)$ de S dans $X(M,V)$ défini par $f \leq 1/r$ est fortement pseudo-convexe (déf. 3 ,§1 ,de loc.cit.) et comme l'adhérence de $W_r(M,V)$ est compacte, alors $W_r(M,V)$ est holomorphiquement convexe (satz 3) . Par le satz 1 ,§ 2 de loc.cit., il en résulte qu'il existe un espace analytique normal $W'_r(M,V)$ et un morphisme propre et surjectif $G:W_r(M,V)\longrightarrow W'_r(M,V)$ dont les fibres sont connexes . Je dis que G contracte S en un point et est un isomorphisme en dehors de S et de son image: ceci résulte du fait que S est l'intersection des $W_{r'}(M,V)$, $r'\longrightarrow\infty$,cf. satz 5,§2 . On aurait pu évidemment citer le dernier résultat de l'article de GRAUERT, qui permet de conclure en sachant seulement que la matrice d'intersection est négative non dégénérée, mais cela serait un peu ridicule puisque la preuve consiste à fabriquer une fonction ayant les propriétées de $1/y_1y_2$.

<u>Corollaire 2.10</u>. Il existe un espace analytique normal $X'(M,V)$,un morphisme

(1) $\qquad G:X(M,V)\longrightarrow X'(M,V)$

et un point $x \in X'(M,V)$ tels que $G^{-1}(x) = S$ et G est un isomorphisme en dehors de x et S .En outre la fibre $G^{-1}(x)$ est <u>réduite</u>.

Il reste à démontrer que la fibre $G^{-1}(x)$ est réduite ,ce que prouve la dernière assertion de la proposition que voici.

Proposition 2.11. L'anneau local $A=O_{X'(M,V),x}$ s'identifie à l'anneau des séries de Fourier

(1) $$H(z) = \sum_{m \in M^{*+}} H(m)\exp(2\pi i(m,z)) \quad , \quad z \in H^2 ,$$

où M^{*+} est l'ensemble des éléments totalement positifs du dual M^* de M pour la forme $Tr(xy)$,séries dont le domaine de convergence contient un ouvert $W_t = \left\{ z \in H^2 \ , \ y_1 y_2 > t \right\}$ et dont les coefficients satisfont à

(2) $$H(em) = H(m) ,$$

où e est le générateur du sous-groupe V de U_M^+ .Parmi ces séries, on a les

(3) $$h_m = \sum_{n \in \mathbb{Z}} \exp(2\pi i(e^n m,z)) \quad , \quad m \in M^{*+} ,$$

Pour $k \in \mathbb{Z}$,la série $h(k) = h_m$ où $m=u_k+v_k$ est égale dans l'ouvert X_k de $X(M,V)$ à $U_k V_k H$,où H est holomorphe inversible au voisinage de S .

Grâce aux applications

(4) $$H^2 \xrightarrow{F} X(M) \xrightarrow{p} X(M,V) \xrightarrow{G} X'(M,V)$$

un élément $h \in A$ définit d'abord une fonction holomorphe sur un voisinage de S dans $X(M,V)$,d'où une fonction holomorphe sur un ouvert W_t de H^2 . Comme cette fonction est invariante par M ,elle possède un développement en série de Fourier du type (1) indexé a priori par le dual M^* de M . La condition $H(em)=H(m)$ traduit l'invariance par V .Dans l'ouvert X_k de $X(M)$ correspondant au secteur s_k ,on a

(5) $$H(m)\exp(2\pi i(m,z)) = H(m)\, U_k^{a(k)} V_k^{b(k)}$$

où $m=a(k)u_k+b(k)v_k$ (2.6(3)) .Pour que cette série de Laurent soit convergente dans un voisinage de $S \cap X_k$ il faut que $H(m) = 0$ si $a(k) < 0$ ou si $b(k) < 0$ parce que les monomes (5) correspondant à deux éléments distincts de M^*

sont distincts. Comme M^{*+} est l'intersection des secteurs s_k^* , $k \in \mathbb{Z}$, on en tire que $H(m) = 0$ si $m \notin M^{*+}$.

Inversement, une telle série de Fourier définit une fonction sur un voisinage de S dans $X(M,V)$, d'où un élément de la fibre en x du faisceau $f_*(O_{X(M,V)})$ laquelle n'est autre que l'anneau local A .

Soit $m \in M^{*+}$, la série (3) converge normalement sur toute partie de $H \times H$ de la forme $y_1 > a$, $y_2 > a$, $a > 0$. Elle définit donc un élément de A . Si l'on prend $m = u_k + v_k$, on écrit $h(k) = h_m$ et l'on a , dans X_k

(6) $$h(k) = U_k V_k + \sum_{n \neq 0} U_k^{a(n)} V_k^{b(n)}$$

où $a(n)$ et $b(n)$ sont définis par $\varepsilon^n(u_k + v_k) = a(n)u_k + b(n)v_k$. Comme le membre de gauche est dans M^{*+} , on a $a(n) > 0$ et $b(n) > 0$, car $u_k \notin M^{*+}$ et $v_k \notin M^{*+}$; puisque les $\varepsilon^n(u_k + v_k)$ sont tous distincts, ces monomes sont tous distincts, donc $h(k) = U_k V_k H$, où H est holomorphe inversible dans X_k au voisinage de $S \cap X_k$, donc $h(k)$ est un générateur de l'idéal de $S \cap X_k$ dans X_k .

Pour une étude plus détaillée des singularités envisagées, voir KARRAS, Eigenschaften der lokalen Ringen in zweidimensionalen Spitzen, Math. Ann. 215, 117-129, (1975) , et la conférence de FREITAG à Vancouver. Nous allons indiquer comment retrouver quelques uns des résultats de KARRAS .

<u>Scholie 2.12.</u> La self-intersection du diviseur $S=\sum_{1 \leq k \leq rs} S_k$ de $X(M,V)$ est

(1) $$S.S = \sum_{1 \leq k \leq rs} (2-b_k)$$

Par ailleurs, si l'on note I l'idéal de S dans $X(M,V)$ et ω le faisceau des formes différentielles de degré 2 sur $X(M,V)$,on a un isomorphisme canonique

(2) $$I \xrightarrow{\sim} \omega \ , \ f \longrightarrow f dz_1 \wedge dz_2 \ .$$

En effet, la forme différentielle $dz_1 \wedge dz_2$ sur H^2 est visiblement invariante par $G(M,V)$,en outre dans l'ouvert X_k ,elle s'écrit

(3) $$dz_1 \wedge dz_2 = \frac{dU_k}{U_k} \wedge \frac{dV_k}{V_k} / (-4 \pi^2 (u_k v_k' - v_k u_k'))$$,(2.6(3)) et comme

l'équation de S dans X_k est $U_k V_k = 0$,une section locale f de I définit bien une forme holomorphe $f dz_1 \wedge dz_2$.D'après un théorème de Grauert-Riemenschneider, on sait que $R^1 G_*(\omega) = 0$,donc

(4) $$R^1 G_*(I) = 0 \ .$$

Par ailleurs,il résulte de (2) que le faisceau dualisant $D_S \underline{=} Ext^1_{O_{X(M,V)}}(O_S, \omega)$ est isomorphe à O_S , autrement dit, O_S est une courbe de genre 1 et l'on a donc aussi

(5) $$\underline{\underline{C}} \xrightarrow{\sim} R^1 G_*(O_S) \longrightarrow R^1 G_*(O_{X(M,V)}) \ .$$

Nous allons prouver que

(6) $$R^1 G_*(I^n) = 0 \ , \ n \geq 1 \ ,$$

(7) $$\mathrm{rg}(\mathrm{coker}(G_*(I^{n+1}) \longrightarrow G_*(I^n))) = -nS^2 = n \sum_{1 \leq k \leq rs} (b_k - 2) \ , n \geq 1 \ .$$

Puisque le degré de I^n/I^{n+1} est $-nS^2$ qui est > 0 ,

on a $R^1 G_*(I^n/I^{n+1}) = 0, n \geq 1$, et $\mathrm{rg}(G_*(I^n/I^{n+1})) = -nS^2$,$n \geq 1$.

Comme (6) est vrai pour $n=1$, il en résulte que (6) et (7) sont équivalents. En suivant une idée de TAI , prouvons plutôt (7) . D'après (2.11) , pour qu'un élément f de A ,de la forme $f=\sum_{m\in M^{*+}} H(m)\exp(2\pi i(m,z))$ appartienne à $G_*(I^n)$,il faut et il suffit que,pour tout m tel que $H(m)\neq 0$,on ait $t(m)\geq n$,où $t(m)=\inf_{\substack{x\in M^+\\ x\neq 0}}(x,m)$:examiner (2.11(5)) et (2.6(3)) .

Le rang du conoyau qui figure dans (7) est donc égal au nombre de $m\in M^{*+}$ tels que $t(m)=n$ que nous allons calculer grâce au lemme que voici qui donnera la conclusion.

Lemme 2.13. Soit ∂M^{*+} l'ensemble des points de $M^{*+}-\{0\}$ situés sur le bord de son enveloppe convexe. Pour tout $k\in\mathbb{Z}$, $m(k)=u_k+v_k$ est un point de ∂M^{*+} et l'on a

(1) $\quad m(k+1)=m(k)+(b_k-2)u_k$.

Les points de ∂M^{*+} tels que $t(m)=1$ sont ceux de ∂M^{*+} ;ceux tels que $t(m)=n$ s'en déduisent par homothétie de rapport n .Modulo l'action du groupe V leur nombre est $n\sum_{1\leq k\leq rs}(b_k-2)$.

La formule (2.5(2)) montre que $m(k)\in M^{*+}$ et on tire (1) de (2.5(3)). Comme v_k et u_k forment une base de M^* ,il est facile d'en déduire que la suite de points

(2) $\quad \ldots,m(k),m(k)+u_k,m(k)+2u_k,\ldots,m(k)+(b_k-3)u_k,m(k+1),\ldots$

décrit, dans l'ordre, les points de ∂M^{*+} car deux points consécutifs forment une base de M^{*+} .Pour chacun de ces points, on a $t(m)=1$ (2.5(2)) , d'où la conclusion, si l'on se souvient que le générateur du groupe U_M^+ agit sur ∂M^+ en décalant l'indice de r et que s est l'indice de V dans U_M^+ .

Proposition 2.14. Posons $\widetilde{X}=X(M,V)$, $X=X'(M,V)$ et soit $G:\widetilde{X}\longrightarrow X$ la projection. Le faisceau dualisant D_X de X est inversible et isomorphe

à $G_*(\omega_{\tilde{X}}(S))$, où S est le diviseur exceptionnel réduit.
On a une suite exacte $0 \longrightarrow G_*(\omega_{\tilde{X}}) \longrightarrow D_X \longrightarrow C \longrightarrow 0$
où C est un faisceau concentré au point singulier x , de rang 1 sur
$\underline{\underline{C}}$. Enfin $G^*(D_X) \simeq \omega_{\tilde{X}}(S)$.

Puisque X est normale, on a $D_X = i_*(\omega_{X'})$, où $X' = X - \{x\}$. Or on a vu que $dz_1 \wedge dz_2$ est une base de $\omega_{\tilde{X}}(S)$, donc sa restriction à $X - \{x\} = \tilde{X} - S$ est une base de $\omega_{X'}$, d'où la conclusion par (2.12(2)(4)).

Université de Paris-Sud
Centre d'Orsay
Mathématique, bât. 425
91405 ORSAY (France)

Exposé III

SURFACES D'HILBERT-BLUMENTHAL III

par J. GIRAUD (*)

(*) Equipe de Recherche Associée au C.N.R.S. n° 653

Comme précédemment, on considère un corps quadratique réel $K = \underline{\underline{Q}}(\sqrt{d})$, de discriminant D , son anneau d'entier $\mathfrak{O}$ et le groupe $G = PSL_2(\mathfrak{O})$ opérant sur $H \times H = \{(z_1, z_2) \in \underline{\underline{C}}^2, \operatorname{Im}(z_1) > 0, \operatorname{Im}(z_2) > 0\}$. Le but de cet exposé est d'étudier les invariants numériques de l'espace analytique compact X obtenu en ajoutant à H^2/G autant de points qu'il y a de pointes comme il est expliqué dans (II 1.4) et aussi les invariants de la désingularisation minimale $\tilde{X}$ de X . Le premier travail est d'étudier les points singuliers de H^2/G : ils proviennent des points z de H^2 dont le stabilisateur $G(z)$ dans $PSL_2(\mathfrak{O})$ est non trivial ; on les appelle <u>points elliptiques</u>.

§1. POINTS ELLIPTIQUES

1.1. Soit $z \in H^2$, soit $G'(z)$ son stabilisateur dans $SL_2(\mathfrak{O})$ et soit $G(z)$ son stabilisateur dans $PSL_2(\mathfrak{O})$. On a vu que si $X(z)$ est la fibre de la famille modulaire de (I 3.2), on a

$$(1) \qquad \operatorname{End}_{\mathfrak{O}}(X(z)) = \{a \in M_2(\mathfrak{O}) , az = z\}$$

et qu'un tel a opère sur $\mathfrak{O}$-NS(X(z)) par multiplication par dét(a) (I 3.3) et (I 3.7). Il en résulte que $G'(z)$ est formé d'automorphismes de $X(z)$ qui respectent une polarisation, donc est un groupe fini. C'est aussi un sous-groupe de $L = \mathrm{End}_{\mathcal{O}}(X(z)) \otimes_{\mathbb{Z}} \underline{\underline{Q}}$ et L est un corps car tout $\mathcal{O}$-morphisme est une isogénie (I 3.3). Si $G(z)$ est non trivial, alors $L \neq K$, donc $(L:K) = 2$ car $L \subset M_2(K)$; en outre L est totalement imaginaire (I 2.4). Puisque L opère sur $\mathrm{Lie}(X(z)) = \underline{\underline{C}} \oplus \underline{\underline{C}}'$ (I 3.2(1)) et commute à l'action de K, il opère sur le premier (resp. second) facteur par l'intermédiaire d'un plongement $\chi_1 : L \to \underline{\underline{C}}$ (resp. $\chi_2 : L \to \underline{\underline{C}}$) qui prolonge l'inclusion $K \to \mathbb{R}$ (resp. le plongement $x \mapsto x'$) ce qui entraîne que χ_1 et χ_2 <u>sont distincts et ne sont pas imaginaires conjugués</u>. En dérivant la formule qui donne l'action de G sur H^2 et en considérant (I 3.2 (6)), on voit que $G'(z)$ opère sur l'espace cotangent à H^2 par l'intermédiaire de deux caractères qui sont

(2) $$a^* dz_1 = \chi_1(a)^2 dz_1 \qquad a^* dz_2 = \chi_2(a)^2 dz_2 \ , \quad a \in G'(z) \ .$$

Puisque $G'(z)$ est un sous-groupe fini de L, il est cyclique. Soient a un générateur et $2n$ son ordre, qui est pair car $-1 \in G'(z)$. Alors L contient le sous-corps $\underline{\underline{Q}}(\sqrt[2n]{1})$ des racines $2n$-èmes de l'unité. Comme $(L:\underline{\underline{Q}}) = 4$, on doit avoir $(\underline{\underline{Q}}(\sqrt[2n]{1}):\underline{\underline{Q}}) = \varphi(2n) \leqslant 4$. Donc $n = 2$ ou 3 et alors $\varphi(2n) = 2$, ou bien $n = 4$, 5 ou 6 et alors $\varphi(2n) = 4$. Dans les trois derniers cas, on a forcément $L = \underline{\underline{Q}}(\sqrt[2n]{1})$ et il n'y a qu'un sous-corps quadratique réel de L qui se trouve être $\underline{\underline{Q}}(\sqrt{2})$, $\underline{\underline{Q}}(\sqrt{5})$ ou $\underline{\underline{Q}}(\sqrt{3})$ selon que $n = 4$, 5 ou 6 et qui ne peut être que K. <u>Cette circonstance ne se produit donc que pour ces trois valeurs du corps</u> $K = \underline{\underline{Q}}(\sqrt{d})$ <u>étudié</u>. On identifie L à $\underline{\underline{Q}}(\sqrt[2n]{1})$ grâce à son action sur le premier facteur de $\mathrm{Lie}(X(z))$, son action sur le second facteur est donc donnée par un élément g du groupe de Galois qui ne peut être ni l'identité ni la conjugaison complexe comme on l'a vu ; on a donc

(3) $$g(a) = a^3 \text{ ou } a^5 \text{ si } n = 4$$
$$g(a) = a^3 \text{ ou } a^7 \text{ si } n = 5$$
$$g(a) = a^5 \text{ ou } a^7 \text{ si } n = 6$$

DÉFINITION 1.2. Soient (n,q) deux entiers premiers entre eux. On appelle singularité de type (n,q) le quotient de $\underline{\underline{C}}^2$ par le groupe des racines n-èmes de l'unité opérant par $a(x,y) = (ax, a^q y)$.

En échangeant les rôles des coordonnées, on voit que les singularités de type (n,q) et (n,q') sont isomorphes si $qq' = 1 \bmod. n$. Si un groupe cyclique fini opère sur une surface lisse avec un point fixe isolé le quotient est localement isomorphe au quotient de l'espace tangent au point fixe par l'action tangente, ce qui va nous permettre de décrire les singularités des points elliptiques. Pour cela, on identifie le stabilisateur $G'(z)$ de z dans $SL_2(\mathcal{O})$ au groupe des racines 2n-èmes de 1 grâce au plongement $\chi_1 : L \to \underline{\underline{C}}$ de (1.1) et le stabilisateur $G(z) = G'(z)/\{\pm 1\}$ grâce au caractère $(\chi_1)^2 : G'(z) \to \underline{\underline{C}}$ qui décrit l'action de $G'(z)$ sur le premier facteur de l'espace cotangent à H^2 au point z (1.1 (2)). En examinant (1.1 (3)) et en notant que $3.7 = 1 \bmod. 5$, on en tire le lemme suivant.

LEMME 1.3. Si z est un point elliptique tel que $n = \mathrm{card}(G(z)) = 4, 5$ ou 6 , alors $d = 2, 5$ ou 3 , le corps L est celui des racines 2n-èmes de 1 , le groupe $G(z)$ est cyclique d'ordre n et la singularité correspondante de X' est de type $(4,3)$, $(4,1)$, $(5,3)$, $(6,5)$ ou $(6,1)$.

LEMME 1.4. Si z est un point elliptique et si $n = \mathrm{card}\, G(z) = 2$ ou 3 , alors L est engendré par K et $\underline{\underline{Q}}(\sqrt[2n]{1})$, son groupe de Galois est $(\mathbb{Z}/2\mathbb{Z})^2$ et L contient un corps quadratique imaginaire $K' \neq \underline{\underline{Q}}(\sqrt[2n]{1})$. De plus, $X(z)$ est isogène au carré d'une courbe elliptique admettant K' ou $\underline{\underline{Q}}(\sqrt[2n]{1})$ comme corps de multiplication complexe. Dans le premier cas, la singularité est de type $(n,-1)$, c'est-à-dire $(2,1)$ ou $(3,2)$, dans le second, elle est de type $(n,1)$, c'est-à-dire $(2,1)$ ou $(3,1)$. Si $K = \underline{\underline{Q}}(\sqrt{d})$, avec $d > 5$, tous les points elliptiques de X' sont de ce type.

Puisque L est le corps des racines de $(x^2-d)(x^{2n}-1)$, il est galoisien et son groupe de Galois n'est pas cyclique car L contient deux corps quadratiques distincts. On note s (resp. r) l'automorphisme non trivial de L qui est trivial sur K (resp. $\mathbb{Q}(\sqrt[2n]{1})$) et on pose $t = rs = sr$, d'où un corps quadratique imaginaire $K' = L^t$. Si on plonge L dans $\mathbb{C}$ grâce à son action sur le premier facteur de $\mathrm{Lie}(X(z))$, son action sur le second se fait par r ou t , car s est la conjugaison complexe. Soit a un générateur de $G'(z)$, donc $\mathbb{Q}(a) = \mathbb{Q}(\sqrt[2n]{1})$ et soit (e_1, e_2) la base canonique du groupe fondamental $\pi(z)$ de $X(z)$ (I 3.2(1)). <u>Si l'action de</u> L <u>sur le second facteur de</u> $\mathrm{Lie}(X(z)) = \mathbb{C} \oplus \mathbb{C}'$ <u>se fait par l'intermédiaire de</u> r , pour tout $x \in \mathbb{Q}(a)$, on a, en plongeant $\pi(z)$ dans $\mathrm{Lie}(X(z))$, $xe_1 = x(1,1) = (x, r(x)) = (x,x)$, donc ae_1 est un élément de $\mathbb{C}e_1$, donc $\mathbb{Z}e_1 + \mathbb{Z}ae_1$ est un réseau de $\mathbb{C}e_1$, d'où une courbe elliptique $E = \mathbb{C}e_1/(\mathbb{Z}e_1 + \mathbb{Z}ae_1)$ qui admet $\mathbb{Q}(a)$ comme corps de la multiplication complexe et aussi un morphisme non nul $E \to X(z)$. D'après (I 2.3), ceci suffit à assurer que $X(z)$ est isogène au carré de E . D'autre part, on a vu que l'action de $G'(z)$ sur l'espace cotangent à H^2 se fait par $a^* dz_i = a^2 dz_i$, $i = 1,2$, donc la singularité quotient par $G(z)$ est de type $(n,1)$.

Si l'action de L sur le second facteur de $\mathrm{Lie}(X(z))$ se fait par l'intermédiaire de t , on trouve de même que $X(z)$ est isogène au carré d'une courbe elliptique admettant K' comme corps de la multiplication complexe, mais cette fois-ci, l'action de $\mathbb{Q}(a)$, donc de $G'(z)$ sur le second facteur de $\mathrm{Lie}(X(z))$ se fait par le caractère induit par t , c'est-à-dire la conjugaison complexe, laquelle induit sur $G'(z)$ et $G(z)$ le passage à l'inverse, d'où la conclusion.

REMARQUE 1.5. Le nombre de points fixes de différents types a été déterminé par PRESTEL et, plus récemment, dans un cas plus général par M.F. VIGNERAS, Invariants numériques des groupes de Hilbert, Math. Ann. 224, 189-215 (1976). Ces résultats sont utiles par exemple lorsque l'on désire déterminer comment se place dans la classification de KODAIRA le modèle minimal de X . Pour ce que nous traiterons ici, il suffira d'une notation : $a_{p,q}$ désigne le nombre de classes modulo $PSL_2(\mathcal{O})$ de points fixes elliptiques de type (p,q). Notons toutefois que ce qui précède s'applique aussi au quotient $H\times H^-/G$, où $H^- = \{z \in \underline{\underline{C}}\ ,\ \mathrm{Im}(z) < 0\}$ et que si (z_1,z_2) est fixe par un $a \in M_2(\mathcal{O})$, alors $(z_1,\overline{z_2})$ l'est aussi, mais si le premier est un point elliptique de type (p,q), le second est de type $(p,p-q)$. Si l'on note $a^-_{p,q}$ le nombre de points fixes de type (p,q) dans $H\times H^-$ modulo G , on a donc $a_{p,q} = a^-_{p,p-q}$. Si K admet une unité de norme -1 , on a un isomorphisme échangeant H^2 et $H\times H^-$, donc $a_{p,q} = a_{p,p-q}$.

§2. RIEMANN-ROCH POUR UNE SURFACE NORMALE

On travaille en géométrie algébrique sur le corps des nombres complexes.

2.1. Nous allons donner une formule valable pour un faisceau réflexif de rang un qui se révèlera utile pour l'étude des invariants numériques des surfaces d'Hilbert-Blümenthal. Elle se déduit aisément du théorème de Riemann-Roch appliqué à une désingularisation de la surface étudiée. Dans ce qui suit, X désigne une surface normale,

(1) $$i : X' \to X\ ,\quad p : \tilde{X} \to X \quad \text{et} \quad j : X' \to \tilde{X}$$

sont respectivement l'inclusion de l'ouvert des points réguliers, une désingularisation de X et le morphisme tel que $pj = i$. Un faisceau réflexif de rang 1 sur X est un faisceau cohérent L tel que $i^*(L)$ soit inversible et tel que $L \to i_*i^*(L)$ soit un isomorphisme, ce qui revient à dire que le rang générique de L est 1 et que la flèche naturelle de X dans son bidual est un isomorphisme. Si L et M sont deux tels faisceaux, on pose

(2) $$L.M = i_*(i^*(L)\otimes i^*(M)) \quad \text{et} \quad L^{.n} = i_*(i^*(L)^{\otimes n})\ ,$$

ce qui permet de parler du groupe des classes d'isomorphie de faisceaux réflexifs de rang un qui n'est autre que $\mathrm{Pic}(X')$. On pose

(3) $L^{-1} = \underline{\mathrm{Hom}}(L, O_X) = i_*(i^*(L)^{-1})$ et on a $\underline{\mathrm{Hom}}(L,M) = M.L^{-1}$.

2.2. On suppose que X est propre, ce qui permet de parler du groupe de Néron-Severi $NS(\widetilde{X})$ de $\widetilde{X}$, du sous-groupe $E(\widetilde{X}/X)$ de celui-ci engendré par les composantes du diviseur exceptionnel de $p : \widetilde{X} \to X$ et de l'orthogonal $NS(X)$ de $E(\widetilde{X}/X)$ dans $NS(\widetilde{X})$. On pose

(1) $NS(\widetilde{X})_o = NS(\widetilde{X}) \otimes \mathbb{Q}$, $NS(X)_o = NS(X) \otimes \mathbb{Q}$ et $E(\widetilde{X}/X)_o = E(\widetilde{X}/X) \otimes \mathbb{Q}$.

Puisque la restriction à $E(\widetilde{X}/X)$ de la forme d'intersection est non dégénérée, on a une décomposition en somme directe orthogonale notée

(2) $NS(\widetilde{X})_o \xrightarrow{\sim} NS(X)_o \oplus E(\widetilde{X}/X)_o$, $cl_{\widetilde{X}}(\widetilde{L}) \longmapsto (cl_X(\widetilde{L}), e(\widetilde{L}))$,

où $\widetilde{L}$ désigne un faisceau inversible sur $\widetilde{X}$. On observera que si L est un faisceau réflexif de rang 1 sur X , il existe beaucoup de faisceaux inversibles $\widetilde{L}$ sur $\widetilde{X}$ tels que $j^*(\widetilde{L}) = i^*(L)$ mais l'image $cl_X(\widetilde{L})$ ne dépend pas du choix de $\widetilde{L}$, on la note $cl_X(L)$. En particulier, pour le <u>faisceau dualisant</u> de X , c'est-à-dire

(3) $$\omega_X = i_*(\omega_{X'})$$

on peut prendre pour $\widetilde{L}$ le faisceau $\omega_{\widetilde{X}}$, d'où une classe canonique

(4) $$K_X = cl_X(\omega_{\widetilde{X}}) = cl_X(\omega_X) \in NS(X)_o .$$

Il est facile de vérifier que l'espace vectoriel $NS(X)_o$ muni de sa forme quadratique ne dépend pas du choix de la désingularisation parce que, si $r : \hat{X} \to \widetilde{X}$ est une modification lisse, alors le morphisme $NS(r) : NS(\widetilde{X}) \to NS(\hat{X})$, qui associe à la classe de $\widetilde{L}$ celle de $r^*(\widetilde{L})$ conserve la forme d'intersection. Finalement, si L et M sont deux faisceaux réflexifs de rang 1 sur X , on pose

(5) $$(L,M)_X = (cl_X(L), cl_X(M))$$

ce qui définit une forme bilinéaire symétrique sur $Pic(X')$ qui prend ses valeurs dans $\frac{1}{N}\mathbb{Z}$, où N est le déterminant de la restriction à $E(\widetilde{X}/X)$ de la forme d'intersection. Si $\widetilde{L}$ et $\widetilde{M}$ sont des faisceaux inversibles sur $\widetilde{X}$ qui coïncident avec L et M sur X' , on a par construction

(6) $$(L,M)_X = (\tilde{L},\tilde{M})_{\tilde{X}} - (e(\tilde{L}),e(\tilde{M})) .$$

THÉORÈME 2.3. Soit X une surface normale et propre. Soit L un faisceau réflexif de rang 1 sur X. On définit $d(L)$ par

(1) $$\chi(L) = \tfrac{1}{2}(L,L-K_X)_X + \chi(O_X) + d(L) .$$

Si $p : \tilde{X} \to X$ est une désingularisation de X et si $\tilde{L}$ est un faisceau inversible sur X tel que $L = p_*(\tilde{L})$, on a

(2) $$d(L) = \tfrac{1}{2}(e(\tilde{L}),e(\tilde{L})-e(K_{\tilde{X}})) + \ell(R^1p_*(\tilde{L})) - \ell(R^1p_*(O_{\tilde{X}})) .$$

Il n'est pas difficile de trouver un faisceau inversible $\tilde{L}$ sur $\tilde{X}$ tel que $p_*(\tilde{L}) = L$ parce que L est réflexif. On prouve (2) en appliquant le théorème de Riemann-Roch à $\tilde{L}$. Bien entendu, le terme correctif $d(L)$ est somme de termes locaux. En effet, le premier terme est un produit scalaire dans $NS(\tilde{X}/X)_o$ et cet espace vectoriel est somme directe orthogonale des composantes correspondant aux divers points singuliers de X ; et par ailleurs les faisceaux $R^1p_*(\tilde{L})$ et $R^1p_*(O_{\tilde{X}})$ sont somme directe de faisceaux concentrés aux points singuliers de X. Si x est un point singulier de X, on pose donc, avec des notations évidentes

(3) $$d_x(\tilde{L}) = \tfrac{1}{2}(e(\tilde{L}),e(\tilde{L})-e(K_{\tilde{X}}))_x + \ell(R^1p_*(\tilde{L})_x) - \ell(R^1p_*(O_{\tilde{X}})_x)$$

et l'on a $d(L) = \Sigma\, d_x(\tilde{L})$. Malgré les apparences, le terme local $d_x(\tilde{L})$ ne dépend ni de $\tilde{X}$ ni de $\tilde{L}$. En effet, on peut passer d'un couple $(\tilde{X},\tilde{L})$ à un autre en ne modifiant à chaque fois que ce qui se passe au-dessus d'un seul point singulier x, ce qui ne change pas les $d_{x'}(\tilde{L})$, pour $x' \neq x$, ni $d(L)$. Par ailleurs, il est clair que le terme $d_x(\tilde{L})$ ne dépend que du germe de (X,L) au point x et enfin on a les propriétés suivantes.

PROPOSITION 2.4. Soient x un point singulier d'une surface normale et L un faisceau réflexif de rang 1. Le nombre (2.3(3)) ne dépend que de L, on le note $d_x(L)$

(i) $d_x(L) = 0$ si L est inversible au voisinage de x

(ii) $d_x(L \otimes M) = d_x(L)$ si M est inversible au voisinage de x

(iii) $d_x(L) = d_x(L^{-1}.\omega_X)$.

On a vu que $d_x(\widetilde{L})$ ne dépend pas du choix de $\widetilde{L}$; si L est inversible, on peut supposer que $L = O_X$, donc $\widetilde{L} = O_{\widetilde{X}}$, ce qui prouve (i) et on prouve de même (ii). Quant à (iii), cela résulte de la dualité sur X et sur $\widetilde{X}$.

COROLLAIRE 2.5. Soit X une surface normale propre et soit ω_X son faisceau dualisant. Pour tout $n \in \mathbb{Z}$, on a

(1) $$\chi(\omega_X^{.n}) = \frac{n(n-1)}{2}(K_X,K_X)_X + \chi(O_X) + \Sigma\, d_x(n)$$

où $d_x(n) = d_x(\omega_X^{.n})$, avec $d_x(n) = d_x(1-n)$ et $d_x(0) = d_x(1) = 0$.

Résulte immédiatement de ce qui précède.

REMARQUE 2.6. La forme d'intersection $(L,M)_X$ définie plus haut sur la surface propre et normale X n'est pas nouvelle. Un diviseur de Weil effectif D sur X est un sous-schéma fermé dont le faisceau d'idéaux, noté $O_X(-D)$, est réflexif. Si D et D' sont deux diviseurs de Weil, on pose

(1) $$(D,D') = (O_X(-D),O_X(-D'))_X$$

et si D et D' n'ont pas de composante commune, il est aisé de vérifier que

(2) $$(D,D') = \sum_{x \in D \cap D'} (D,D')_x$$

où $(D,D')_x$ est le nombre d'intersection défini par MUMFORD dans Topology of normal singularities of Surfaces, Pub. Math. IHES, n° 9, 1961.

Rappelons pourquoi. Soit x un point singulier de X et soient $E_1,\ldots,E_n$ les composantes irréductibles de $p^{-1}(x)$. L'application naturelle

(3) $$\oplus \mathbb{Z} E_i \to NS(\tilde{X}/X) \quad , \quad E_i \mapsto cl(O_{\tilde{X}}(E_i)) \; ,$$

est injective et son image est notée $NS(\tilde{X}/X)_x$. Si $\tilde{L}$ est un faisceau inversible sur $\tilde{X}$, on sait que

(4) $$(\tilde{L}, O_{\tilde{X}}(E_i)) = \deg(\tilde{L}|E_i)$$

ce qui montre que ce nombre ne dépend que de la restriction de $\tilde{L}$ à $p^{-1}(U)$, où U est un voisinage quelconque de x dans X . En outre, la composante $e(\tilde{L})_x \in NS(\tilde{X}/X)_{x,0}$ est définie par la condition que $\tilde{L} - e(\tilde{L})_x$ est orthogonale à tous les E_i , donc $e(\tilde{L})_x = \Sigma\, a_i E_i$ s'obtient en résolvant le système linéaire

(5) $$\sum_{1 \leqslant i \leqslant n} a_i (E_i, E_j) = \deg(\tilde{L}|E_j) \quad , \quad 1 \leqslant j \leqslant n \; .$$

Si on a $L = O_X(-D)$, où D est un diviseur de Weil effectif sur X , et si D_s désigne le transformé strict de D , alors $\tilde{L} = O_{\tilde{X}}(-D_s)$ coïncide avec L sur X' et l'on a, au-dessus d'un voisinage U de x dans X ,

(6) $$\tilde{L} - e(\tilde{L}) = O_{\tilde{X}}(-D_s - \Sigma\, a_i E_i) \quad \text{avec} \quad (-D_x - \Sigma\, a_i E_i, E_j) = 0 \; , \; 1 \leqslant j \leqslant n \; .$$

Si D' est un autre diviseur de Weil effectif de transformé strict D'_s qui n'a pas de composante commune avec D , on pose de même $\tilde{L}' = O_{\tilde{X}}(-D'_s)$ et l'on a, au-dessus de U ,

(7) $$\tilde{L}' - e(\tilde{L}') = O_{\tilde{X}}(-D'_s - \Sigma\, b_i E_i) \quad \text{avec} \quad (-D'_s - \Sigma\, b_i E_i, E_j) = 0 \; , \; 1 \leqslant j \leqslant n \; ,$$

et notre définition dit que $(D,D') = (\tilde{L} - e(\tilde{L}), \tilde{L}' - e(\tilde{L}'))_{\tilde{X}}$. On a donc

(8) $$(D,D') = \Sigma\, (D,D')_x$$

avec

(9) $$(D,D')_x = \sum_{p(x')=x} (D_s, D'_s)_{x'} + \Sigma\, a_i (E_i, D'_s)$$

qui est bien la multiplicité d'intersection définie par Mumford.

Notons également que $O_{\tilde{X}}(-D_s)$ est le plus grand sous-faisceau inversible $\tilde{L}$ de $O_{\tilde{X}}$ tel que $p_*(\tilde{L}) = L$; il peut donc servir à calculer le terme $d_x(L)$. La formule (2.3(3)) donne alors, pour un diviseur de

Weil effectif D ,

(10) $$d_x(O_X(-D)) = \tfrac{1}{2}(D_x, e(D_x+K_{\tilde{X}})) + \ell(p_*(O_{D_s})/O_D) .$$

REMARQUE. On trouvera dans [4], (3.7.2) une formule générale pour calculer $d_x(O_X(-D))$ pour tout diviseur de Weil D d'une singularité rationnelle en termes du module quadratique $E(\tilde{X}/X)$ et de la forme linéaire définie sur $E(\tilde{X}/X)$ par le transformé strict de D .

EXEMPLE 2.7 (Eventails). Pour appliquer le corollaire (2.5) aux surfaces d'Hilbert-Blümenthal dont les singularités à distance finie sont des éventails, il nous faut être capable de calculer les $d_x(\omega_X^{\cdot n}) = d(n)$. Nous allons donner une méthode valable pour tous les éventails de dimension 2 .

2.7.1. Nous convenons d'identifier $\mathbb{Z}^2$ à son dual grâce à la forme alternée

(1) $$(a,b)\wedge(c,d) = ad-bc$$

moyennant quoi, au secteur convexe s , on attache le monoïde

(2) $$s^* = \{x \in \mathbb{Z}^2 ,\ y\wedge x \geqslant 0 \ \text{pour tout} \ y \in s\}$$

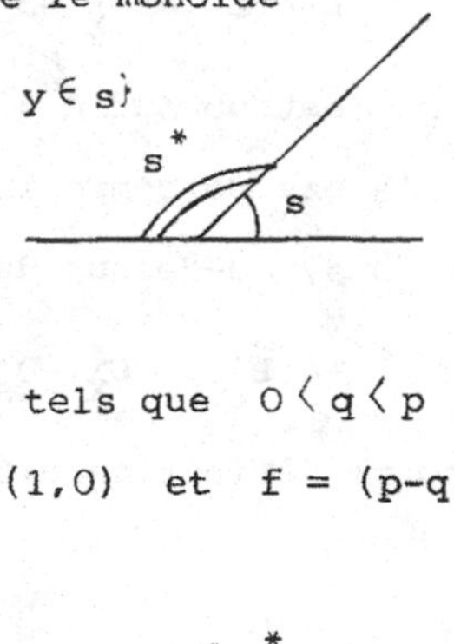

et le schéma

(3) $$X(s) = \mathrm{Spec}(k[s^*]) .$$

Soient p et q deux entiers premiers entre eux tels que $0 < q < p$ et soit s le secteur limité par les vecteurs $e = (1,0)$ et $f = (p-q,p)$. On a une application

(4) $$\varphi : k[s^*] \to k[X,Y] \ , \ \varphi(a) = X^{e\wedge a}Y^{f\wedge a} \ \text{pour} \ a \in s^* ,$$

qui définit un morphisme de schémas

(5) $$\rho : \underline{\underline{A}}^2 \to X(s)$$

et, si k est un corps de caractéristique nulle, il est clair que ρ identifie $X(s)$ au quotient de $\underline{\underline{A}}^2$ par le groupe des racines p-èmes de l'unité opérant par $a(X,Y) = (a^qX,aY)$, c'est-à-dire <u>la singularité de</u>

<u>type</u> (p,q) . Désignons par

(6) $$e = e_0 = (1,0), e_1 = (1,1), e_2, \dots, e_N, e_{N+1} = (p-q,p) = f$$

les points à coordonnées entières du bord ∂s de l'enveloppe convexe de $(s \cap \mathbb{Z}^2) - \{0\}$. La désingularisation minimale $\widetilde{X(s)}$ de $X(s)$ est recouverte par les $N+1$ ouverts $X(s_i)$, $1 \leqslant i \leqslant N+1$, où s_i est le secteur convexe limité par e_{i-1} et e_i , ce qui assure que s_i^* est le secteur limité par

(7) $$u_i = e_i \quad \text{et} \quad v_i = -e_{i-1} \quad , \quad 1 \leqslant i \leqslant N+1 .$$

On définit des entiers naturels $b_1, \dots, b_N$ par les conditions

(8) $$e_{i+1} = b_i e_i - e_{i-1} \quad , \quad 1 \leqslant i \leqslant N ,$$

et l'on a donc $b_i \geqslant 2$, cependant que $b_i = 2$ signifie que e_{i-1}, e_i et e_{i+1} sont alignés. Pour simplifier, on pose

(9) $$V = X(s) \quad , \quad V_i = X(s_i) \quad \text{et} \quad \widetilde{V} = \cup X(s_i) .$$

Si l'on désigne encore par u_i et v_i les fonctions sur V_i définies par u_i et v_i , on a

(10) $$u_{i+1} = u_i^{b_i} v_i \quad , \quad v_{i+1} = 1/u_i \quad , \quad 1 \leqslant i \leqslant N ,$$

et $V_i = \mathrm{Spec}(k[u_i, v_i])$. On a, dans V des <u>diviseurs compacts</u> $S_1, \dots, S_N$

(11) $\begin{cases} S_i \text{ contenu dans } V_i \cup V_{i+1} \text{ , dont l'équation dans } V_i \text{ est } v_i = 0 \\ \text{et dont l'équation dans } V_{i+1} \text{ est } u_{i+1} = 0 \end{cases}$

mais aussi <u>deux diviseurs non compacts</u>

(12) $\begin{cases} S_0 \text{ contenu dans } V_1 \text{ dont l'équation est } u_1 = 0 \\ S_{N+1} \text{ contenu dans } V_{N+1} \text{ dont l'équation est } v_{N+1} = 0 . \end{cases}$

LEMME 2.7.2. <u>La forme différentielle rationnelle</u> $\widetilde{\alpha}$ <u>sur</u> $\widetilde{V}$ <u>telle que</u>

(13) $$\widetilde{\alpha}|V_i = du_i \wedge dv_i / u_i v_i \quad , \quad 1 \leqslant i \leqslant N+1 ,$$

<u>est une base de</u> $\omega_{\widetilde{V}}(S_0 + S_1 + \dots + S_{N+1})$, <u>autrement dit</u>

(14) $\omega_{\tilde V} = \mathcal{O}_{\tilde V}(-C)$ avec $C = S_0+S_1+\dots+S_{N+1}$.

<u>Soit</u> α <u>la forme correspondante sur</u> V . <u>Son image inverse par la projection</u> $\rho : \underline{A}^2 \to V$ <u>de</u> (5) <u>est</u>

(15) $$\rho^*(\alpha) = p\ dX\wedge dY/XY .$$

La formule (10) prouve que les formules (13) se recollent et le diviseur de $\tilde\alpha$ est en évidence. Par ailleurs, (15) résulte du fait que $u_1\circ\rho = \varphi(e_1) = XY^{-q}$ et $v_1\circ\rho = \varphi(-e_0) = Y^p$, d'après (4).

On détermine comme dans (II 2.13) les points à coordonnées entières du bord de l'enveloppe convexe de $s^* - \{0\}$, parmi lesquels se trouvent les

(16) $m_i = u_i+v_i = e_i-e_{i-1}$, $1 \leqslant i \leqslant N+1$, ainsi que v_1 et u_{N+1} .

Les fonctions correspondantes appartiennent à l'idéal maximal $\underline{m}_{V,v}$; elles engendrent sur l'ouvert V_i l'idéal de $V_i \cap (S_1 \cup S_2 \cup \dots \cup S_N)$. Comme <u>le diviseur exceptionnel</u> a évidemment pour composantes $S_1,\dots,S_N$, on en tire qu'il est <u>réduit</u>, autrement dit

(17) $$\underline{m}_{V,v}\ \mathcal{O}_{\tilde V} = \mathcal{O}_{\tilde V}(-S_1-S_2-\dots-S_N) .$$

LEMME 2.7.3. <u>Posons</u> $E = \mathbb{Z}S_1 + \mathbb{Z}S_2 + \dots + \mathbb{Z}S_N$ <u>et notons</u> (A,B) <u>la forme d'intersection</u>. <u>Pour tout faisceau inversible</u> L <u>sur</u> $\tilde V$, <u>notons</u> e(L) <u>l'élément de</u> $E_0 = E \otimes \underline{\underline{Q}}$ <u>tel que, pour tout élément positif</u> D <u>de</u> E <u>on ait</u> $\deg(L|D) = (e(L),D)$. <u>En posant</u> $(L,M) = (e(L),e(M))$, <u>on définit une forme bilinéaire symétrique sur</u> $\mathrm{Pic}(\tilde V)$. <u>On pose</u>
$A.B = (\mathcal{O}_{\tilde V}(A),\mathcal{O}_{\tilde V}(B))$ <u>pour tout couple de diviseurs</u> A <u>et</u> B <u>de</u> $\tilde V$.
<u>On a</u> :

(18) $S_i.S_{i+1} = 1$ <u>pour</u> $0 \leqslant i \leqslant N$ <u>et</u> $S_i.S_i = -b_i$ <u>pour</u> $1 \leqslant i \leqslant N$

(19) $S_i.S_{i+2} = 0$ <u>pour</u> $0 \leqslant i \leqslant N-1$ <u>sauf si</u> $N=1$

(20) $S_0.S_{N+1} = -1/p$, $S_0.S_0 = -q/p$ <u>et</u> $S_{N+1}.S_{N+1} = -q'/p$
<u>avec</u> $qq' = 1$ mod. p <u>et</u> $0 < q' < p$.

<u>Si on pose</u> $C = S_0 + S_1 + \dots + S_{N+1}$ <u>et</u> $S = S_1 + \dots + S_N$, <u>on a</u>

(21) $C.S_i = 2-b_i$ pour $1 \leq i \leq N$, $C.S = \sum_{1\leq i\leq N} (2-b_i)$, $S.S = C.S-2$

(22) $C.C = C.S + 2 - (q+q'+2)/p$.

Remarquons déjà que la recette usuelle pour calculer A.B n'est valable que si l'un des deux facteurs est compact, mais cela nous donne déjà les formules (18) et (19). Soit $a \in \mathbb{Z}^2$; il lui correspond une fonction rationnelle sur V et $\tilde{V}$ dont la restriction à V_i n'est autre que $u_i^{e_{i-1}\wedge a} v_i^{e_i \wedge a}$, d'où il résulte que

(23) $\mathrm{div}(a) = \sum_{0\leq i\leq N+1} e_i \wedge a \, S_i$, cf. (11) et (12) ,

en particulier, on a

(24) $\mathrm{div}(v_1) = S_1 + b_1 S_2 + \ldots + pS_{N+1}$,

$\mathrm{div}(u_1 v_1) = S_0 + S_1 + (b_1 - 1)S_2 + \ldots + (p-q)S_{N+1}$

d'où l'on tire les deux premières formules de (20). La troisième en résulte par symétrie puisque l'on a observé que les singularités (p,q) et (p,q') sont les mêmes. Bien entendu, les formules (21) et (22) résultent des précédentes.

PROPOSITION 2.7.4. On a des isomorphismes

(1) $\pi_*(\omega_{\tilde{V}}) = \omega_V$ et $\pi^*(\omega_V)/\text{torsion} = \omega_{\tilde{V}}$.

Soient n et r dans $\mathbb{Z}$ tels que $n+r = 0$ mod. p et $r \geq -1$, on a

(2) $\omega_V^{\cdot n} = \pi_*(O_{\tilde{V}}(rC))$

(3) $d(\omega_V^{\cdot n}) = \frac{r(r+1)}{2} C.C + \ell(R^1\pi_*(O_{\tilde{V}}(rC)))$.

Soit α la forme différentielle rationnelle sur V de (2.7.2). L'espace vectoriel $H^0(V,\omega_V)$ a pour éléments les $a\alpha$ telles que $\varphi(a)dX\wedge dY/XY$ soit régulière sur $\underline{A}^2$, ce qui signifie que

(5) $\omega_V = O_V(-D)$

où D est l'image par $\rho : \underline{A}^2 \to V$ du diviseur d'équation $XY = 0$, qui est aussi l'image par $\pi : \tilde{V} \to V$ de $S_0 + S_{N+1}$. L'image réciproque par π

de $a\alpha$ appartient donc à $\alpha.\mathcal{O}_{\tilde{V}}(-S_0-S_1-\ldots-S_{N+1})$, car $\mathrm{div}(a) = \sum_{0\leqslant i\leqslant N+1} e_i\wedge a\ S_i$ et tous les $e_i\wedge a$ sont $\geqslant 0$ car dire que $\varphi(a)/XY$ est régulière signifie que $e\wedge a$ et $f\wedge a$ sont $\geqslant 0$. Parmi les a , on trouve les $u_i v_i$, $1\leqslant i\leqslant N+1$, ce qui prouve que les $a\alpha$ engendrent $\alpha\mathcal{O}_{\tilde{V}}(-S_0-S_1-\ldots-S_{N+1}) = \omega_{\tilde{V}}$, ce qui signifie que $\pi^*(\omega_V)/\mathrm{torsion}$ est égal à $\omega_{\tilde{V}}$. D'où un morphisme composé $\omega_V \to \pi_*\pi^*(\omega_V) \to \pi_*(\omega_{\tilde{V}})$ et comme ω_V est réflexif, on en tire que ce morphisme est un isomorphisme, ce qui prouve (1). Ceci prouve que la singularité de V est <u>rationnelle</u>.

Le premier membre de (2) ne dépend que de n modulo p car $(dX\wedge dY)^{\otimes p}$ est une base de $\omega_V^{\cdot p}$ lequel est donc inversible. Il suffit donc de prouver (2) pour chaque $r \geqslant -1$ et pour une valeur de n telle que $n+r = 0$ mod. p . On vient de la prouver pour $r=-1$ et $n=1$. Supposons-la vraie pour (r,n) et prouvons-la pour $(r+1,n-1)$. On a $\omega_V^{\cdot(n-1)} = \underline{\mathrm{Hom}}_V(\omega_V,\omega_V^{\cdot n}) = \underline{\mathrm{Hom}}_V(\omega_V,\pi_*(\mathcal{O}_{\tilde{V}}(rC))) = \pi_*(\underline{\mathrm{Hom}}_{\tilde{V}}(\pi^*(\omega_V),\mathcal{O}_{\tilde{V}}(rC)) = \pi_*(\mathcal{O}_{\tilde{V}}((r+1)C)))$, ce qui prouve (2), d'où l'on tire (3) par (2.3 (2)).

REMARQUE 2.7.5. Il reste à donner un procédé permettant de calculer, pour chaque valeur de (p,q) le terme $\ell(R^1\pi_*(\mathcal{O}_{\tilde{V}}(rC))$ qui figure dans (3). Plus généralement, si $D = \sum_{0\leqslant i\leqslant N+1} d_i S_i$, on sait que $\ell(R^1\pi_*(\mathcal{O}_{\tilde{V}}(D))) = \ell(H^1_S(V,\omega_{\tilde{V}}(-D)) = \ell(H^1_S(\mathcal{O}_{\tilde{V}}(-D-C))) = \ell(H^0(\tilde{V},\mathcal{O}_{\tilde{V}}(-D-C+mS))/H^0(\tilde{V},\mathcal{O}_{\tilde{V}}(-D-C)))$, où m est un entier naturel assez grand. Ce dernier nombre s'interprète comme le cardinal de l'ensemble des points de $\mathbb{Z}^2$ qui satisfont à un certain nombre d'inégalités linéaires parce que $H^0(V,\mathcal{O}_{\tilde{V}}(\sum_{0\leqslant i\leqslant N+1} b_i S_i))$ a pour base les monomes qui correspondent aux $a \in \mathbb{Z}^2$ tels que $\mathrm{div}(a) + \sum b_i S_i \geqslant 0$, c'est-à-dire, d'après (2.7.3 (23)), $e_i\wedge a + b_i \geqslant 0$. De ce point de vue, la formule (2.7.4 (3)) n'est pas très commode et les tables ci-dessous ont été établies en procédant comme suit. La fonction $d_x(L)$ est une fonction sur le groupe $\mathrm{Pic}(V-\{x\}) = \mathrm{Pic}(\tilde{V})/E$. On sait que $\mathrm{Pic}(\tilde{V})$ est engendré par $S_0, S_1, \ldots, S_{N+1}$ et les formules de (2.7.3 (24)) montrent qu'il est engendré par $S_2,\ldots,S_{N+1}$, d'où l'on tire que $\mathrm{Pic}(V-\{x\})$ est engendré par S_{N+1} , donc aussi, par symétrie, par S_0 . Les mêmes formules montrent d'ailleurs que, dans $\mathrm{Pic}(V-\{x\})$, on a

$$(1) \qquad 0 = pS'_{N+1} = pS'_0 \;,\quad S'_0 = qS'_{N+1} \;,\quad S'_{N+1} = q'S'_0 \;,$$

où S'_0 et S'_{N+1} sont les images par $\pi : \tilde{V} \to V$ de S_0 et S_{N+1} . De plus, on a vu que

$$(2) \qquad \omega_V = O_V(-S'_0-S'_{N+1}) = O_V(-(q'+1)S_0) \;.$$

Enfin, la formule (2.6 (10)) montre que

$$(3) \qquad d_x(O_V(-kS'_0)) = \tfrac{1}{2}(kS_0,kS_0-C) + \ell(\pi_*(O_{kS_0})/O_{kS'_0}) \;,\quad k > 0$$
$$= -k(kq+p-q-1)/2p + \ell(\pi_*(O_{kS_0})/O_{kS'_0}) \;.$$

Puisque kS_0 est contenu dans l'ouvert affine V_1 , on a

$$(4) \qquad \ell(\pi_*(O_{kS_0})/O_{kS'_0}) = \ell(H^0(V_1,O_{V_1})/(H^0(V,O_V) + H^0(V_1,O_{V_1}(-kS_0))))$$

et le second membre de (4) est le cardinal de l'ensemble des $a \in \mathbb{Z}^2$ tels que

$$(5) \qquad e_0\wedge a < k \;,\quad e_1\wedge a \geqslant 0 \;,\quad f\wedge a < 0 \;.$$

Voici donc les valeurs de la fonction $d(L)$ pour les singularités des points elliptiques des surfaces d'Hilbert-Blümenthal. On rappelle que $d(\omega_V^{\cdot n}) = d(O_V(-n(q'+1)S'_0)$ et $d(O_V(-kS'_0)) = d(O_V((k-q'-1)S'_0))$. Le tableau donne également C^2 , d'après (2.7.3 (22)), et le nombre de composantes du diviseur exceptionnel qui est noté ℓ .

p	q	q'	n	$d(O_V(-nS_0'))$	q'+1	$d(\omega_V^{\cdot n})$	c^2	ℓ
2	1	1	1	-1/4	0	0	0	1
3	1	1	1	-1/3	2	0	-1/3	1
			2	0		-1/3		
3	2	2	1	-1/3	0	0	0	2
			2	-1/3		0		
4	1	1	1	-3/8	2	0	-1	1
			2	0		0		
			3	1/8		0		
4	3	3	1	-3/8	0	0	0	3
			2	-1/2		0		
			3	-3/8		0		
5	3	2	1	-2/5	3	0	-2/5	2
			2	-2/5		-2/5		
			3	0		-1/5		
			4	-1/5		-2/5		
6	1	1	1	-5/12	2	0	-8/3	1
			2	0		1/3		
			3	-1/4		0		
			4	1/3		0		
			5	-1/4		1/3		
6	5	5	1	-5/12	0	0	0	5
			2	-2/3		0		
			3	-3/4		0		
			4	-2/3		0		
			5	-5/12		0		

§3. PLONGEMENT PROJECTIF

3.1. Comme plus haut, on considère l'anneau d'entiers $\mathcal{O}$ de $K = \mathbb{Q}(\sqrt{d})$, on pose $G = PSL_2(\mathcal{O})$, $X' = H^2/G$, où H est le demi-plan de Poincaré et l'on note X <u>la surface normale compacte</u> obtenue en recollant à X' les modèles singuliers $X(M,V)'$ des pointes, cf. (1.2), (2.9) et (2.10) de l'exposé II. Il y a h pointes, où h est le nombre de classes de K. On note

(1) $$p : H^2 \to X'$$

la projection naturelle et

(2) $$i : X_{rég} \to X$$

l'inclusion de l'ouvert des points réguliers de X. On pose

(3) $$\omega_X^{\cdot n} = i_*(\omega_{X_{rég}}^{\otimes n})$$

ce qui signifie que les sections de $\omega_X^{\cdot n}$ sur un ouvert U de X sont les sections de $\omega_{H^2}^{\otimes n}$ sur $p^{-1}(U \cap X_{rég})$ invariantes par G ; puisque $p^{-1}(X'-X_{rég})$ est discret, ce sont aussi les sections invariantes par G au-dessus de l'ouvert $p^{-1}(U \cap X')$, autrement dit

(3bis) $$\omega_X^{\cdot n} = i_*(p_*(\omega_{H^2}^{\otimes n})^G) .$$

En particulier, puisque $dz_1 \wedge dz_2$ est une base de ω_{H^2} et que l'on a

(4) $$g^*(f(z)dz_1\wedge dz_2) = f(gz)dz_1\wedge dz_2/(cz_1+d)^2(c'z_2+d')^2 \quad \text{si} \quad g = \begin{pmatrix} a & b \\ c & d \end{pmatrix} \in G$$

on en tire que

(5) $$H^0(X,\omega_X^{\cdot n}) = A_{2n}$$

où l'on définit <u>l'espace des formes automorphes de poids</u> n <u>par</u>

(6) $$A_n = \{f \in H^0(H^2,\mathcal{O}_{H^2}) \text{ , } f(gz) = f(z)(cz_1+d)^n(c'z_2+d')^n \text{ , } g \in G\} .$$

THÉORÈME 3.2. <u>Pour tout</u> $n \in \mathbb{Z}$, <u>on a</u>

(1) $$\chi(\omega_X^{\cdot n}) = \frac{n(n-1)}{2}(K_X\cdot K_X) + \chi(\mathcal{O}_X) + \Sigma\, a_{p,q}\, d(p,q,n)$$

<u>où</u> $a_{p,q}$ <u>est le nombre de points elliptiques de type</u> (p,q) <u>et où</u>

$d(p,q,n) = d(\omega_X^{\cdot n})$ au point de type (p,q) .

Il suffit d'appliquer (2.5) en n'oubliant pas que ω_X est inversible au voisinage des pointes, ce qui assure que l'invariant d est nul aux pointes.

THÉORÈME 3.3. L'application rationnelle $X \to \mathrm{Proj}(\bigoplus_{n \geq 0} A_{2n})$ est un isomorphisme.

Ceci est un cas particulier du théorème de [BAILY-BOREL, Compactification of arithmetic quotients of bounded symmetric domains, Ann. of Math. 84, 442-528 (1966)] ; mais ici, comme dans le cas de toutes les variétés d'Hilbert-Blümenthal, la frontière consiste en un nombre fini de points, ce qui réduit une partie importante de la preuve à l'existence de séries d'Eisenstein de poids ≥ 4 . On a d'ailleurs dans ce cas une démonstration de BAILY antérieure à l'article cité.

COROLLAIRE 3.4. On a $H^2(X,\omega_X^{\cdot n}) = 0$ pour $n \geq 2$. Il existe un entier n_o tel que, pour $n \geq n_o$, on ait $H^1(X,\omega_X^{\cdot n}) = 0$.

Il n'existe pas de formes automorphes de poids < 0 et le dual de $H^2(X,\omega_X^{\cdot n})$ est $H^0(X,\omega_X^{\cdot(1-n)})$, d'où la première affirmation. Pour la seconde, on note que le théorème de Baily-Borel assure que $\omega_X^{\cdot n}$ est très ample pour n assez grand et multiple des ordres des stabilisateurs des points elliptiques (cette dernière condition assure que le dit faisceau est inversible). Par suite, pour chaque entier k , $0 \leq k < n$, il existe un entier $n(k)$ tel que $H^i(X,\omega_X^{\cdot k} \otimes (\omega_X^{\cdot n})^{\otimes m}) = 0$, pour $m \geq n(k)$ et $i > 0$. Comme $\omega_X^{\cdot n}$ est inversible, ceci signifie que $H^i(X,\omega_X^{\cdot(k+mn)}) = 0$ pour $m \geq n(k)$, d'où la conclusion, car tout entier assez grand est de la forme $k+mn$ pour k convenable et $m \geq n(k)$.

Nous verrons mieux plus loin en utilisant la formule des traces de Selberg, explicitée dans ce cas particulier par Shimizu.

3.5. Formes paraboliques. Puisque le faisceau ω_X est inversible au voisinage des pointes, l'espace des formes automorphes de poids $2n$

nulles en toutes les pointes est de codimension au plus h dans A_{2n}. On l'appelle l'espace des formes paraboliques de poids $2n$ et on le note S_{2n}. La convergence des séries d'Eiseinstein de poids ≥ 4 prouve

(1) $$\dim A_{2n} = \dim S_{2n} + h \quad \text{pour} \quad n \geq 2 ,$$

nous verrons en (3.9) que ceci reste vrai pour $n = 1$. Désignons par

(2) $$\tilde{\pi} : \tilde{X} \to X$$

la désingularisation minimale de X ; d'après (II 2.1.4) et (2.7.4 (1)), on a

(3) $$A_2 = H^0(\tilde{X}, \omega_{\tilde{X}}(S_\infty)) \quad \text{et} \quad S_2 = H^0(\tilde{X}, \omega_{\tilde{X}}) .$$

THÉORÈME 3.6. Pour tout entier $n \geq 2$, on a

(1) $$\dim S_{2n} = (2n-1)^2 v(H^2/G)/4 + \Sigma\, w(x) + \Sigma\, a_{p,q} s(p,q,n)$$

où $v(H^2/G)$ est le volume pour la forme invariante

(2) $$\omega = (1/2\pi)^2\, dx_1 \wedge dx_2 \wedge dy_1 \wedge dy_2 / y_1^2 y_2^2$$

où $w(x)$ est un terme attaché à la pointe x, où $a_{p,q}$ est le nombre de points elliptiques de type (p,q) et où

(3) $$s(p,q,n) = \frac{1}{p} \sum_{z^p=1,\, z\neq 1} z^{n(q+1)}/(1-z)(1-z^q) .$$

Voir [SHIMIZU H., Ann. of Math., Vol. 77, N° 1, 1963, p. 33-71].

COROLLAIRE 3.7. On a

(1) $$(K_X . K_X) = 2v(H^2/G)$$

(2) $$\chi(O_X) = v(H^2/G)/4 + \Sigma\, w(x) + \Sigma\, a_{p,q} s(p,q,0) + h .$$

Comparons la formule de Shimizu et la formule (3.2) qui donne la caractéristique d'Euler Poincaré de $\omega_X^{\cdot n}$. On a pour tout $n \in \mathbb{Z}$

(3) $$\dim(A_{2n}) - h^1(\omega_X^{\cdot n}) + h^2(\omega_X^{\cdot n}) = \frac{n(n-1)}{2}(K_X . K_X) + \chi(O_X) + D(n)$$

où $D(n) = D(n+N)$ si N est multiple des ordres des stabilisateurs des points elliptiques. Par ailleurs, pour $n \geq 2$, on a

(4) $\dim(S_{2n}) = \frac{n(n-1)}{2}\, v(H^2/G) + (v(H^2/G)/4 + \Sigma\, w(x)) + S(n)$

où $S(n) = S(n+N)$ si N est multiple des ordres des stabilisateurs des points elliptiques. Pour $n \geqslant 2$, $\dim(A_{2n}) = \dim(S_{2n}) + h$ et pour n grand $h^i(\omega_X^{\cdot n}) = 0$, $i = 1,2$. On en tire immédiatement (1) et (2) ainsi que

(5) $$D(n) = S(n) - S(0)$$

car $D(0) = 0$. De (5) on tire maintenant que $h^1(\omega_X^{\cdot n}) = 0$ pour $n \geqslant 2$, car $h^2(\omega_X^{\cdot n}) = 0$ et $\dim(S_{2n}) = \dim(A_{2n}) + h$. Par dualité, il reste un seul mystère : que vaut $h^1(X,\omega_X) = h^1(X,O_X)$?

COROLLAIRE 3.8. <u>On a</u> $H^1(X,\omega_X) = H^1(X,O_X) = H^1(\tilde{X},O_{\tilde{X}}) = H^1(\tilde{X},\omega_{\tilde{X}}) = 0$ <u>et</u> $\dim(A_2) = \dim(S_2) + h = \chi(O_X) - 1$.

On notera que la dernière formule donne la valeur manquante dans la formule de Shimizu ainsi que l'existence d'une forme de poids 2 non nulle en une pointe et nulle aux autres, bien que les séries d'Eisenstein de poids 2 ne convergent pas.

Le revêtement universel de $X_{\text{rég}}$ est H^2 privé des images inverses des points elliptiques, donc le groupe fondamental de $X_{\text{rég}}$ est G. Par ailleurs, chaque point singulier admet un voisinage V tel que l'application $\pi_1(\tilde{V}-F) \to \pi_1(\tilde{V})$ soit surjective, où $\tilde{V}$ est l'image inverse de V dans $\tilde{X}$ et F la fibre du point. Le théorème de VAN KAMPEN assure donc que $G \to \pi_1(\tilde{X})$ est surjectif et par suite $H^1(\tilde{X},\mathbb{Z}) = 0$, car un théorème de SERRE dit que l'abélianisé de G est fini. Donc $H^1(\tilde{X},O_{\tilde{X}}) = 0$, donc $H^1(X,O_X)$ est nul car il est contenu dans le précédent ; les autres groupes de l'énoncé sont nuls par dualité. Puisque le diviseur exceptionnel d'une pointe est une courbe de genre 1, la suite exacte $0 \to \omega_{\tilde{X}} \to \omega_{\tilde{X}}(S_\infty) \to \omega_{S_\infty} \to 0$ nous donne par passage aux sections une suite exacte $0 \to S_2 \to A_2 \to \underline{\underline{C}}^h \to 0$, d'où la conclusion par (3.5 (2)).

COROLLAIRE 3.9. <u>L'algèbre</u> A <u>des formes automorphes est de Cohen-Macaulay</u>.

Posons $C = \mathrm{Spec}(A)$, notons s le sommet et posons $C' = C - \{s\}$. Il est clair qu'il suffit de prouver que $H^i_{\{s\}}(C) = 0$ pour $i < \dim C = 3$. C'est un fait général que $\omega_X^{\cdot n} = O_X(n)$ où le second est défini par le fait que $X = \mathrm{Proj}(a)$, (Exposé du 6.12.78, DEMAZURE, Séminaire de l'Ecole Polytechnique), et que $C' = \mathrm{Spec}_X(\bigoplus_{n \in \mathbb{Z}} O_X(n))$. Cette dernière formule donne

$$(1) \qquad H^i(C', O_{C'}) = \bigoplus_{n\in\mathbb{Z}} H^i(X, O_X(n)) ,$$

et la suite exacte de cohomologie locale donne la conclusion, car $H^i_{\{x\}}(C, O_C) = 0$ pour $i = 0,1$ puisque C est normal et $H^1(X, \omega_X^{\cdot n}) = 0$ pour tout n , puisque c'est vrai pour $n \geqslant 1$ et que ω_X est le faisceau dualisant.

Pour le reste de la démonstration, voir [4], (4.3 (iii)).

THÉORÈME 3.10. <u>Soit $\widetilde{X}$ la désingularisation minimale de la surface compacte X . On a</u>

$$(1) \qquad \chi(O_{\widetilde{X}}) = v(H^2/G)/4 + w + \Sigma\, a_{p,q} s(p,q,0)$$

$$(2) \qquad K_{\widetilde{X}}.K_{\widetilde{X}} = 2v(H^2/G) + \Sigma\, a_{p,q} C_{p,q}.C_{p,q} + S_\infty.S_\infty$$

(3) $S_\infty.S_\infty = \Sigma\,(2-b_i)$, <u>somme étendue aux composantes des fibres des pointes</u>,

$$(4) \qquad e(\widetilde{X}) = v(H^2/G) + \Sigma\, a_{p,q}(12s(p,q,0) - C_{p,q}.C_{p,q}) + 12w - S_\infty.S_\infty$$

$$(5) \qquad \mathrm{sgn}(\widetilde{X}) = \Sigma\, a_{p,q}(-8s(p,q,0) + C_{p,q}.C_{p,q}) - 8w + S_\infty.S_\infty$$

(6) $w = \frac{1}{12}\Sigma\,(3-b_i)$, <u>somme étendue aux composantes des fibres des pointes</u>.

On a $\chi(O_{\widetilde{X}}) = \chi(O_X) - \ell R^1\pi_*(O_{\widetilde{X}}) = \chi(O_X) - h$ d'après l'étude locale des points singuliers de X , d'où (1). Quant à (2), il suffit de déterminer la projection de $\omega_{\widetilde{X}}$ sur $NS(\widetilde{X}/X)_o$, (2.2) ; la projection sur la composante correspondant à un point elliptique de type (p,q) est notée $-C_{p,q}$, sa self-intersection est donnée par (2.7.3 (22)) et par la table (2.7.5). Pour une pointe, elle est donnée par (II 2.14) : c'est $-S_c$, où S_c est le diviseur exceptionnel de la pointe c et S_∞ la somme de ceux-ci, d'où aussi (3). Les formules (4) et (5) résultent du théorème de Riemann-Roch

(7) $$e(\tilde{X}) = 12\chi(\mathcal{O}_{\tilde{X}}) - K_{\tilde{X}}.K_{\tilde{X}} \quad , \quad \mathrm{sgn}(\tilde{X}) = 4\chi(\mathcal{O}_{\tilde{X}}) - e(\tilde{X}) \ ,$$

qui donne la caractéristique d'Euler-Poincaré topologique et la signature de la forme d'intersection sur $H^2(\tilde{X},\mathbb{Z})$. Quant à la formule (6), on la tire de (3) et (4) et des deux formules suivantes. D'abord

(4^*) $$e(\tilde{X}) = v(H^2/G) + \Sigma\, a_{p,q}(\ell(p,q)+(p-1)/p) + \Sigma\, \ell(c)$$

où $\ell(p,q)$ est le nombre de composantes de la fibre du diviseur exceptionnel d'un point elliptique de type (p,q) et où $\ell(c)$ est le nombre de composantes de la fibre de la pointe c , et ensuite

(8) $$12s(p,q,0) = C_{p,q}.C_{p,q} + (p-1)/p + \ell(p,q) \ .$$

Voici comment Hirzebruch démontre (4^*). On choisit pour tout point singulier x de X un voisinage tubulaire $V(x)$ de la fibre $F(x) = \pi^{-1}(x)$. On pose $Y = X - \cup V(x)$, en sorte que Y est une variété à bord. On montre d'abord que $e(X) = e(Y) + \Sigma e(V(x))$ et il est clair que $e(V(x)) = e(F(x))$ avec $e(F(x)) = \ell(p,q) + 1$ si x est un point elliptique de type (p,q) et $e(F(x)) = \ell(x)$ si x est une pointe. Par ailleurs, une variante de la formule de Gauss-Bonnet donne $e(Y) = v(H^2/G) + \Sigma\, m(x)$ où $m(x)$ est une intégrale étendue au bord de $V(x)$. On montre que $m(x) = 0$ si x est une pointe et que $m(x) = -1/p$ si x est un point elliptique de type (p,q). On en tire (4^*). Quant à (8), on se contentera d'une vérification numérique cas par cas à l'aide du tableau (2.7.5) et des valeurs pertinentes des $s(p,q,0)$, à savoir

(9) $$\begin{cases} s(2,1,0) = 1/8, s(3,1,0) = 1/9, s(3,2,0) = 2/9, s(4,1,0) = 1/16 \\ s(4,3,0) = 5/16, s(5,3,0) = 1/5, s(6,1,0) = -5/72, s(6,5,0) = 35/72 \ . \end{cases}$$

En effet, Hirzebruch donne la valeur de $w(x)$ pour chaque pointe et la paresse gagne le rédacteur qui renonce à chercher une bonne façon de calculer leur somme.

BIBLIOGRAPHIE

[1] ASH, MUMFORD, RAPOPORT, TAÏ.- Smooth compactifications of locally symmetric varieties. Math. Sci. Press, Brookline, Mass. (1975).

[2] W.L.Jr. BAILY.- On the Hilbert-Siegel modular space. Amer. J. Math., 80 (1958), 348-364.

[3] BAILY et BOREL.- Compactification of arithmetic quotient of bounded symmetric domains. Ann. of Math., 84 (1966), 442-528.

[4] J. GIRAUD.- Intersections sur les surfaces normales. Séminaire sur les singularités des surfaces, Ecole Polytechnique (Janvier 1979).

[5] H. GRAUERT.- Über Modifikationen und exceptionelle analytische Mengen. Math. Ann., 146 (1962), 331-368.

[6] F. HIRZEBRUCH.- Hilbert Modular surfaces. L'Ens. Math., 29 (1973), 183-281.

[7] F. HIRZEBRUCH.- Modulflächen und Modulkurven zur symmetrischen Hilbertschen Modulgruppe, à paraître aux Annales de l'E.N.S.

[8] KARRAS.- Eigenschaften der lokalen Ringen in zweidimensionalen Spitzen. Math. Ann., 215 (1975), 117-129.

[9] D. MUMFORD.- Abelian varieties. Oxford University Press (1970).

[10] D. MUMFORD.- The topology of normal singularities of an algebraic surface and a criterion for simplicity.

[11] M. RAPOPORT.- Compactifications de l'espace des modules de Hilbert-Blümenthal. Thèse, Orsay (1976).

[12] H. SHIMIZU.- On discontinuous groups operating on the product of upper half planes. Ann. of math., 77 (1963), 33-71.

[13] G. SHIMURA et TANIYAMA.- Complex multiplication of abelian varieties and its applications to number theory. Pub. Math. Soc. of Japan (1961).

[14] C.L. SIEGEL.- Lectures on advanced analytic number theory. Tata Inst. Bombay 1961.

[15] J. TATE.- Endomorphisms of abelian varieties over finite fields. Invent. Math., 2 (1966), 134-144.

[16] M.-F. VIGNERAS.- Invariants numériques des groupes de Hilbert. Math. Ann., 224 (1976), 189-215.

Université de Paris-Sud
Centre d'Orsay
Mathématique, bât. 425
91405 ORSAY (France)

Exposé IV

RELÈVEMENT DES SURFACES K3 EN CARACTÉRISTIQUE NULLE

par P. DELIGNE
(rédigé par Luc ILLUSIE) (*)

Rudakov et Shafarevitch [14] (cf. aussi Nygaard [12]) ont établi que les surfaces K3 n'admettent pas de champs de vecteurs non nuls. L'objet de cet exposé est de prouver, à partir de là, que toute surface K3 polarisée en car. $p > 0$ se relève en car. nulle (1.8). La démonstration repose sur le fait que le résultat de Rudakov-Shafarevitch entraîne, pour les surfaces K3, l'existence d'une bonne théorie de déformations, permettant notamment de "contrôler" le lieu de la variété formelle verselle où se déforme un faisceau inversible non trivial donné. Les seuls ingrédients utilisés sont d'une part les relations habituelles, pour la cohomologie de de Rham, entre la connexion de Gauss-Manin et l'opération de Kodaira-Spencer, d'autre part l'existence d'une classe de Chern cristalline pour les faisceaux inversibles.

On désigne par k un corps algébriquement clos de car. $p > 0$, et l'on note $W = W(k)$ l'anneau des vecteurs de Witt sur k.

(*) Equipe de Recherche Associée au C.N.R.S. n° 653

1. ÉNONCÉ DU THÉORÈME DE RELÈVEMENT

Dans ce numéro, X_o désigne une surface K3 sur k.

PROPOSITION 1.1 a) La suite spectrale de Hodge

$$E_1^{ij} = H^j(X_o, \Omega^i_{X_o/k}) \Longrightarrow H^*_{DR}(X_o/k)$$

dégénère en E_1, et la matrice des nombres de Hodge $h^{ij} = \dim_k H^j(X_o, \Omega^i_{X_o/k})$ est

$$\begin{matrix} 1 & 0 & 1 \\ 0 & 20 & 0 \\ 1 & 0 & 1 \end{matrix} .$$

b) Soit $T = T_{X_o/k} = (\Omega^1_{X_o/k})^\vee$ le fibré tangent à X_o. On a $H^i(X_o, T) = 0$ si $i = 0$ ou 2, et $\dim_k H^1(X_o, T) = 20$.

c) Les W-modules de cohomologie cristalline $H^i(X_o/W)$ sont libres, de rang $1, 0, 22, 0, 1$ pour $i = 0, 1, 2, 3, 4$.

D'après [14], $H^o(X_o, T) = 0$. Par définition d'une surface K3, $\Omega^2_{X/k}$ est trivial, donc on a

(1.1.1) $$T_{X_o/k} \simeq \Omega^1_{X_o/k} ,$$

et par suite $H^o(X_o, \Omega^1_{X_o/k}) = 0$, donc $H^2(X_o, \Omega^1_{X_o/k}) = 0$ par dualité de Serre. D'autre part, on a $H^1(X_o, \underline{O}) = 0$ et $H^2(X_o, \underline{O}) \simeq k$ par définition d'une surface K3. Le tableau des nombres de Hodge h^{ij}, pour $(i,j) \neq (1,1)$, est donc celui donné en 1.1 a). Il en résulte que la suite spectrale de Hodge dégénère en E_1. Rappelons par ailleurs (SGA 5 VII 4.11) que

$$\Sigma(-1)^{i+j} h^{ij} = c_2$$

et que $c_2 = 24$ par Riemann-Roch. Donc $h^{11} = 20$, d'où b), compte tenu de 1.1.1. Il résulte de a) que les espaces $H^i_{DR}(X_o/k)$ sont de dimension

1,0,22,0,1 pour $i = 0,1,2,3,4$. L'assertion c) en découle grâce à la suite exacte "des coefficients universels" [2, VII 1.1.11] :

$$0 \to H^i(X_o/W) \otimes k \to H^i_{DR}(X_o/k) \to \mathrm{Tor}_1^W(H^{i+1}(X_o/W),k) \to 0 .$$

COROLLAIRE 1.2. *La variété formelle verselle* S *des déformations de* X_o *sur les W-algèbres artiniennes locales de corps résiduel* k [15] *est universelle, et formellement lisse de dimension* 20 , i.e. W-*isomorphe à* $\mathrm{Spf}(W[[t_1,\ldots,t_{20}]])$.

C'est une conséquence immédiate de 1.1 b).

Dans la suite de ce numéro, on notera

(1.3) $$\underline{X}/S$$

la déformation universelle de X_o sur S .

1.4. Soit L_o un faisceau inversible sur X_o . Notons $\underline{\mathrm{Def}}(X_o,L_o)$ le foncteur sur la catégorie $\underline{A}$ des W-algèbres artiniennes locales de corps résiduel k associant à chaque objet A de $\underline{A}$ l'ensemble des classes d'isomorphie de couples (X,L) formés d'une déformation plate (donc lisse) X de X_o sur A et d'un prolongement de L_o en un faisceau inversible L sur X . Notons d'autre part $\underline{\mathrm{Def}}(X_o)$ le foncteur associant à chaque $A \in \mathrm{Ob}\,\underline{A}$ l'ensemble des classes d'isomorphie de déformations plates de X_o sur A : d'après 1.2, ce foncteur est (pro-)représenté par S . On a un morphisme "oubli du prolongement de L_o "

(1.4.1) $$\underline{\mathrm{Def}}(X_o,L_o) \to \underline{\mathrm{Def}}(X_o) .$$

PROPOSITION 1.5. *Le foncteur* $\underline{\mathrm{Def}}(X_o,L_o)$ *est pro-représentable, et le morphisme* 1.4.1 *est une immersion fermée, définie par une équation*.

La première assertion signifie qu'il existe un plus grand sous-schéma formel fermé

(1.5.0) $$\Sigma(L_o) \subset S$$

tel que L_o se prolonge en un faisceau inversible au-dessus de $\underline{X} \times_S \Sigma(L_o)$, et que ce prolongement est unique.

On vérifie aisément que le foncteur $\underline{Def}(X_o,L_o)$ satisfait aux conditions de Schlessinger d'existence d'une enveloppe. On dispose donc d'un schéma formel $S' = Spf(R')$, où R' est une W-algèbre locale noethérienne complète de corps résiduel k , et d'une déformation (X',L') de (X_o,L_o) sur S' telle que, pour tout $A \in Ob\,\underline{A}$, la flèche associée

(1.5.1) $$Hom(R',A) \to \underline{Def}(X_o,L_o)(A)$$

soit surjective, et bijective pour $A = k[\varepsilon]$, $\varepsilon^2 = 0$. Soit R l'anneau de S . Comme S pro-représente $\underline{Def}(X_o)$, X' définit un homomorphisme $u : R \to R'$ tel que le composé

(1.5.2) $$Hom(R',A) \xrightarrow{1.5.1} \underline{Def}(X_o,L_o)(A) \xrightarrow{1.4.1} \underline{Def}(X_o)(A) = Hom(R,A)$$

soit $Hom(u,A)$. Pour établir la première assertion de 1.5, il suffit donc de prouver que u est surjectif, car alors 1.5.2 sera injectif, donc 1.5.1 bijectif. D'après un lemme bien connu [15,1.1], il revient au même de prouver que, si m (resp. m') est l'idéal maximal de R (resp. R'), l'application $m/pR + m^2 \to m'/pR' + m'^2$ induite par u est surjective, ou encore que l'application linéaire tangente à l'origine à 1.4.1,

(1.5.3) $$Hom(u,k[\varepsilon]) : \underline{Def}(X_o,L_o)(k[\varepsilon]) \to \underline{Def}(X_o)(k[\varepsilon])$$

est injective. Soit T' le faisceau sur X_o des automorphismes de la déformation triviale de (X_o,L_o) au-dessus de $k[\varepsilon]$. On a une suite exacte

(1.5.4) $$0 \to \mathcal{O}_{X_o} \to T' \to T \to 0 ,$$

où $T' \to T$ est défini par oubli de L_o , $T = T_{X_o}$ étant considéré comme faisceau des automorphismes de la déformation triviale de X_o au-dessus de $k[\varepsilon]$. Il est standard que 1.5.3 s'identifie canoniquement à la flèche $H^1(X_o,T') \to H^1(X_o,T)$ déduite de $T' \to T$. Comme $H^1(X_o,\mathcal{O}) = 0$, la suite exacte de cohomologie de 1.5.4 montre donc que 1.5.3 est injective. Il reste à prouver que l'immersion fermée $S' \to S$ est définie par une seule équation, i.e. que l'idéal $I = \mathrm{Ker}(u)$ est monogène. Pour cela, considérons $S'' = \mathrm{Spf}(R/mI)$; c'est un épaississement de S' dans S, d'idéal de carré nul I/mI. L'obstruction à étendre le faisceau L' défini plus haut au-dessus de $\underline{X} \times_S S''$ est un élément $a \in H^2(X_o, I/mI) = H^2(X_o,\mathcal{O}) \otimes I/mI$, qu'on regardera comme un élément de I/mI par le choix d'une base de $H^2(X_o,\mathcal{O})$. Soit $\Sigma = \mathrm{Spf}(R/mI + (f))$, où $f \in I$ relève a. On a donc $S' \subset \Sigma \subset S'' \subset S$, et par construction (et fonctorialité de l'obstruction), L' se prolonge à $\underline{X} \times_S \Sigma$. Mais la propriété universelle de S' entraîne que $S' = \Sigma$, i.e. $mI + (f) = I$. Donc, par Nakayama, f engendre I, ce qui achève la démonstration.

Nous pouvons maintenant énoncer le résultat principal de l'exposé :

THÉORÈME 1.6. _Soit_ L_o _un faisceau inversible non trivial sur_ X_o. _Alors, avec les notations de_ 1.5, _le schéma formel_ $\Sigma(L_o)$, _proreprésentant_ $\underline{\mathrm{Def}}(X_o,L_o)$, _est plat sur_ W, _de dimension relative_ 19.

En d'autres termes, si f est une équation de $\Sigma(L_o)$ dans S (1.5), p ne divise pas f. Cela signifie encore que $\Sigma(L_o)$ ne contient pas la réduction S_o de S mod p, i.e. que L_o ne peut se prolonger au-dessus de $\underline{X} \times_S S_o$.

La démonstration de 1.6 sera donnée au n°2. Nous terminerons ce numéro par quelques conséquences de 1.6.

COROLLAIRE 1.7. _Soit_ L_o _un faisceau inversible non trivial sur_ X_o. _Il existe un trait_ T _fini sur_ W, _une déformation de_ X_o _en un schéma formel_ X _plat sur_ T, _et un prolongement de_ L_o _en un faisceau inversible_ L _sur_ X.

Il s'agit de prouver qu'il existe un W-morphisme $T \to \Sigma(L_o)$, où T est un trait fini sur W . Comme p est non diviseur de zéro dans l'anneau R' de $\Sigma(L_o)$, il existe (EGA 0_{IV} 16.4.1) des éléments $x_1,\ldots,x_n$ de l'idéal maximal de R' formant avec p un système de paramètres de R' (donc $n=19$). Le quotient $B=R'/(x_1,\ldots,x_n)$ est quasi-fini sur W , donc fini sur W . Il existe par suite un W-homomorphisme local de B dans un anneau de valuation discrète complet C fini sur W , et l'homomorphisme composé $R' \to B \to C$ répond à la question.

Appliquant le théorème d'algébrisation de Grothendieck (EGA III 5.4.5), on déduit de 1.7 le théorème de relèvement annoncé :

COROLLAIRE 1.8. <u>Soit</u> L_o <u>un faisceau inversible ample sur</u> X_o . <u>Il existe un trait</u> T <u>fini sur</u> W , <u>une déformation de</u> X_o <u>en un schéma propre et lisse</u> X <u>sur</u> T , <u>et un prolongement de</u> L_o <u>en un faisceau inversible ample</u> L <u>sur</u> X .

REMARQUE 1.9. On ignore si toute surface K3 sur k se relève en un schéma propre et lisse sur W . Ogus [13, §2] montre que : a) toute surface K3 sur k se relève sur W sauf peut-être dans le cas "superspécial", non elliptique, qui en fait n'existe pas si l'on admet la conjecture d'Artin [1] ; b) si $p>2$, toute surface K3 sur k se relève sur $W[\sqrt{p}]$. Pour l'instant donc, seul le cas particulier de 1.8 où $p=2$ et X_o est superspéciale n'est pas absorbé par ces résultats. Signalons d'autre part que l'article d'Ogus précité contient des compléments intéressants sur la structure de $\Sigma(L_o)$, cf. aussi l'exposé suivant pour le cas où X_o est ordinaire.

COROLLAIRE 1.10. <u>Si</u> k <u>est la clôture algébrique d'un corps fini sur lequel la surface</u> X_o <u>est définie, le Frobenius correspondant agit de façon semi-simple sur</u> $H^2(X_o,\mathbb{Q}_\ell)$ (ℓ premier $\neq p$).

Cela résulte de [5] : avec les notations de 1.8, la fibre générique de X est une surface K3 (le fait pour une surface d'être une surface K3 est stable par générisation, car il s'exprime par "K algébriquement équivalent à zéro et $\chi(\mathcal{O}) = 2$ "), donc X_o vérifie l'hypothèse de [5, 1.2] ; la conclusion découle de [5, 6.6] et du fait que l'action de Frobenius sur le H^1 ℓ-adique d'une variété abélienne sur un corps fini est semi-simple ([16], [11, p. 203]).

Noter que 1.10 est en réalité indépendant du fait que $H^o(X_o, T_{X_o}) = 0$ car s'il existait sur X_o un champ de vecteurs non nul, X_o serait unirationnelle d'après [14], et la conclusion de 1.10 serait encore vraie (argument de trace).

2. COHOMOLOGIE DE DE RHAM DE $\underline{X}/S$ ET DEMONSTRATION DE 1.6

On conserve les notations du n° 1 : X_o est une surface K3 sur k, et $\underline{X}/S$ désigne sa W-déformation universelle (1.3). Le lecteur familier avec la cohomologie de de Rham est invité à sauter les numéros 2.1 à 2.10, qui ne font que rappeler des faits standard concernant la connexion de Gauss-Manin, la filtration de Hodge, l'opération de Frobenius, et la classe de Chern d'un faisceau inversible.

2.1. Notons $\Omega^{\cdot}_{\underline{X}/S}$ le complexe de de Rham du schéma formel relatif $\underline{X}/S$ (par définition, $\Omega^i_{\underline{X}/S}$ est la limite projective des modules de différentielles habituels $\Omega^i_{X\times_S S'/S'}$, où S' parcourt les voisinages infinitésimaux de $\mathrm{Spec}(k)$ dans S). Soit $f : \underline{X} \to S$ la projection. Par définition, la cohomologie de de Rham de $\underline{X}/S$ est formée des $\mathcal{O}_S$-modules

(2.1.1) $$H^i_{DR}(\underline{X}/S) \overset{\mathrm{dfn}}{=} R^i f_*(\Omega^{\cdot}_{\underline{X}/S}) ,$$

tandis que la cohomologie de Hodge de $\underline{X}/S$ est formée des $\mathcal{O}_S$-modules

(2.1.2) $$H^i(\underline{X}, \Omega^j_{\underline{X}/S}) \overset{\mathrm{dfn}}{=} R^i f_*(\Omega^j_{\underline{X}/S}) .$$

Comme les $\mathcal{O}_{\underline{X}}$-modules $\Omega^i_{\underline{X}/S}$ sont localement libres de type fini, les $\mathcal{O}_S$-modules 2.1.1 et 2.1.2 sont cohérents en vertu du théorème de finitude de Grothendieck (EGA III 3.4.2). On a d'autre part la suite spectrale habituelle ("suite spectrale de Hodge")

(2.1.3) $$E_1^{ij} = H^j(\underline{X}, \Omega^i_{\underline{X}/S}) \Longrightarrow H^*_{DR}(\underline{X}/S) .$$

PROPOSITION 2.2 a) <u>La suite spectrale</u> 2.1.3 <u>dégénère en</u> E_1 ; <u>les</u> $\mathcal{O}_S$<u>-modules</u> $H^j(\underline{X}, \Omega^i_{\underline{X}/S})$ <u>sont libres de type fini, et les flèches canoniques</u> $H^j(\underline{X}, \Omega^i_{\underline{X}/S}) \otimes k \to H^j(X_o, \Omega^i_{X_o/k})$ <u>sont des isomorphismes</u>.

b) <u>Les</u> $\mathcal{O}_S$<u>-modules</u> $H^i_{DR}(\underline{X}/S)$ <u>sont libres de type fini, et les flèches canoniques</u> $H^i_{DR}(\underline{X}/S) \otimes k \to H^i_{DR}(X_o/k)$ <u>sont des isomorphismes</u>.

c) <u>Le cup-produit</u>

$$\langle \, , \, \rangle : H^2_{DR}(\underline{X}/S) \otimes H^2_{DR}(\underline{X}/S) \to H^4_{DR}(\underline{X}/S)$$

<u>est une dualité parfaite</u>.

Comme le tableau des nombres de Hodge de X_o/k est "entrelardé de zéros" (1.1 a)), le critère usuel (EGA III 7.5.4), appliqué aux foncteurs cohomologiques $M \mapsto H^{\cdot}(\underline{X}, \Omega^i_{\underline{X}/S} \otimes f^*M)$, entraîne aussitôt la seconde assertion de a) ; la première en résulte. L'assertion b) découle de a), et implique c), par la dualité de Poincaré pour $H^*_{DR}(X_o/k)$.

2.3. Notons $\Omega^{\cdot}_{S/W}$ le complexe de de Rham des différentielles "formelles" de S/W : $\Omega^i_{S/W} = \Lambda^i \Omega^1_{S/W}$, et $\Omega^1_{S/W}$, limite projective des modules de différentielles complétés $\Omega^1_{S_n/W_n}$, où S_n/W_n est la réduction mod p^{n+1} de S/W , est libre sur $\mathcal{O}_S$, de base $dt_1, \ldots, dt_{20}$, si $S \simeq W[[t_1, \ldots, t_{20}]]$. Les $H^i_{DR}(\underline{X}/S)$ sont munis d'une connexion intégrable canonique, la <u>connexion de Gauss-Manin</u>,

(2.3.1) $$\nabla : H^i_{DR}(\underline{X}/S) \to \Omega^1_{S/W} \otimes H^i_{DR}(\underline{X}/S) .$$

La définition la plus simple de 2.3.1 consiste à paraphraser la construction de Katz-Oda [ ], en partant de l'extension canonique

(2.3.0) $$0 \to f^*\Omega^1_{S/W} \to \Omega^1_{\underline{X}/W} \to \Omega^1_{\underline{X}/S} \to 0 ,$$

où $\Omega^1_{\underline{X}/W}$ est le module des différentielles complété. On peut aussi utiliser le fait que $H^i_{DR}(\underline{X}/S)$ est la valeur en S d'un cristal en $\mathcal{O}$-modules sur le site cristallin de S_o/W :

(2.3.2) $$H^i_{DR}(\underline{X}/S) = R^i(f_o)_{cris*}(\mathcal{O}_{\underline{X}_o/W})(S)$$

où

(2.3.2.1) $$(f_o : \underline{X}_o \to S_o) = f \times_S S_o \ , \ S_o = S \otimes_W k (\simeq \mathrm{Spf}(k[[t_1,\dots,t_{20}]]))$$

et $(f_o)_{cris} : (\underline{X}_o/W)_{cris} \to (S_o/W)_{cris}$ est le morphisme correspondant des sites cristallins : il s'agit là d'une "variante formelle" du résultat de Berthelot [2, V 3.6], qu'il est facile de déduire de (loc. cit.), appliqué aux morphismes induits par f_o sur les voisinages infinitésimaux de Spec(k) dans S_o.

Sur l'une ou l'autre des définitions précédentes, on voit que le cup-produit 2.2 c) est horizontal : on a

(2.3.3) $$\langle \nabla x, y\rangle + \langle x, \nabla y\rangle = \nabla\langle x,y\rangle$$

quels que soient $x,y \in H^2_{DR}(\underline{X}/S)$.

Notons $F^i_{Hdg}H^2_{DR}(\underline{X}/S)$ la <u>filtration de Hodge</u> de $H^2_{DR}(\underline{X}/S)$, aboutissement de 2.1.3 : si $\Omega^{\geq i}_{\underline{X}/S} = (0 \to \Omega^i_{\underline{X}/S} \to \Omega^{i+1}_{\underline{X}/S} \to \dots)$ désigne le complexe de de Rham tronqué (par zéro en degré $< i$), l'inclusion $\Omega^{\geq i}_{\underline{X}/S} \hookrightarrow \Omega^{\cdot}_{\underline{X}/S}$ donne donc (en vertu de 2.2 a)) un isomorphisme

(2.3.4) $$H^2(\underline{X},\Omega^{\geq i}_{\underline{X}/S}) \xrightarrow{\sim} F^i_{Hdg}\ H^2_{DR}(\underline{X}/S) .$$

On a

(2.3.5) $$H^2_{DR}(\underline{X}/S) = F^o_{Hdg} \supset F^1_{Hdg} \supset F^2_{Hdg} \supset F^3_{Hdg} = 0 ,$$

les F^i_{Hdg} sont des $\mathcal{O}_S$-modules libres, et la dégénérescence de 2.1.3 fournit des isomorphismes

(2.3.6) $$H^{2-i}(\underline{X},\Omega^i_{\underline{X}/S}) \xrightarrow{\sim} \mathrm{gr}^i_F\ H^2_{DR}(\underline{X}/S) \quad (\text{où } F = F^{\cdot}_{Hdg}) .$$

En particulier, F^1_{Hdg} (resp. F^2_{Hdg}) est libre de rang 21 (resp. 1). Sur 2.3.4 on voit que l'orthogonal de F^2_{Hdg} pour le cup-produit 2.2 c) contient F^1_{Hdg}, donc est égal à F^1_{Hdg} :

(2.3.7) $$F^1_{Hdg} = (F^2_{Hdg})^{\perp} ,$$

(donc on a aussi $F^2_{Hdg} = (F^1_{Hdg})^{\perp}$).

La description de Katz-Oda de la connexion de Gauss-Manin montre que l'on a

(2.3.8) $$\nabla F^i_{Hdg}\ H^2_{DR}(\underline{X}/S) \subset \Omega^1_{S/W} \otimes F^{i-1}_{Hdg}\ H^2_{DR}(\underline{X}/S)$$

("<u>transversalité de Griffiths</u>") (voir par exemple [8, 1.4]). Par suite, ∇ induit par passage au quotient une application

(2.3.9) $$gr^i\nabla : gr^i_F\ H^2_{DR}(\underline{X}/S) \to \Omega^1_{S/W} \otimes gr^{i-1}_F\ H^2_{DR}(\underline{X}/S) ,$$

qui est $\mathcal{O}_S$-linéaire en vertu de la formule de Leibniz. L'application 2.3.9 correspond à une application $\mathcal{O}_S$-linéaire que nous noterons

(2.3.10) $$\nabla_i : T_{S/W} \to \underline{\mathrm{Hom}}(gr^i_F\ H^2_{DR}(\underline{X}/S), gr^{i-1}_F\ H^2_{DR}(\underline{X}/S)) ,$$

où $T_{S/W} = (\Omega^1_{S/W})^{\vee}$ est le fibré tangent de S/W. Le second membre de 2.3.10 s'identifie canoniquement, par 2.3.6, à $\underline{\mathrm{Hom}}(H^{2-i}(\underline{X},\Omega^i_{\underline{X}/S}),H^{3-i}(\underline{X},\Omega^{i-1}_{\underline{X}/S}))$. Soit $T_{\underline{X}/S} = (\Omega^1_{\underline{X}/S})^{\vee}$ le fibré tangent de $\underline{X}/S$. Si

(2.3.11) $$\mathrm{Kod}(\underline{X}/S) : T_{S/W} \to H^1(\underline{X},T_{\underline{X}/S})$$

désigne l'application de Kodaira-Spencer associée à $\underline{X}/S/W$, définie par l'extension 2.3.0 (cf. [8, 1.3]), alors, avec l'identification précédente, 2.3.10 s'insère dans un triangle commutatif

(2.3.12) $$\begin{array}{ccc} T_{S/W} & \xrightarrow{\mathrm{Kod}(\underline{X}/S)} & H^1(\underline{X},T_{\underline{X}/S}) \\ & {\searrow}^{\nabla_i} & \downarrow \\ & & \underline{\mathrm{Hom}}(H^{2-i}(\underline{X},\Omega^i_{\underline{X}/S}),H^{3-i}(\underline{X},\Omega^{i-1}_{\underline{X}/S})) \end{array} ,$$

où la flèche verticale est définie par le cup-produit (via le produit intérieur $T_{\underline{X}/S} \otimes \Omega^i_{\underline{X}/S} \to \Omega^{i-1}_{\underline{X}/S}$) : cette compatibilité se vérifie comme en [8, 1.4.1.7].

Notons que, d'après 2.3.7, le cup-produit 2.2 c) induit, par passage à gr_F, une dualité parfaite

$$(2.3.13)\qquad gr_F^i\, H^2_{DR}(\underline{X}/S) \otimes gr_F^{2-i}\, H^2_{DR}(\underline{X}/S) \to H^4_{DR}(\underline{X}/S)\ (\simeq H^2(\underline{X}, \Omega^2_{\underline{X}/S}))$$

(correspondant par 2.3.6 au cup-produit

$$H^{2-i}(\underline{X}, \Omega^i_{\underline{X}/S}) \otimes H^i(\underline{X}, \Omega^{2-i}_{\underline{X}/S}) \to H^2(\underline{X}, \Omega^2_{\underline{X}/S})\ ).$$

Il résulte de 2.3.3 que, pour tout $D \in T_{S/W}$, on a

$$(2.3.14)\qquad \nabla_1(D) = -\nabla_2(D)^\vee ,$$

i.e. $\langle \nabla_2(D)x, y\rangle + \langle x, \nabla_1(D)y\rangle = 0$ pour $x \in gr_F^2$, $y \in gr_F^1$.

L'énoncé ci-après exprime la mobilité de la filtration de Hodge sous l'action de Gauss-Manin :

PROPOSITION 2.4. *Les applications* 2.3.10 *et* 2.3.11 *sont des isomorphismes*.

Notons d'abord que le faisceau $\Omega^2_{\underline{X}/S}$, prolongement sur $\underline{X}$ du faisceau trivial $\Omega^2_{X_o/k}$, est nécessairement trivial (1.5), donc qu'on a

$$(2.4.1)\qquad T_{\underline{X}/S} \simeq \Omega^1_{\underline{X}/S} ,$$

et que par suite, d'après 2.2 a), $H^1(\underline{X}, T_{\underline{X}/S})$ est libre (de rang 20) et la flèche canonique $H^1(\underline{X}, T_{\underline{X}/S}) \otimes k \to H^1(X_o, T_{X_o/k})$ un isomorphisme. Cela étant, un argument standard montre que

$$(2.4.2)\qquad \mathrm{Kod}(\underline{X}/S) \otimes_W k : T_{S/W} \otimes k \to H^1(X_o, T_{X_o/k})$$

n'est autre que l'application linéaire tangente à l'origine à l'isomorphisme canonique $S \xrightarrow{\sim} \underline{\mathrm{Def}}(X_o)$ (1.4), donc $\mathrm{Kod}(\underline{X}/S)$ est un isomorphisme. Compte tenu de 2.3.12, il reste donc à prouver que la flèche verticale de 2.3.12 est un isomorphisme, et, grâce à 2.3.14, on peut se borner à le faire pour $i = 1$. D'après 2.2 a) et la remarque faite au début de la démonstration, il suffit de montrer que le cup-produit

$$(2.4.3) \qquad H^1(X_o, T_{X_o/k}) \otimes H^1(X_o, \Omega^1_{X_o/k}) \to H^2(X_o, \mathcal{O})$$

est non dégénéré. Mais la donnée d'une base de $H^o(X_o, \Omega^2_{X_o/k})$ identifie $T_{X_o/k}$ à $\Omega^1_{X_o/k}$ et 2.4.3 à la dualité de Serre

$$H^1(X_o, \Omega^1_{X_o/k}) \otimes H^1(X_o, \Omega^1_{X_o/k}) \to H^2(X_o, \Omega^2_{X_o/k}) ,$$

d'où la conclusion.

COROLLAIRE 2.4.4. <u>L'application</u> $gr^1\nabla$ (resp. $gr^2\nabla$) (2.3.9) <u>est un isomorphisme</u> (<u>resp</u>. <u>est injective et de conoyau libre</u>).

Noter que, par suite, la même propriété est vraie pour l'application $gr^1(\nabla|S_o)$ (resp. $gr^2(\nabla|S_o)$), où $\nabla|S_o$ est la connexion de Gauss-Manin sur $H^2_{DR}(\underline{X}_o/S_o)$.

Compte tenu de la dualité 2.3.13, 2.4.4 résulte aussitôt de ce que 2.3.10 est un isomorphisme.

2.5. Avec les notations 2.3.2.1, soit $F_{\underline{X}_o/S_o} : \underline{X}_o \to \underline{X}_o^{(p)}$ le Frobenius relatif de $\underline{X}_o/S_o$, défini par le diagramme habituel à carré cartésien

$$(2.5.1) \qquad \begin{array}{ccccc} \underline{X}_o & \longleftarrow & \underline{X}_o^{(p)} & \xleftarrow{F_{\underline{X}_o/S_o}} & X_o \\ \downarrow & & \downarrow & \swarrow & \\ S_o & \longleftarrow & S_o & & \end{array}$$

(où les composés horizontaux sont les Frobenius absolus). L'interprétation cristalline 2.3.2 de $H^i_{DR}(\underline{X}/S)$ montre, par la fonctorialité de la cohomologie cristalline, que $F_{\underline{X}_o/S_o}$ induit, pour tout relèvement $\varphi : S \to S$ du Frobenius (absolu) de S_o, compatible au Frobenius canonique σ de W, un homomorphisme $\mathcal{O}_S$-linéaire horizontal (pour Gauss-Manin)

$$(2.5.2) \qquad F(\varphi) : \varphi^* H^i_{DR}(\underline{X}/S) \to H^i_{DR}(\underline{X}/S) .$$

Cet homomorphisme est une isogénie (i.e. $F(\varphi)\otimes_{\mathbb{Z}_p}\mathbb{Q}_p$ est un isomorphisme) et sa dépendance en φ est contrôlée par ∇ (cf. [7] et l'exposé suivant). Dans ce qui suit, nous fixerons un relèvement φ, par exemple celui donné par $\varphi(t_i)=t_i^p$ $(1\leqslant i\leqslant 20)$ $(S = \mathrm{Spf}\ W[[t_1,\dots,t_{20}]])$ donc $\varphi(\Sigma\, a_\alpha \underline{t}^\alpha = \Sigma\, a_\alpha^\sigma \underline{t}^{p\alpha})$, nous poserons $F(\varphi)=\widetilde{F}$, et noterons

$$(2.5.3)\qquad F : H^i_{DR}(\underline{X}/S) \to H^i_{DR}(\underline{X}/S)$$

l'homomorphisme φ-linéaire composé de $\widetilde{F}$ et de la flèche d'adjonction $H^i_{DR}(\underline{X}/S) \to \varphi^* H^i_{DR}(\underline{X}/S)$, $x \mapsto 1\otimes x$. Par construction, F est compatible au cup-produit 2.2 c) : on a

$$(2.5.4)\qquad \langle Fx,Fy\rangle = F\langle x,y\rangle$$

quels que soient $x,y\in H^2_{DR}(\underline{X}/S)$.

L'énoncé suivant est cas particulier d'un théorème de Mazur-Ogus ([10], [4, 8.26]) (*) :

PROPOSITION 2.6. <u>Avec les notations de</u> 2.3 <u>et</u> 2.5, <u>on a</u>

$$F^1_{Hdg}\ H^2_{DR}(\underline{X}/S) \subset \{x\in H^2_{DR}(\underline{X}/S) \mid Fx\in pH^2_{DR}(\underline{X}/S)\}$$

<u>et les deux membres ont même image dans</u> $H^2_{DR}(\underline{X}_o/S_o)$.

En d'autres termes, si l'on note $F : H^2_{DR}(\underline{X}_o/S_o) \to H^2_{DR}(\underline{X}_o/S_o)$ l'endomorphisme (p-linéaire) de Frobenius (réduction mod p de 2.5.3), et $F^i_{Hdg}\ H^2_{DR}(\underline{X}_o/S_o)$ la filtration de Hodge de $H^2_{DR}(\underline{X}_o/S_o)$ (réduction mod p de celle de $H^2_{DR}(\underline{X}/S)$), on a

$$(2.6.1)\qquad F^1_{Hdg}\ H^2_{DR}(\underline{X}_o/S_o) = \mathrm{Ker}\ F : H^2_{DR}(\underline{X}_o/S_o) \to H^2_{DR}(\underline{X}_o/S_o)\ .$$

Rappelons la démonstration de cette formule. Par définition, F est composé de l'injection canonique (p-linéaire) $H^2_{DR}(\underline{X}_o/S_o) \hookrightarrow H^2_{DR}(\underline{X}_o^{(p)}/S_o) = F^*_{S_o}\ H^2_{DR}(\underline{X}_o/S_o)$ définie par le carré cartésien de 2.5.1 et de la flèche $\mathcal{O}_{S_o}$-linéaire $\widetilde{F} : H^2_{DR}(\underline{X}_o^{(p)}/S_o) \to H^2_{DR}(\underline{X}_o/S_o)$ définie par le Frobenius relatif $F_{\underline{X}_o/S_o}$. Il est immédiat que l'on a

---

(*) Il s'agit d'une variante formelle de [4, 8.26], qui s'en déduit facilement.

$$F^1_{Hdg}\, H^2_{DR}(\underline{X}_o/S_o) = H^2_{DR}(\underline{X}_o/S_o) \cap F^1_{Hdg}\, H^2_{DR}(\underline{X}_o^{(p)}/S_o) ,$$

donc il suffit de prouver que

$$(2.6.2) \qquad F^1_{Hdg}\, H^2_{DR}(\underline{X}_o^{(p)}/S_o) = \mathrm{Ker}\, \widetilde{F} : H^2_{DR}(\underline{X}_o^{(p)}/S_o) \to H^2_{DR}(\underline{X}_o/S_o) .$$

D'après 2.2, la suite spectrale de Hodge de $\underline{X}_o^{(p)}/S_o$ dégénère en E_1, donc on a une suite exacte

$$(2.6.3) \qquad 0 \longrightarrow F^1_{Hdg}\, H^2_{DR}(\underline{X}_o^{(p)}/S_o) \longrightarrow H^2_{DR}(\underline{X}_o^{(p)}/S_o) \xrightarrow{\pi} H^2(\underline{X}_o^{(p)},\mathcal{O}) \longrightarrow 0 ,$$

où π est la projection canonique. D'autre part, comme $F_{\underline{X}_o/S_o}$ s'annule sur $\Omega^i_{\underline{X}_o^{(p)}/S_o}$ pour $i \geqslant 1$, on a un carré commutatif

$$\begin{array}{ccc} H^2_{DR}(\underline{X}_o^{(p)}/S_o) & \xrightarrow{\pi} & H^2(\underline{X}_o^{(p)},\mathcal{O}) \\ \downarrow{\scriptstyle \widetilde{F}} & & \downarrow{\scriptstyle \widetilde{F}} \\ H^2_{DR}(\underline{X}_o/S_o) & \xleftarrow{(*)} & H^2(X_o,\underline{H}^o(\Omega^{\cdot}_{\underline{X}_o/S_o})) , \end{array}$$

où $(*)$ est défini par l'inclusion $\underline{H}^o(\Omega^{\cdot}_{\underline{X}_o/S_o}) \to \Omega^{\cdot}_{\underline{X}_o/S_o}$. Mais la dégénérescence en E_1 de la suite spectrale de Hodge de $\underline{X}_o/S_o$ entraîne (par l'argument bien connu utilisant l'opération de Cartier) la dégénérescence en E_2 de la suite spectrale conjuguée

$$E_2^{ij} = H^i(\underline{X}_o,\underline{H}^j(\Omega^{\cdot}_{\underline{X}_o/S_o})) \Longrightarrow H^*_{DR}(\underline{X}_o/S_o) .$$

En particulier, l'application $(*)$ est injective. Comme la flèche verticale de droite est un isomorphisme (cas particulier de l'isomorphisme de Cartier), on en conclut que $\widetilde{F}$ et π ont même noyau, ce qui achève la démonstration, compte tenu de 2.6.3.

REMARQUES 2.7 a) D'après [4, 8.26], on a également

$$(2.7.1) \qquad F^2_{Hdg}\, H^2_{DR}(\underline{X}_o/S_o) = \mathrm{Im}\{x \in H^2_{DR}(\underline{X}/S) \mid Fx \in p^2\, H^2_{DR}(\underline{X}/S)\} \to H^2_{DR}(\underline{X}_o/S_o)$$

mais nous n'en aurons pas besoin.

b) Le F-cristal $H^4_{DR}(\underline{X}/S)$ est isomorphe au "cristal de Tate" $\mathcal{O}(-2) = (\mathcal{O}_S$ muni de $\nabla = d$ et $F = p^2\varphi)$. Faute de disposer (dans la littérature) d'un morphisme trace $H^4_{DR}(\underline{X}/S) \to \mathcal{O}_S$, on peut néanmoins s'en convaincre de la manière suivante : on note d'abord que $H^4_{DR}(\underline{X}/S)$ est l'image par le cup-produit de $F^1 H^2_{DR}(\underline{X}/S) \otimes F^1 H^2_{DR}(\underline{X}/S)$; grâce à 2.5.4 et 2.6, on en déduit que $F(H^4_{DR}(\underline{X}/S)) \subset p^2 H^4_{DR}(\underline{X}/S)$, puis, grâce au fait que $H^4_{DR}(\underline{X}/S) \otimes W = H^4(X_o/W)$ est isomorphe à $W(-2)$, que $H^4_{DR}(\underline{X}/S)$ est de la forme $U(-2)$, où U est un F-cristal unité ; mais tout F-cristal unité sur S est trivial [7], d'où l'assertion.

2.8. Le dernier ingrédient dont on aura besoin pour la démonstration de 1.6 est la notion de classe de Chern cristalline d'un faisceau inversible (cf. [3]). Notons $\mathrm{Fil}^1\Omega^{\cdot}_{\underline{X}/S}$ le sous-complexe de $\Omega^{\cdot}_{\underline{X}/S}$ noyau de la projection canonique $\Omega^{\cdot}_{\underline{X}/S} \to \mathcal{O}_{\underline{X}_o}$, i.e.

(2.8.1) $$\mathrm{Fil}^1\Omega^{\cdot}_{\underline{X}/S} = (p\mathcal{O}_{\underline{X}} \xrightarrow{d} \Omega^1_{\underline{X}/S} \xrightarrow{d} \Omega^2_{\underline{X}/S}) .$$

La suite exacte de définition de Fil^1

(2.8.2) $$0 \to \mathrm{Fil}^1\Omega^{\cdot}_{\underline{X}/S} \to \Omega^{\cdot}_{\underline{X}/S} \to \mathcal{O}_{\underline{X}_o} \to 0$$

fournit une suite exacte

(2.8.3) $$0 \to 1 + \mathrm{Fil}^1\Omega^{\cdot}_{\underline{X}/S} \to \Omega^{\cdot *}_{\underline{X}/S} \to \mathcal{O}^*_{\underline{X}_o} \to 0 ,$$

où

$$\Omega^{\cdot *}_{\underline{X}/S} = (\mathcal{O}^*_{\underline{X}} \xrightarrow{\mathrm{dlog}} \Omega^1_{\underline{X}/S} \xrightarrow{d} \Omega^2_{\underline{X}/S})$$

est le complexe de de Rham "multiplicatif". Par définition, l'homomorphisme <u>classe de Chern</u>

(2.8.4) $$c_1 : \mathrm{Pic}(\underline{X}_o) = H^1(\underline{X}_o, \mathcal{O}^*_{\underline{X}_o}) \to H^2(\underline{X}, \mathrm{Fil}^1\Omega^{\cdot}_{\underline{X}/S})$$

est composé du cobord de 2.8.3 et de la flèche déduite de l'homomorphisme de complexes

(2.8.5) $$\log : 1 + \mathrm{Fil}^1\Omega^{\cdot}_{\underline{X}/S} \to \mathrm{Fil}^1\Omega^{\cdot}_{\underline{X}/S}$$

donné par l'identité en degré $\geqslant 1$ et $1+x \mapsto \Sigma(-1)^i\, x^{i+1}/(i+1)$ en degré zéro (on vérifie immédiatement que la définition de 2.8.5 est légitime).

Noter que, comme $H^1(\underline{X}_o,\mathcal{O}) = 0$ (2.2 a)), la flèche canonique

(2.8.6) $$H^2(\underline{X},\mathrm{Fil}^1\Omega^{\cdot}_{\underline{X}/S}) \to H^2_{DR}(\underline{X}/S)$$

est injective : nous nous permettrons donc parfois de regarder c_1 (2.8.4) comme à valeurs dans $H^2_{DR}(\underline{X}/S)$.

PROPOSITION 2.9. <u>Soit</u> $\underline{L}_o \in \mathrm{Pic}(\underline{X}_o)$, <u>et soit</u> $x = c_1(\underline{L}_o)$. <u>On a</u> :

a) $Fx = px$,

b) $\nabla x = 0$.

Pour prouver ces formules, il est commode d'interpréter c_1 de façon cristalline. La construction [3, 2.1] fournit en effet un homomorphisme

(2.9.1) $$c_{1/W} : \mathrm{Pic}(\underline{X}_o) \to H^2_{cris}(\underline{X}_o, J_{\underline{X}_o/W}) ,$$

où $J_{\underline{X}_o/W}$ est le faisceau cristallin défini par la suite exacte canonique

(2.9.2) $$0 \to J_{\underline{X}_o/W} \to \mathcal{O}_{\underline{X}_o/W} \to \mathcal{O}_{\underline{X}_o} \to 0 .$$

D'après 2.3.2, on a

$$H^2(\underline{X},\mathrm{Fil}^1\Omega^{\cdot}_{\underline{X}/S}) = R^2(f_o)_{cris*}(J_{\underline{X}_o/W})(S) ,$$

d'où

(2.9.3) $$H^o_{cris}(S_o, R^2(f_o)_{cris*}J_{\underline{X}_o/W}) = \{x \in H^2(\underline{X},\mathrm{Fil}^1\Omega^{\cdot}_{\underline{X}/S}) \mid \nabla x = 0\} .$$

On vérifie facilement que 2.8.4 n'est autre que le composé de 2.9.1 et de l'homomorphisme canonique

(2.9.4) $$H^2_{cris}(X_o, J_{\underline{X}_o/W}) \to H^o_{cris}(S_o, R^2(f_o)_{cris*}J_{\underline{X}_o/W})$$

(modulo l'identification 2.9.3). Cela prouve en particulier 2.9 b). La description précédente montre aussi la fonctorialité en $\underline{X}_o/S_o$ de 2.8.4, ce qui entraîne 2.9 a), car, si $F_{\underline{X}_o}$ est le Frobenius absolu de $\underline{X}_o$, on a

$$Fx = c_1(F^*_{\underline{X}_o}\, \underline{L}_o) = c_1(\underline{L}_o^{\otimes p}) = px .$$

REMARQUE 2.9.5. En ce qui concerne le point b), le lecteur qui répugne aux considérations cristallines pourra le vérifier "à la main" en utilisant la description explicite de Katz-Oda [9] de la connexion de Gauss-Manin. Voici comment se présente le calcul. Soit D une dérivation de S/W. On choisit un recouvrement ouvert affine $\underline{U}$ de X_o, un cocycle (g_{ij}) à valeurs dans $\mathcal{O}^*_{\underline{X}_o}$ représentant $\underline{L}_o$, un relèvement D_i de D en une dérivation de $\underline{X}/W$ sur U_i. La donnée d'un relèvement de g_{ij} en une section $\tilde{g}_{ij}$ de $\mathcal{O}^*_{\underline{X}}$ sur $U_i \cap U_j$ définit un 2-cocycle h_{ijk} à valeurs dans $1+p\mathcal{O}_{\underline{X}}$, et $x = c_1(\underline{L}_o)$ est la classe du 2-cocycle

$$(\log h_{ijk}) + (\mathrm{dlog}\, g_{ij}) \in Z^2(\underline{U}, \mathrm{Fil}^1\Omega^{\cdot}_{\underline{X}/S}) .$$

D'autre part, d'après [9], $\nabla(D)x$ est la classe du 2-cocycle $(i<j<k)$

$$y = (D_i \log h_{ijk}) + (dD_i \log g_{ij}) - ((D_i \log - D_j \log) g_{jk}) .$$

On constate que y est le cobord de la 1-cochaîne $(D_i \log g_{ij}) \in C^1(\underline{U}, \Omega^{\cdot}_{\underline{X}/S})$, donc $\nabla(D)x = 0$.

2.10. La fonctorialité de la classe de Chern cristalline entraîne que, pour tout point e de S à valeurs dans W, on a un carré commutatif

$$\text{(2.10.1)} \qquad \begin{array}{ccc} \mathrm{Pic}(\underline{X}_o) & \xrightarrow{c_1} & H^2_{DR}(\underline{X}/S) = H^2_{cris}(\underline{X}_o/S) \\ {\scriptstyle \underline{L} \longmapsto \underline{L}|\underline{X}_o} \downarrow & & \downarrow {\scriptstyle e^*} \\ \mathrm{Pic}(X_o) & \xrightarrow{c_1} & H^2_{DR}(X/W) = H^2_{cris}(X_o/W) \end{array} ,$$

où X/W est déduit de $\underline{X}/S$ par le changement de base e.

On notera que, comme X_o est une surface K3, $\mathrm{Pic}(X_o)$ coïncide avec le groupe de Néron-Severi $NS(X_o)$, et est sans torsion, et que par suite la flèche horizontale inférieure de 2.10.1 est injective (3.4).

2.11. Démonstration de 1.6.

Supposons que L_o se prolonge en un faisceau inversible $\underline{L}_o$ sur $\underline{X}_o$, et soit $x = c_1(\underline{L}_o) \in H^2_{DR}(\underline{X}/S)$. La commutativité de 2.10.1 entraîne que $e^* x = c_1(L_o)$; comme L_o est non trivial par hypothèse, on a $c_1(L_o) \neq 0$ d'après la remarque ci-dessus, donc $x \neq 0$. D'après 2.9, on a $Fx = px$, $\nabla x = 0$. Soit p^n la plus grande puissance de p divisant x, posons $y = p^{-n}x$; l'image y_o de y dans $H^2_{DR}(\underline{X}_o/S_o) = H^2_{DR}(\underline{X}/S) \bmod p$ est donc non nulle. D'autre part, on a encore $Fy = py$, $\nabla y = 0$. La première de ces relations entraîne, d'après 2.6.1, que $y_o \in F^1_{Hdg} H^2_{DR}(\underline{X}_o/S_o)$. Comme on a $y_o \neq 0$ et $\nabla y_o = 0$, on ne peut avoir $y_o \in F^2_{Hdg} H^2_{DR}(\underline{X}_o/S_o)$, car cela contredirait l'injectivité de $gr^2\nabla : F^2_{Hdg} H^2_{DR}(\underline{X}_o/S_o) \to \Omega^1_{\underline{S}_o/k} \otimes gr^1_F H^2_{DR}(\underline{X}_o/S_o)$ (2.4.4). Donc l'image de y_o dans $gr^1_F H^2_{DR}(\underline{X}_o/S_o)$ est non nulle, mais comme $\nabla y_o = 0$, cela contredit le fait que $gr^1\nabla : gr^1_F H^2_{DR}(\underline{X}_o/S_o) \to \Omega^1_{\underline{S}_o/k} \otimes gr^o_F H^2_{DR}(\underline{X}_o/S_o)$ est un isomorphisme. Cette contradiction achève la démonstration de 1.6.

3. APPENDICE ; CLASSES DE CHERN CRISTALLINES ET INTERSECTIONS (*)

Le but de cet appendice est d'établir que, sur une surface propre et lisse sur k, le nombre d'intersection de deux diviseurs est la trace du cup-produit de leurs classes de Chern cristallines (cette compatibilité ne figure apparemment pas dans la littérature).

3.1. Soit X un schéma propre et lisse sur k. Rappelons [2, VI 3.3.6] qu'on sait associer à tout sous-schéma fermé Y de X, <u>lisse</u> sur k, de codimension d dans X, une <u>classe de cohomologie</u>

(3.1.1) $$c\ell(Y) \in H^{2d}(X/W) .$$

Si Y', Y'' sont des sous-schémas fermés lisses de codimensions d', d'', se coupant transversalement, on a [2, VI 4.3.15]

(*) par P. Deligne et L. Illusie

(3.1.2) $$c\ell(Y')c\ell(Y") = c\ell(Y'\cap Y")$$

(dans $H^{2(d'+d")}(X/W)$). D'autre part, si X' est un schéma propre et lisse sur k, $f : X' \to X$ un k-morphisme, Y un sous-schéma fermé lisse de codimension d tel que $Y \times_X X'$ soit lisse de codimension d dans X', alors on a [2, VI 4.3.13]

(3.1.3) $$c\ell(Y \times_X X') = f^* c\ell(Y) .$$

Enfin, si a est un point rationnel de X/k, on a [2, VII 3.1.7]

(3.1.4) $$\mathrm{Tr}_{X/W}(c\ell(a)) = 1 .$$

En particulier, si X est connexe, $c\ell(a)$ ne dépend pas de a, puisque $\mathrm{Tr}_{X/W} : H^{2n}(X/W) \to W$ est un isomorphisme $(n = \dim X)$ [2, VII 2.1.1].

3.2. A tout fibré vectoriel L sur X on sait associer des <u>classes de Chern</u> [3, 2.4]

(3.2.1) $$c_i(L) \in H^{2i}(X/W) ,$$

nulles pour $i > rg(L)$. Ces classes dépendent fonctoriellement de L : si $f : X' \to X$ est un k-morphisme, on a (loc. cit.)

(3.2.2) $$c_i(f^*L) = f^*c_i(L) .$$

Si D est un diviseur effectif lisse sur X, on dispose donc d'une part de la classe de cohomologie $c\ell(D) \in H^2(X/W)$, d'autre part de la classe de Chern $c_1(\mathcal{O}_X(D)) \in H^2(X/W)$.

PROPOSITION 3.2.3. <u>Soit</u> D <u>un diviseur effectif lisse sur</u> X. <u>Si</u> $\mathcal{O}_X(D)$ <u>est très ample</u>, <u>on a</u>

(3.2.3.1) $$c\ell(D) = c_1(\mathcal{O}_X(D)) .$$

REMARQUE 3.2.4. Berthelot (non publié) a vérifié que 3.2.3.1 vaut sans l'hypothèse que $\mathcal{O}_X(D)$ soit très ample. La démonstration est assez compliquée. Pour ce que nous avons en vue, 3.2.3 nous suffira.

Prouvons 3.2.3. Grâce à 3.1.3 et 3.2.2, on se ramène aussitôt au cas où X est un espace projectif $\mathbb{P}^N_k$, et D un hyperplan. Posons $\mathbb{P}^N_W = X'$, et soit D' un hyperplan de X' relevant D . On a $H^2(X/W) = H^2_{DR}(X'/W)$. D'après [2, VI 3.3.5], $c\ell(D)$ est la classe de cohomologie de de Rham de D' , laquelle se calcule à l'aide de l'extension de $\Omega^{\cdot}_{D'/W}[-1]$ par $\Omega^{\cdot}_{X'/W}$ donnée par le complexe de de Rham de X'/W à pôles logarithmiques le long de D'. Si $(t_o,\ldots,t_N)$ sont des coordonnées homogènes sur X', on en déduit facilement que $c\ell(D)$ est la classe du 1-cocycle $(dt_j/t_j - dt_i/t_i)$ $(i < j)$ du recouvrement standard. D'autre part, la classe de Chern $c_1(\mathcal{O}_X(1)) \in H^2_{DR}(X'/W)$ se déduit, d'après [3, 2.3], du cocycle t_j/t_i par l'homomorphisme $\mathrm{dlog} : \mathcal{O}^*_{X'} \to \Omega^{\cdot}_{X'/W}[1]$. On a donc bien $c_1(\mathcal{O}_X(D)) = c\ell(D)$.

THÉORÈME 3.3. <u>Soit</u> X <u>une surface propre et lisse sur</u> k . <u>Si</u> D_1 , D_2 <u>sont des diviseurs sur</u> X , <u>on a</u>

$$(D_1.D_2) = \mathrm{Tr}_{X/W}(c_1(\mathcal{O}_X(D_1)c_1(\mathcal{O}_X(D_2)))$$

(où $(D_1.D_2)$ désigne le nombre d'intersection de D_1 , D_2).

Si D_1 , D_2 sont effectifs, lisses, très amples, et transverses, la conclusion résulte de 3.1.2, 3.1.4, et 3.2.3. Pour nous ramener à ce cas, choisissons un diviseur H très ample sur X . Pour n assez grand, $D_1 + nH$ et $D_2 + nH$ sont très amples. Par Bertini, il existe donc des diviseurs effectifs lisses, très amples, D_1' , D_1'' , D_2' , D_2'' tels que

$$\mathcal{O}_X(D_1) = \mathcal{O}_X(D_1'-D_1'') \ , \ \mathcal{O}_X(D_2) = \mathcal{O}_X(D_2'-D_2'') \ ,$$

et l'on peut supposer de plus que les couples (D_1',D_2') , (D_1',D_2'') , (D_1'',D_2') , (D_1'',D_2'') sont transverses. Par additivité de c_1 et bilinéarité de (.), on est ramené au cas particulier envisagé, ce qui achève la démonstration.

3.4. Soit à nouveau X un schéma propre et lisse sur k. On ignore si, pour deux sous-schémas fermés lisses de X, de même codimension, le fait d'être algébriquement équivalents entraîne qu'ils ont même classe de cohomologie cristalline (on le sait seulement pour des sous-schémas de dimension 0 , cf. 3.1.4 !). En revanche, si $NS(X) = Pic(X)/Pic^{o}(X)$ désigne le groupe de Néron-Severi de X, l'homomorphisme

$$c_1 : Pic(X) \to H^2(X/W)$$

s'annule sur $Pic^{o}(X)$, car $Pic^{o}(X)$ est p-divisible et $H^2(X/W)$ de type fini sur W, donc donne par passage au quotient un homomorphisme

$$c_1 : NS(X) \to H^2(X/W) . \tag{3.4.1}$$

Supposons maintenant que X soit une surface. D'après le théorème de l'index de Hodge, la forme d'intersection sur $NS(X) \otimes \mathbb{Q}$ est non dégénérée. Compte tenu de 3.3, il en résulte que l'homomorphisme

$$c_1 \otimes Q : NS(X) \otimes \mathbb{Q} \to H^2(X/W) \otimes \mathbb{Q} \tag{3.4.2}$$

est injectif.

REMARQUE 3.5. On peut montrer [6, II 5.10] que 3.4.1 définit une injection de $NS(X) \otimes \mathbb{Z}_p$ dans $H^2(X/W)$. Il n'est sans doute pas vrai en général que 3.4.1 induise une injection de $NS(X)/pNS(X)$ dans $H^2(X/W)/pH^2(X/W)$, i.e. que l'application classe de Chern en cohomologie de de Rham envoie injectivement $NS(X)/pNS(X)$ dans $H^2_{DR}(X/k)$. C'est cependant le cas si $H^*(X/W)$ est sans torsion et que la suite spectrale de Hodge vers de Rham de X/k dégénère en E_1, cf. [13, 1.4] et [6, II 5.18], conditions réalisées par exemple par une surface K3.

P. DELIGNE
Institut des Hautes Etudes Scientifiques
35, Route de Chartres
91440 BURES/YVETTE (France)

L. ILLUSIE
Université de Paris-Sud
Centre d'Orsay
Mathématique, bât. 425
91405 ORSAY (France)

BIBLIOGRAPHIE

[1] M. ARTIN.- Supersingular K3 surfaces. Ann. Sc. ENS, 4ème série, t. 7 (1974), p. 543-568.

[2] P. BERTHELOT.- Cohomologie cristalline des schémas de caractéristique $p > 0$. Lecture Notes in Math. 407, Springer-Verlag (1974).

[3] P. BERTHELOT et L. ILLUSIE.- Classes de Chern en cohomologie cristalline. C. R. Acad. Sc. Paris, t. 270, p. 1695-1697 et 1750-1752, 22 et 29 juin 1970.

[4] P. BERTHELOT et A. OGUS.- Notes on crystalline cohomology. Mathematical Notes 21, Princeton U. Press (1978).

[5] P. DELIGNE.- La conjecture de Weil pour les surfaces K3. Inv. math. 15, p. 206-226 (1972).

[6] L. ILLUSIE.- Complexe de de Rham-Witt et cohomologie cristalline, Ann. Sc. ENS, 4e série, t. 12 (1979), p. 501-661.

[7] N. KATZ.- Travaux de Dwork, Séminaire Bourbaki, exp. 409, Lecture Notes in Math. 383, Springer-Verlag (1973).

[8] N. KATZ.- Algebraic solutions of differential equations, p-curvature and the Hodge filtration. Inv. math. 18, p. 1-118 (1972).

[9] N. KATZ and T. ODA.- On the differentiation of De Rham cohomology classes with respect to parameters. J. of Math. of Kyoto Univ., vol. 8, n° 2, p. 199-213 (1968).

[10] B. MAZUR.- Frobenius and the Hodge filtration, estimates. Ann. of Math. 98, p. 58-95 (1973).

[11] D. MUMFORD.- Abelian Varieties. Tata Inst., Oxford Univ. Press (1970).

[12] N. NYGAARD.- A p-adic proof of the Rudakov-Shafarevitch theorem. Ann. of Math. 110, p. 515-528 (1979).

[13] A. OGUS.- Supersingular K3 crystals. Journées de Géométrie Algébrique de Rennes, juillet 78, S.M.F. Astérisque 64, p. 3-86 (1979).

[14] A. RUDAKOV and I. SHAFAREVITCH.- Inseparable morphisms of algebraic surfaces. Akad. Sc. SSSR, t. 40, n° 6, p. 1264-1307 (1976).

[15] M. SCHLESSINGER.- Functors of Artin rings. Trans. Amer. Soc. 130, p. 205-222 (1968).

[16] A. WEIL.- Variétés abéliennes et courbes algébriques. Hermann (1948).

Exposé V

CRISTAUX ORDINAIRES ET COORDONNÉES CANONIQUES

par P. DELIGNE

avec la collaboration de L. ILLUSIE (*)

SOMMAIRE

Dans tout l'exposé, k désigne un corps algébriquement clos de car. $p > 0$, et W l'anneau des vecteurs de Witt sur k .

(*) Equipe de Recherche Associée au C.N.R.S. n° 653

0. INTRODUCTION

Soit X_o/k une courbe elliptique ordinaire. D'après la théorie de Serre-Tate [14, V], la variété modulaire formelle M des déformations de X_o sur les W-algèbres artiniennes locales de corps résiduel k est isomorphe au groupe multiplicatif formel $\hat{\mathbb{G}}_m/W$. Plus précisément, le groupe p-divisible $G_o = \cup \mathrm{Ker}(p^n : X_o \circlearrowleft)$ est isomorphe à $(\mathbb{Q}_p/\mathbb{Z}_p) \times \mu_{p^\infty}$, et le choix d'un isomorphisme α entre la partie étale de G_o et $\mathbb{Q}_p/\mathbb{Z}_p$ permet d'identifier canoniquement, pour toute W-algèbre R artinienne locale de corps résiduel k, l'ensemble des relèvements de X_o sur R au groupe $\mathrm{Ext}^1((\mathbb{Q}_p/\mathbb{Z}_p)_R, (\mu_{p^\infty})_R)$, à son tour isomorphe canoniquement au groupe des unités de R congrues à 1 modulo l'idéal maximal : on obtient donc ainsi un isomorphisme (ne dépendant que de α) entre M et $(\hat{\mathbb{G}}_m)_W$, et en particulier la déformation universelle X de X_o sur M définit une "coordonnée canonique" q sur M, telle que $M \simeq \mathrm{Spf}\, W[[q-1]]$. De ce paramètre q, qui décrit le groupe p-divisible G associé à X comme extension de $\mathbb{Q}_p/\mathbb{Z}_p$ par μ_{p^∞}, on peut donner une autre interprétation, en termes du module $H^1_{DR}(X/M)$, muni de sa structure de F-cristal et de sa filtration de Hodge $H^o(X,\Omega^1_{X/M}) \subset H^1_{DR}(X/M)$. La donnée d'un isomorphisme α comme ci-dessus fournit en effet par dualité un isomorphisme α' entre le groupe formel $\hat{X}/M$ associé à X et le groupe formel $(\hat{\mathbb{G}}_m)_M$, d'où une forme $b \in H^o(X,\Omega^1_{X/M})$, correspondant par α' à la forme invariante sur $(\hat{\mathbb{G}}_m)_M$. Soit $a \in H^1_{DR}(X/M)$ tel que $\nabla a = 0$ et (a,b) soit une base symplectique de $H^1_{DR}(X/M)$, i.e. $\langle a,b\rangle = 1$, $\langle a,a\rangle = 0$. Si $\nabla : H^1_{DR}(X/M) \to \Omega^1_{M/W} \otimes H^1_{DR}(X/M)$ désigne la connexion de Gauss-Manin, on a nécessairement

$$\nabla b = \eta \otimes a, \tag{0.1}$$

avec $\eta \in \Omega^1_{M/W}$. On peut montrer (voir Appendice et Exposé suivant, par N. Katz) que l'on a

$$\eta = d \log q, \tag{0.2}$$

où q est le paramètre défini plus haut, qui se trouve donc coïncider avec celui défini indépendamment par Dwork ([8], [6]) à l'aide de (0.2). La base (a,b) ci-dessus jouit par ailleurs de propriétés remarquables vis-à-vis de l'opération de Frobenius F sur $H^1_{DR}(X/M)$: si l'on choisit comme endomorphisme de M relevant le Frobenius de $M \otimes k$ celui donné par $q \mapsto q^p$, alors F s'exprime par

(0.3) $$Fa = a \ , \ Fb = pb \ .$$

Les constructions précédentes se généralisent aux variétés abéliennes ordinaires [8], voir aussi [9], [11] pour des applications arithmétiques dans le cas des courbes elliptiques.

L'objet de l'exposé est de montrer qu'on peut développer une théorie analogue pour les surfaces K3 ordinaires, du moins si $p \neq 2$. Soit X_o/k une surface K3 ordinaire, i.e. telle que le Frobenius de $H^2(X_o, \mathcal{O})$ soit non nul, et soit S la variété modulaire formelle des déformations de X_o sur les W-algèbres artiniennes locales de corps résiduel k (IV 1.2). Si $p \neq 2$, on prouve que S est munie canoniquement d'une structure de groupe formel, isomorphe à $(\hat{\mathbb{G}}_m)^{20}_W$; en particulier, la déformation universelle X de X_o sur S définit des "coordonnées canoniques" q_i $(1 \leqslant i \leqslant 20)$ telles que $S \simeq \mathrm{Spf}\, W[[q_1 - 1, \ldots, q_{20} - 1]]$, formant une base des caractères de S. On montre de plus que, si L_o est un faisceau inversible non trivial sur X_o, l'hypersurface $\Sigma(L_o)$ de S telle que L_o se prolonge à $X \times_S \Sigma(L_o)$ (IV 1.5) est le noyau d'un caractère de S, défini de façon presque tautologique par la classe de Chern cristalline de L_o.

En l'absence d'une théorie de Serre-Tate pour les relèvements des surfaces K3, c'est en termes de la structure de F-cristal de $H^2_{DR}(X/S)$ que l'on définit la structure de groupe formel de S. En fait, on peut englober le cas des variétés abéliennes et celui des surfaces K3 dans un même théorème de structure pour une certaine classe de F-cristaux ordinaires. L'étude de ces cristaux fait l'objet du n° 1. Les applications géométriques sont données au n° 2. En ce qui concerne le théorème relatif aux hypersurfaces $\Sigma(L_o)$, l'ingrédient essentiel est l'utilisation de la classe de Chern cristalline pour contrôler l'obstruction au prolongement.

1. PARAMETRES CANONIQUES DES F-CRISTAUX DE HODGE ORDINAIRES

1.1. Rappels de définitions.

1.1.1. Pour les définitions et propriétés générales des F-cristaux, voir Katz [8], [10]. On fixe pour toute la suite du n° 1 des anneaux de séries formelles

$$A_o = k[[t_1,\dots,t_n]] \quad , \quad A = W[[t_1,\dots,t_n]] \ ,$$

où $(t_1,\dots,t_n)$ est une suite finie d'indéterminées (pour $n=0$, on convient que $A_o = k$, $A = W$).

Un cristal (sous-entendu, en modules libres de type fini) sur A_o est par définition un A-module libre de type fini H, muni d'une connexion

$$\nabla : H \to \Omega^1_{A/W} \otimes H \ ,$$

intégrable et p-adiquement topologiquement nilpotente. Que ∇ soit intégrable signifie que, si l'on pose $D_i = d/dt_i$, on a

$$\nabla(D_i)\nabla(D_j) = \nabla(D_j)\nabla(D_i)$$

quels que soient $i \neq j$. Cela permet de faire opérer sur H les opérateurs PD-différentiels sur A, i.e. les polynômes en les D_i à coefficients dans A, par la formule

$$\nabla(\Sigma\, a_m D^m) = \Sigma\, a_m (\nabla(D))^m \ ,$$

avec les notations condensées habituelles $D^m = D_1^{m_1} \dots D_n^{m_n}$, etc. Quant à la nilpotence topologique de ∇, elle s'exprime par le fait que, pour tout i, $\nabla(D_i)^m$ tend vers zéro pour la topologie p-adique de $\mathrm{End}_W(H)$ quand m tend vers $+\infty$. D'après Berthelot [1, II 4], la donnée d'une connexion ∇ comme ci-dessus équivaut à la donnée, pour tout couple de W-homomorphismes (f,g) de A dans une W-algèbre B locale, noethérienne et complète, tels que f et g soient congrus modulo un idéal I de B muni de puissances divisées compatibles aux puissances divisées standard de p, d'un isomorphisme

$$\chi(f,g) : f^*H \xrightarrow{\sim} g^*H \quad , (^*)$$

ces isomorphismes étant assujettis à vérifier certaines conditions de transitivité explicitées dans [8, 1.2], i.e. $\chi(g,h)\chi(f,g) = \chi(f,h)$, $\chi(fk,gk) = k^*\chi(f,g)$, $\chi(id,id) = id$. La formule suivante décrit concrètement ce dictionnaire dans le sens qui nous intéresse :

LEMME 1.1.2. _Avec les notations ci-dessus_, _désignons par_ $f^* : H \to f^*H$ _la flèche d'adjonction_, _où_ $f^*H = f_*f^*H$ _par abus_. _L'homomorphisme_ A-_linéaire_ _composé_

$$\chi(f,g)f^* : H \xrightarrow{f^*} f^*H \xrightarrow{\chi(f,g)} g^*H$$

est donné par la formule

$$(1.1.2.1) \qquad \chi(f,g)f^*(x) = \sum_m (f(t)-g(t))^{[m]} g^*(\nabla(D)^m x) ,$$

la somme portant sur tous les multi-indices $m = (m_1,\ldots,m_n) \in \mathbb{N}^n$, _avec les notations condensées_

$$(f(t)-g(t))^{[m]} = (f(t_1)-g(t_1))^{[m_1]}\ldots(f(t_n)-g(t_n))^{[m_n]}$$

(_le crochet désignant une puissance divisée dans_ I), _et_

$$\nabla(D)^m = \nabla(D_1)^{m_1}\ldots\nabla(D_n)^{m_n}$$

(N.B. _la série au second membre de_ (1.1.2.1) _est convergente grâce à la nilpotence topologique de_ ∇).

Cet énoncé est essentiellement contenu dans [1, II 4.3]. Il suffit de le vérifier après réduction mod p^r pour tout r. Nous noterons

---

(*) On note encore f (resp. g) : $\mathrm{Spec}(B) \to \mathrm{Spec}(A)$ le morphisme de schémas correspondant.

encore par abus $(f,g) : A \rightrightarrows B$ les W_r-homomorphismes déduits de ceux donnés par réduction mod p^r. Soit $\underline{D}$ l'enveloppe à puissances divisées de l'idéal d'augmentation J de $A\hat{\otimes}_{W_r} A$ $(= W_r[[t_1,\ldots,t_n, u_1,\ldots,u_n]])$, notons d_o (resp. d_1) : $A \to \underline{D}$ l'homomorphisme donné par $a \mapsto a\otimes 1$ (resp. $1\otimes a$), définissant la structure de A-module "à gauche" (resp. "à droite") de $\underline{D}$. Comme J, engendré par les $t_i - u_i$, est régulier, il résulte de [1, I 4.5.1] que $\underline{D}$ s'identifie pour la structure gauche à l'algèbre à puissances divisées $A\langle\xi_1,\ldots,\xi_n\rangle$, où $\xi_i = d_1t_i - d_ot_i$ = image de $u_i - t_i$ dans $\underline{D}$. Par la propriété universelle des enveloppes à puissances divisées, et du fait que B est complet, il existe un PD-morphisme $s : \underline{D} \to B$ tel que $sd_o = g$, $sd_1 = f$. D'autre part, d'après [1, II 4.3.8], la connexion ∇ définit une PD-stratification

$$\varepsilon : \underline{D}\otimes_A H \ (= d_1^*M) \xrightarrow{\sim} H\otimes_A \underline{D} \ (= d_o^*M)$$

telle que l'homomorphisme d_1-linéaire composé

$$\theta : H \xrightarrow{d_1^*} d_1^*H \xrightarrow{\varepsilon} d_o^*H$$

soit donné par la formule

(*) $$\theta(x) = \Sigma\nabla(D^m)x \otimes \xi^{[m]} ,$$

avec les notations condensées évidentes. Par définition, $\chi(f,g)$ est l'isomorphisme déduit de ε par image inverse par s :

$$\chi(f,g) = s^*\varepsilon : f^*H \xrightarrow{\sim} g^*H .$$

Si l'on convient de regarder f (resp. g) comme définissant une structure de A-module à droite (resp. gauche) sur B, on a un diagramme commutatif

$$\begin{array}{ccccc}
H & \xrightarrow{d_1^*} & \underline{D}\otimes_A H & \xrightarrow{\varepsilon} & H\otimes_A \underline{D} \\
\| & & \downarrow{\scriptstyle s\otimes 1} & & \downarrow{\scriptstyle 1\otimes s} \\
H & \xrightarrow{f^*} & B\otimes_A H & \xrightarrow{\chi(f,g)} & H\otimes_A B
\end{array} ,$$

qui montre, compte tenu de (*), que le composé horizontal inférieur est donné par

$$\chi(f,g)f^*(x) = \Sigma\ \nabla(D)^m x \otimes s(\xi)^{[m]} .$$

Mais

$$s(\xi_i) = s(d_1 t_i - d_o t_i) = f(t_i) - g(t_i) ,$$

donc

$$\begin{aligned} \chi(f,g)f^*(x) &= \Sigma\ \nabla(D)^m x \otimes (f(t)-g(t))^{[m]} \\ &= \Sigma (f(t)-g(t))^{[m]} g^*(\nabla(D)^m x) . \end{aligned}$$

1.1.3. Un F-<u>cristal</u> sur A_o est par définition un cristal (H,∇) sur A_o , muni, pour chaque relèvement $\varphi : A \to A$ du Frobenius de A_o compatible à l'endomorphisme de Frobenius σ de W , d'un homomorphisme horizontal

$$F(\varphi) : \varphi^* H \to H$$

(φ^*H étant muni de la connexion $\varphi^*\nabla$), tel que $F(\varphi) \otimes \mathbb{Q}_p$ soit un isomorphisme, et que, pour tout couple de relèvements (φ,ψ), on ait un triangle commutatif

(1.1.3.1)
$$\begin{array}{ccc} \varphi^* H & \xrightarrow{F(\varphi)} & H \\ {\scriptstyle \chi(\varphi,\psi)}\downarrow & \nearrow {\scriptstyle F(\psi)} & \\ \psi^* H & & \end{array} ,$$

où $\chi(\varphi,\psi)$ est l'isomorphisme canonique défini par ∇ grâce au fait que φ est congru à ψ modulo l'idéal à puissances divisées pA .

L'horizontalité de $F(\varphi)$ s'exprime par la commutativité du carré

(1.1.3.2)
$$\begin{array}{ccc} \varphi^* H & \xrightarrow{\varphi^*\nabla} & \Omega^1_{A/W} \otimes \varphi^* H \\ {\scriptstyle F(\varphi)}\downarrow & & \downarrow {\scriptstyle 1\otimes F(\varphi)} \\ H & \xrightarrow{\nabla} & \Omega^1_{A/W} \otimes H \end{array} .$$

Comme par définition $\varphi^*\nabla$ rend commutatif le carré

$$\begin{array}{ccc} H & \longrightarrow & \Omega^1_{A/W}\otimes H \\ \varphi^*\big\downarrow & & \big\downarrow \varphi^*\otimes\varphi^* \\ \varphi^* H & \xrightarrow{\varphi^*\nabla} & \Omega^1_{A/W}\otimes \varphi^* H \end{array} ,$$

on en déduit la formule

(1.1.3.3) $$\nabla F(\varphi)\varphi^* x = \Sigma\ \varphi^*\omega_i \otimes F(\varphi)\varphi^* h_i ,$$

pour $x \in H$ tel que $\nabla x = \Sigma\ \omega_i \otimes h_i$.

D'autre part, la loi de variation de $F(\varphi)$ (1.1.3.1) se traduit par la formule

(1.1.3.4) $$F(\psi)\psi^* x = F(\varphi)\varphi^* x + \sum_{|n|>0} (\psi(t)-\varphi(t))^{[n]} F(\varphi)\varphi^*(\nabla(D)^n x) ,$$

avec les notations de 1.1.2. On a en effet, d'après les conditions de transitivité vérifiées par χ ,

$$\begin{aligned} F(\psi)\psi^* x &= F(\psi)\chi(\varphi,\psi)\chi(\psi,\varphi)\psi^* x \\ &= F(\varphi)\chi(\psi,\varphi)\psi^* x \qquad (1.1.3.1) , \end{aligned}$$

d'où 1.1.3.4, grâce à 1.1.2.1 appliqué à $f=\psi$, $g=\varphi$.

1.1.4. Soit $s_o : A_o \to k'$ un point de $\mathrm{Spec}(A_o)$ à valeurs dans une extension algébriquement close de k . Si φ relève Frobenius comme ci-dessus, on sait [8, 1.1] qu'il existe un unique relèvement de s_o en $s : A \to W(k')$ tel que $s\varphi = \sigma s$ (σ désignant le Frobenius de $W(k')$), appelé <u>relèvement de Teichmüller</u> de s_o relatif à φ . Soit H un F-cristal sur A_o . Alors $F(\varphi)$ fournit un endomorphisme σ-linéaire de s^*H , d'où un F-cristal s^*H sur k' . Si φ' est un autre relèvement de Frobenius, et s' le relèvement de Teichmüller de s_o correspondant, les F-cristaux s^*H et s'^*H sont canoniquement isomorphes grâce à (1.1.3.1) (cf. [8, 1.4]). On écrira s_o^*H pour s^*H , et on dira que s_o^*H est le F-<u>cristal induit par</u> H <u>au point</u> s_o.

1.1.5. Rappelons enfin qu'à tout F-cristal sur k on associe un <u>polygone de Newton</u> et un <u>polygone de Hodge</u>, pour les définitions et propriétés desquels nous renvoyons le lecteur à [12], [8], et [10].

1.2. F-<u>cristaux unités</u>.

1.2.1. On dit qu'un F-cristal (H,∇) sur A_o est un F-<u>cristal unité</u> si, pour un relèvement φ à A du Frobenius de A_o, $F(\varphi)$ est un isomorphisme. D'après (1.1.3.1), il revient au même de dire que $F(\varphi)$ est un isomorphisme pour tout relèvement φ.

Tout $\mathbb{Z}_p$-module libre de type fini M fournit un F-cristal unité sur A_o, à savoir $(H=M\otimes A\ ,\ \nabla=1\otimes d\ ,\ F(\varphi)=1\otimes\varphi)$. En fait, tout F-cristal unité sur A_o est de ce type :

PROPOSITION 1.2.2 (cf. [8, §3]). <u>Soit</u> H <u>un</u> F-<u>cristal unité sur</u> A_o. <u>Il existe une base</u> (e_i) $(1\leqslant i\leqslant r)$ <u>de</u> H <u>sur</u> A <u>telle que</u> $\nabla e_i=0$ et $F(\varphi)\varphi^*e_i=e_i$ <u>pour tout relèvement</u> φ <u>du Frobenius de</u> A_o.

Autrement dit, la base (e_i) définit un isomorphisme du F-cristal trivial $\mathbb{Z}_p^r\otimes A$ défini ci-dessus sur H.

Avant de démontrer 1.2.2, faisons d'abord deux remarques.

a) Si $x\in H$ est tel que, pour un relèvement φ, $F(\varphi)\varphi^*x=x$, alors $\nabla x=0$. En effet, comme φ relève Frobenius, on a $\varphi^*(\Omega^1_{A/W})\subset p\Omega^1_{A/W}$, donc p divise $\nabla x=\nabla F(\varphi)\varphi x$ d'après (1.1.3.3). Le même raisonnement montre, par récurrence, que ∇x est divisible par p^n pour tout n, donc que $\nabla x=0$.

b) Si $x\in H$ est tel que $F(\varphi)\varphi^*x=x$ pour un relèvement φ, alors $F(\psi)\psi^*x=x$ pour tout relèvement ψ. Compte tenu de a), cela résulte en effet de la loi de variation de $F(\varphi)$ (1.1.3.4).

Il suffit donc de trouver une base (e_i) de H sur A telle que $F(\varphi)\varphi^*e_i=e_i$ pour un relèvement φ choisi, par exemple celui donné par $t_j\mapsto t_j^p$ $(1\leqslant j\leqslant n)$. Soit $s:A\to W$ l'augmentation donnée par $s(t_i)=0$. Comme $s\varphi=\varphi\sigma$, $F(\varphi)\varphi^*$ induit sur s^*H un automorphisme σ-linéaire Φ. Le corps k étant algébriquement clos, il existe une base de s^*H fixe par Φ (partir d'une base fixe par Φ mod p, qui existe grâce au lemme de Lang, et la modifier de proche en proche pour la rendre fixe par Φ mod p^n pour tout n). Autrement dit, il existe une base (f_i) $(1 \leqslant i \leqslant r)$ de H telle que, si l'on pose $F(\varphi)\varphi^* = F$, on ait

$$Ff = (I+M)f ,$$

avec $M \in M_r(A)$ tel que $M = 0 \bmod (t)$ $(= (t_1,\ldots,t_n)A)$. Il suffit de montrer qu'on peut remplacer f par $e = (I+N)f$, avec $N \in M_r(A)$ tel que $N = 0 \bmod (t)$, de manière à satisfaire à $Fe = e$. Explicitant, on trouve l'équation

$$(*) \qquad N = M + \varphi(N) + \varphi(N)M .$$

Or l'application $N \mapsto M + \varphi(N) + \varphi(N)M$ est contractante pour la topologie (t)-adique, car $\varphi((t)) \subset (t)^p$, donc $(*)$ possède une solution unique, ce qui achève la démonstration de 1.2.2.

1.2.3. Nous dirons qu'un F-cristal (H,∇) sur A_o est <u>topologiquement nilpotent</u> si, pour un relèvement φ du Frobenius de A_o, $F(\varphi)\varphi^*$ est p-adiquement topologiquement nilpotent ; cette condition ne dépend pas du choix de φ, comme le montre (1.1.3.4) (ou plus exactement l'analogue de (1.1.3.4) pour des itérés de $F(\varphi)\varphi^*$, $F(\psi)\psi^*$). Il n'est pas vrai que tout F-cristal sur A_o soit extension d'un F-cristal topologiquement nilpotent par un F-cristal unité. Plus précisément, on a le critère suivant, cas particulier d'un théorème de Katz [10, 2.4.2] :

PROPOSITION 1.2.4. <u>Soit</u> H <u>un</u> F-<u>cristal</u> <u>sur</u> A_o. <u>Notons</u> F_o <u>l'endomorphisme de</u> $H_o = H \otimes_A A_o$ <u>induit par</u> $F(\varphi)\varphi^*$, <u>où</u> φ <u>relève le</u> <u>Frobenius</u> F_{A_o} <u>de</u> A_o (F_o <u>est</u> F_{A_o}<u>-linéaire, et indépendant de</u> φ). <u>Les conditions suivantes sont équivalentes</u> :

(i) <u>Les rangs stables de</u> (H_o, F_o) <u>au point fermé et en un point géométrique algébriquement clos localisé au point générique de</u> $\mathrm{Spec}(A_o)$ <u>sont égaux</u>.

(ii) <u>Il existe une extension de</u> F-<u>cristaux sur</u> A_o ,

$$0 \to U \to H \to E \to 0 ,$$

<u>où</u> U <u>est un</u> F-<u>cristal unité et</u> E <u>un</u> F-<u>cristal topologiquement nilpotent</u>.

Rappelons ce qu'on entend par "rang stable" : si L est un espace vectoriel de dimension finie sur un corps parfait de car. p, muni d'un endomorphisme p-linéaire Φ, L se décompose canoniquement en $L = L^{ss} \oplus L^{nilp}$, où $L^{ss} = \bigcap \mathrm{Im}\, \Phi^n$, $L^{nilp} = \bigcup \mathrm{Ker}\, \Phi^n$; la dimension de L^{ss} est par définition le <u>rang stable</u> de (L, Φ).

Bien qu'il s'agisse d'un cas particulier de [10, 2.4.2], indiquons rapidement une démonstration de 1.2.4 (*), la situation envisagée ici étant nettement plus simple que celle de (loc. cit.). Il est clair que (ii) implique (i). Inversement, posons $\bar{H}_o = H_o \otimes_{A_o} k = H \otimes_A k$. Relevons dans H_o une base de $\bar{H}_o$ adaptée à la décomposition de $\bar{H}_o$ sous $F_o \otimes k$, $\bar{H}_o = \bar{H}_o^{ss} \oplus \bar{H}_o^{nilp}$: F_o est alors donné par une matrice $\begin{pmatrix} a & c \\ b & d \end{pmatrix}$, avec $b \equiv 0 \bmod(t)$, et a inversible de rang $r = \dim \bar{H}_o^{ss}$. Dans une nouvelle base de H_o, donnée par une matrice de passage $P = \begin{pmatrix} 1_r & 0 \\ x & 1 \end{pmatrix}$, la matrice de F_o est $\begin{pmatrix} a' & c' \\ b' & d' \end{pmatrix} = P^{-1} \begin{pmatrix} a & c \\ b & d \end{pmatrix} P^{(p)}$, et l'on peut déterminer $x \equiv 0 \bmod(t)$ de manière que $b' = 0$: en effet, on obtient pour x l'équation $x = f(x)$, où $f(x) = ba^{-1} - xcx^{(p)}a^{-1} + dx^{(p)}a^{-1}$, et cette équation possède une solution unique car f est une application contractante pour la topologie (t)-adique. Dans cette nouvelle base, la matrice de F_o prend donc la forme $\begin{pmatrix} a' & c' \\ 0 & d' \end{pmatrix}$, avec a' inversible de rang r. L'hypothèse (i) entraîne alors que l'endomorphisme d' est nilpotent, car il en est ainsi de d' localisé en une extension algébriquement close du corps des fractions de A_o. Choisissons un relèvement φ de F_{A_o}. Dans une base de H relevant la base de H_o

---

(*) figurant dans des notes de Katz antérieures à (loc. cit.), non publiées.

choisie ci-dessus, la matrice de $F = F(\varphi)\varphi^*$ s'écrit (avec des notations changées) $\begin{pmatrix} a & c \\ b & d\end{pmatrix}$, où $b = 0 \bmod p$, et d topologiquement nilpotent. Appliquant à nouveau la méthode du point fixe (avec cette fois une application contractante pour la topologie p-adique), on voit qu'on peut trouver une nouvelle base $(e_1,\ldots,e_r, e_{r+1},\ldots,e_{r+s})$ de H, donnée par une matrice de passage $\begin{pmatrix} 1_r & 0 \\ x & 1_s\end{pmatrix}$, avec $x = 0 \bmod p$,

de manière que dans cette nouvelle base, la matrice de F s'écrive $\begin{pmatrix} a' & c' \\ 0 & d'\end{pmatrix}$, avec a' inversible (de rang r) et d' topologiquement nilpotent. Le sous-F-module $U = \bigoplus_{1\leqslant i\leqslant r} Ae_i$ est égal à $\bigcap_{n\geqslant 0} \mathrm{Im}\, F^n$, donc (grâce à (1.1.3.2)) horizontal, i.e. tel que $\nabla U \subset \Omega^1_{A/W} \otimes U$. D'après (1.1.3.1), U est donc un sous-F-cristal unité de H, et par construction le F-cristal H/U est topologiquement nilpotent, ce qui achève la démonstration.

REMARQUE 1.2.5. Sous les hypothèses de 1.2.4, le F-cristal U est caractérisé, en termes de H, par $U = \bigcap \mathrm{Im}\, F^n$ (où $F = F(\varphi)\varphi^*$). Nous dirons que U est <u>le</u> sous-F-cristal unité de H.

1.3. F-<u>cristaux ordinaires</u>.

1.3.1. Soient H un F-cristal sur A_o, $H_o = H\otimes_A A_o$. Soit φ un relèvement à A du Frobenius F_{A_o}, posons $H_o^{(p)} = F_{A_o}^* H_o = \varphi^* H \otimes_A A_o$, et, pour $i \in \mathbb{N}$,

(1.3.1.1) $M^i H_o^{(p)} = \{x \in H_o^{(p)} \mid$ il existe $y \in \varphi^* H$ relevant x et tel que $F(\varphi)y \in p^i H\}$,

(1.3.1.2) $\mathrm{Fil}^i H_o = H_o \cap M^i H_o^{(p)}$

(où H_o est considéré comme sous-module de $F_{A_o *} H_o^{(p)}$ par la flèche d'adjonction),

(1.3.1.3) $\mathrm{Fil}_i H_o = \{x \in H_o \mid$ il existe $y \in H$ relevant x et tel que $p^i y \in \mathrm{Im}\, F(\varphi)\}$.

D'après (1.1.3.1), les sous-modules $\mathrm{Fil}^i H_o$ (resp. $\mathrm{Fil}_i H_o$) ne dépendent pas du choix de φ ; ils forment une filtration décroissante (resp. croissante) de H_o, qu'on appelle <u>filtration de Hodge</u> (resp. <u>filtration conjuguée</u>), cf. [15, 1.9], où cette filtration est notée F^i_{Hodge} (resp. F^{-i}_{con}). On peut montrer [15, 2.2] que l'on a aussi

(1.3.1.4) $\mathrm{Fil}^i H_o = \{x \in H_o \mid$ il existe $y \in H$ relevant x et tel que $F(\varphi)\varphi^* y \in p^i H\}$.

La terminologie provient du <u>théorème de Mazur-Ogus</u> [3, 8.26] affirmant que si X_o/A_o est un schéma (ou schéma formel) propre et lisse tel que (i) la cohomologie cristalline $H^*(X_o/A)$ soit un A-module libre, (ii) la suite spectrale $E_1^{ij} = H^j(X_o, \Omega^i_{X_o/A_o}) \Longrightarrow H^*_{DR}(X_o/A_o)$ dégénère en E_1 et E_1 soit libre sur A_o et de formation compatible au changement de base, alors si l'on pose $H = H^n(X_o/A)$ (donc $H_o = H^n_{DR}(X_o/A_o)$) (n entier fixé) la filtration $\mathrm{Fil}^i H_o$ (resp. $\mathrm{Fil}_i H_o$) coïncide avec la filtration canonique sur l'aboutissement de la suite spectrale ci-dessus (resp. la suite spectrale conjuguée $E_2^{ij} = H^i(X_o, \underline{H}^j(\Omega^{\cdot}_{X_o/A_o})) \Longrightarrow H^*_{DR}(X_o/A_o))$.

Rappelons [15, 1.6] que les filtrations 1.3.1.2 et 1.3.1.3 sont finies, séparées et exhaustives, et que pour n donné les conditions $\mathrm{Fil}^{n+1} H_o = 0$ et $\mathrm{Fil}_n H_o = H_o$ sont équivalentes : on dit alors que H est de <u>niveau</u> $\leqslant n$.

On notera

(1.3.1.5) $$\mathrm{gr}^{\cdot} H_o \quad (\text{resp. } \mathrm{gr}_{\cdot} H_o)$$

le gradué associé à la filtration $\mathrm{Fil}^{\cdot} H_o$ (resp. $\mathrm{Fil}_{\cdot} H_o$). Si $\mathrm{gr}_{\cdot} H_o$ est libre sur A_o, il en est de même de $\mathrm{gr}^{\cdot} H_o$, la formation de $\mathrm{gr}_{\cdot} H_o$ et $\mathrm{gr}^{\cdot} H$ commute au changement de base, et, pour tout i, $\mathrm{gr}_i H_o$ et $\mathrm{gr}^i H_o$ sont canoniquement isomorphes, en particulier ont même rang h_i, qu'on appellera i-ième <u>nombre de Hodge</u> de H [15, 1.12, 2.3].

Rappelons d'autre part [15, 1.6, 2.6] que la filtration conjuguée est horizontale pour la connexion ∇_o induite sur H_o (et de gradué associé de p-courbure nulle), tandis que la filtration de Hodge vérifie la condition de transversalité de Griffiths

(1.3.1.6) $$\nabla_o \mathrm{Fil}^i H_o \subset \Omega^1_{A_o/k} \otimes \mathrm{Fil}^{i-1} H_o .$$

La notion de F-cristal ordinaire a été dégagée par Mazur [12] et Ogus, à qui est due la caractérisation suivante [15, 3.1.3] :

PROPOSITION 1.3.2. _Soit_ H _un_ F-_cristal_ _sur_ A_o _tel que_ $\mathrm{gr}.H_o$ _soit libre sur_ A_o. _Les conditions suivantes sont équivalentes_ :

(i) _les polygones de Newton et de Hodge du_ F-_cristal_ $e_o^* H$ _induit par_ H _au point fermé_ $e_o : A_o \to k$ (1.1.4) _coïncident_ ;

(i') _pour tout point_ s_o _de_ $\mathrm{Spec}(A_o)$ _à valeurs dans une extension algébriquement close_ k' _de_ k, _les polygones de Newton et de Hodge du_ F-_cristal_ $s_o^*(H)$ (1.1.4) _coïncident_ ;

(ii) _les filtrations de Hodge et conjuguée de_ H_o _sont opposées_, i.e. _on a, pour tout_ i, $H_o = \mathrm{Fil}_i H_o \oplus \mathrm{Fil}^{i+1} H_o$;

(iii) _il existe une unique filtration de_ H _par des sous_-F-_cristaux_

(1.3.2.1) $$0 \subset U_o \subset U_1 \subset \ldots \subset U_i \subset U_{i+1} \subset \ldots$$

tels que U_i _relève_ $\mathrm{Fil}_i H_o$, _et que_ U_i/U_{i-1} _soit de la forme_ $V_i(-i)$, _où_ V_i _est un_ F-_cristal_ _unité et_ $(-i)$ _désigne la torsion à la Tate consistant à remplacer_ F _par_ $p^i F$.

DÉFINITION 1.3.3. _On dit qu'un_ F-_cristal_ H _sur_ A_o _est ordinaire si_ $\mathrm{gr}.H_o$ _est libre et_ H _vérifie les conditions équivalentes de_ 1.3.2.

Démontrons 1.3.2. L'implication (i') $\Longrightarrow$ (i) est triviale, et il est clair que (iii) entraîne (i'). Prouvons (i) $\Longrightarrow$ (ii). Supposons H de niveau $\leqslant n$, et la conclusion établie pour les F-cristaux de niveau $\leqslant n-1$. Notons F l'endomorphisme p-linéaire de H_o induit par $F(\varphi)$ pour un relèvement φ (F ne dépend pas de ce choix). Par définition (1.3.1), on a

(1.3.3.1) $\mathrm{Fil}_o H_o = \mathrm{Im}\, F : H_o^{(p)} \to H_o$, $\mathrm{Fil}^1 H_o = \mathrm{Ker}\, F : H_o \to H_o$.

L'hypothèse (i) entraîne d'abord que le rang stable de $e_o^* H_o$ est $h_o = \mathrm{rg}\, \mathrm{Fil}_o H_o$ (coïncidence des parties de pente 0 des polygones de Newton et de Hodge de $e_o^* H$). Soit s_o un point de $\mathrm{Spec}(A_o)$ à valeurs dans une extension algébriquement close du corps des fractions de A_o . La démonstration de 1.2.4 montre que l'on a

$$\mathrm{rg.st}(s_o^* H_o) \geqslant \mathrm{rg.st}(e_o^* H_o)$$

(rg.st = rang stable), mais comme on a aussi

$$\mathrm{rg.st}(s_o^* H_o) \leqslant h_o$$

d'après (1.3.3.1), on en déduit

$$\mathrm{rg.st}(e_o^* H_o) = \mathrm{rg.st}(s_o^* H_o) = h_o \ .$$

Il en résulte d'une part que l'on a

$$\mathrm{Fil}_o(s_o^* H_o) = (s_o^* H_o)^{ss} \ , \ \mathrm{Fil}^1(s_o^* H_o) = (s_o^* H_o)^{nilp} \ ,$$

donc $s_o^* \mathrm{Fil}_o H_o \cap s_o^* \mathrm{Fil}^1 H_o = 0$, donc

(1.3.3.2) $$H_o = \mathrm{Fil}_o H_o \oplus \mathrm{Fil}^1 H_o \ .$$

D'autre part, d'après 1.2.4, on a une suite exacte de F-cristaux sur A_o ,

(1.3.3.3) $$0 \to U_o \to H \to E \to 0 \ ,$$

où U_o est le sous-F-cristal unité de H , et E un F-cristal topologiquement nilpotent. Comme par définition $\mathrm{rg}(U_o) = \mathrm{rg.st}(e_o^* H_o) = h_o$, U_o relève $\mathrm{Fil}_o H_o$, donc la projection $H \to E$ induit un isomorphisme $\mathrm{Fil}^1 H_o \xrightarrow{\sim} E_o$, ce qui signifie que $F(\varphi) : \varphi^* E \to E$ est divisible par p , donc que $E = E'(-1)$, où E' est un F-cristal de niveau $\leqslant n-1$. Il est clair que $e_o^* E$, donc aussi $e_o^* E'$, a mêmes polygones de Newton et de Hodge, donc par l'hypothèse de récurrence appliquée à E' , on en conclut que les filtrations de Hodge et conjuguée de $E_o = E \otimes A_o$ sont opposées. On aura donc prouvé (ii) si l'on vérifie que la projection $H \to E$ induit des isomorphismes (pour $i \geq 0$)

$$\mathrm{Fil}_i H_o / \mathrm{Fil}_o H_o \xrightarrow{\sim} \mathrm{Fil}_i E_o \ , \ \mathrm{Fil}^{i+1} H_o \xrightarrow{\sim} \mathrm{Fil}^{i+1} E_o \ .$$

Or il est clair que ces flèches sont injectives, et leur surjectivité résulte aisément de ce que U_o est un F-cristal unité. Prouvons maintenant (ii) $\Longrightarrow$ (iii). On suppose à nouveau H de niveau $\leq n$, et la conclusion établie pour les F-cristaux de niveau $\leq n-1$. L'unicité de (1.3.2.1) est claire, compte tenu de l'hypothèse de récurrence, car U_o est nécessairement le sous-F-cristal unité de H. Pour l'existence, notons qu'on a (1.3.3.2) par hypothèse. D'après (1.3.3.1), on en déduit

$$e_o^* \mathrm{Fil}_o H_o = (e_o^* H_o)^{ss} \ , \ s_o^* \mathrm{Fil}_o H_o = (s_o^* H_o)^{ss}$$

(car la décomposition en partie semi-simple et partie nilpotente est unique), donc les rangs stables de $e_o^* H_o$ et $s_o^* H_o$ sont égaux. Grâce à 1.2.4, on obtient donc encore une suite exacte 1.3.3.3. On a vu ci-dessus que les filtrations de Hodge et conjuguées de E_o se déduisent de celles de H_o par passage au quotient : elles sont donc opposées. Comme $E = E'(-1)$, avec E' de niveau $\leq n-1$, l'hypothèse de récurrence entraîne l'existence d'une filtration de E par des sous-F-cristaux

$$0 = W_o \subset W_1 \subset \ldots \subset W_i \subset W_{i+1} \subset \ldots$$

tels que W_i relève $\mathrm{Fil}_i E_o$, et W_i / W_{i-1} soit de la forme $T_i(-i)$, avec T_i un F-cristal unité. Pour $i \geq 1$, notons U_i l'image inverse de W_i dans H. Les U_i, pour $i \geq 1$, et U_o forment une filtration (1.3.2.1), qui satisfait visiblement aux conditions énoncées en (iii). Ceci achève la démonstration de 1.3.2.

REMARQUE 1.3.4. Si $A_o = k$, la filtration (1.3.2.1) admet un scindage unique

(1.3.4.1) $$U_i = \bigoplus_{j \leq i} V_j(-j) \ ,$$

où V_j est un F-cristal unité. C'est un cas particulier du théorème de Katz [10, 1.6.1], mais il est facile de vérifier ce point directement : l'unicité est claire, car, pour $j < i$, $\mathrm{Hom}(V_i(-i),V_j(-j)) = 0$, quant à l'existence du scindage, elle s'établit aisément par récurrence sur le niveau, à l'aide d'un argument de point fixe analogue à ceux utilisés dans la démonstration de 1.2.4.

1.3.5. Soit H un F-cristal sur A_o. On appellera <u>filtration de Hodge</u> sur H une filtration finie décroissante par des sous-A-modules libres

$$\mathrm{Fil}^o H = H \supset \mathrm{Fil}^1 H \supset \ldots \supset \mathrm{Fil}^i H \supset \mathrm{Fil}^{i+1} H \supset \ldots$$

vérifiant les deux conditions suivantes :

(i) pour tout i, $\mathrm{Fil}^i H$ relève $\mathrm{Fil}^i H_o$,

(ii) ("transversalité") pour tout i, on a

$$\nabla \mathrm{Fil}^i H \subset \Omega^1_{A/W} \otimes \mathrm{Fil}^{i-1} H . \tag{1.3.5.1}$$

On appellera F-<u>cristal de Hodge</u> sur A_o un F-cristal sur A_o muni d'une filtration de Hodge.

Un exemple standard est fourni, dans la situation géométrique envisagée en 1.3.1, par la donnée d'un relèvement de X_o/A_o en un schéma formel propre et lisse X/A tel que la suite spectrale de Hodge de X/A, $E_1^{ij} = H^j(X,\Omega^i_{X/A}) \Longrightarrow H^*_{DR}(X/A)$ $(= H^*(X_o/A))$, dégénère en E_1, avec un terme E_1 libre sur A. La filtration de Hodge de $H^n_{DR}(X/A)$, aboutissement de cette suite spectrale, vérifie les conditions (i) et (ii) ci-dessus.

PROPOSITION 1.3.6. <u>Soit</u> $(H,\mathrm{Fil}^{\cdot}H)$ <u>un</u> F-<u>cristal</u> <u>de Hodge sur</u> A_o. <u>Si</u> H <u>est ordinaire</u> (1.3.3), <u>les filtrations</u> U_i (1.3.2.1) <u>et</u> $\mathrm{Fil}^{\cdot}H$ <u>sont opposées</u>, <u>i.e. on a</u>, <u>pour tout</u> i, $H = U_i \oplus \mathrm{Fil}^{i+1}H$, <u>d'où une décomposition</u>

$$H = \bigoplus_i H^i , \quad H^i = U_i \cap \mathrm{Fil}^i H , \tag{1.3.6.1}$$

<u>avec</u> H^i <u>de rang</u> h_i (1.3.1.5).

C'est une conséquence immédiate de 1.3.2 et 1.3.5 (i) (la condition (ii) ne sert pas).

Dans l'exemple ci-dessus, supposons le F-cristal $H = H^n_{DR}(X/A)$ ordinaire. Pour chaque $r \geqslant 1$, la suite spectrale conjuguée

$$(*)_r \qquad E_2^{ij} = H^i(X\otimes W_r, \underline{H}^j(\Omega^{\cdot}_{X\otimes W_r/A\otimes W_r})) \Longrightarrow H^*_{DR}(X\otimes W_r/A\otimes W_r)$$

définit une filtration $(U_{i,r})$ sur $H^n_{DR}(X\otimes W_r/A\otimes W_r)$. On peut espérer que la limite projective des suites spectrales $(*)_r$ est une suite spectrale, dont la filtration aboutissement sur H^n est la limite des $(U_{i,r})$ et coïncide avec la filtration (U_i).

1.4. <u>F-cristaux de Hodge ordinaires de niveau</u> $\leqslant 1$.

1.4.1. Soit H un F-cristal de Hodge ordinaire de niveau $\leqslant 1$ sur A_o. D'après 1.3.2, on a donc une extension de F-cristaux

$$(1.4.1.1) \qquad 0 \to U \to H \to V(-1) \to 0 ,$$

où U et V sont des F-cristaux unités, et U relève $\mathrm{Fil}_o H_o$. On notera r (resp. s) le rang de U (resp. V). D'autre part, H est muni du sous-module libre $\mathrm{Fil}^1 H$, qui relève $\mathrm{Fil}^1 H_o$, donc vérifie, d'après (1.3.1.4),

$$(1.4.1.2) \qquad F(\varphi)\varphi^* \mathrm{Fil}^1 H \subset pH$$

pour tout relèvement φ de Frobenius. De plus, d'après 1.3.6, H, en tant que A-module, se décompose en somme directe

$$(1.4.1.3) \qquad H = U \oplus \mathrm{Fil}^1 H .$$

En particulier, $\mathrm{Fil}^1 H$ est de rang s, et se projette isomorphiquement sur V.

THÉORÈME 1.4.2. <u>Avec les notations de</u> 1.4.1 : (i) <u>Il existe une base</u> $a = (a_i)_{1\leqslant i\leqslant r}$ <u>du</u> A-<u>module</u> U <u>et</u> $b = (b_i)_{1\leqslant i\leqslant s}$ <u>du</u> A-<u>module</u> $\mathrm{Fil}^1 H$ <u>vérifiant les conditions</u>

(1.4.2.1) $\nabla a_i = 0 \quad , \quad 1 \leqslant i \leqslant r \; ,$

(1.4.2.2) $\nabla b_i = \sum_{1 \leqslant j \leqslant r} \eta_{ij} \otimes a_j \quad , \quad \eta_{ij} \in \Omega^1_{A/W} \quad , \quad 1 \leqslant i \leqslant s \; ,$

(1.4.2.3) $F(\varphi)\varphi^* a_i = a_i \quad , \quad 1 \leqslant i \leqslant r \; ,$

(1.4.2.4) $F(\varphi)\varphi^* b_i = pb_i + p \sum_{1 \leqslant j \leqslant r} u_{ij}(\varphi) a_j \quad , \quad u_{ij}(\varphi) \in A \quad , \quad 1 \leqslant i \leqslant s \; ,$

<u>pour tout relèvement</u> φ <u>de Frobenius</u>. <u>De plus</u>, <u>les formes</u> η_{ij} <u>sont fermées</u>, <u>et vérifient</u>, <u>pour tout relèvement</u> φ <u>de Frobenius</u>,

(1.4.2.5) $\varphi^* \eta_{ij} = p\eta_{ij} + p\,du_{ij}(\varphi) \; .$

(ii) <u>Les bases</u> a <u>et</u> b <u>étant choisies comme en</u> (i), <u>il existe une unique famille de séries formelles</u> $\tau_{ij} \in K[[t]]$ (où K est le corps des fractions de W) <u>telles que</u>, <u>quels que soient</u> i <u>et</u> j ,

(1.4.2.6) $\eta_{ij} = d\tau_{ij} \; ,$

(1.4.2.7) $\varphi^* \tau_{ij} - p\tau_{ij} - pu_{ij}(\varphi) = 0$

<u>pour tout relèvement</u> φ <u>de Frobenius</u>. <u>On a</u>

(1.4.2.8) $\tau_{ij}(0) \in pW \; .$

<u>De plus</u>, <u>si</u> $p \neq 2$, <u>les séries</u>

(1.4.2.9) $q_{ij} = \exp(\tau_{ij})$

<u>sont définies</u>, <u>appartiennent à</u> A , <u>et vérifient</u> $q_{ij}(0) = 1 \bmod pW$.

Prouvons (i). Vu la structure des F-cristaux unités (1.2.2), il existe une base $a = (a_i)_{1 \leqslant i \leqslant r}$ de U vérifiant (1.4.2.1) et (1.4.2.3), et une base $b = (b_i)_{1 \leqslant i \leqslant s}$ de $\mathrm{Fil}^1 H$ telle que, si b'_i désigne l'image de b_i dans V(-1), on ait $\nabla b'_i = 0$ et $F(\varphi)\varphi^* b'_i = pb'_i$ pour tout i et tout relèvement φ de Frobenius. Par suite ∇b_i et $F(\varphi)\varphi^* b_i$ s'écrivent sous les formes (1.4.2.2) et (1.4.2.4). L'intégrabilité de ∇ entraîne, par application de ∇ à (1.4.2.2), que $d\eta_{ij} = 0$ quels que soient i et j . D'autre part, appliquant ∇ à (1.4.2.4), et utilisant l'horizontalité de F (1.1.3.3), on obtient les relations (1.4.2.5).

Prouvons (ii). Les formes η_{ij} étant fermées, il existe, en vertu du lemme de Poincaré, des séries $\tau_{ij} \in K[[t]]$, déterminées à une constante près, telles que l'on ait (1.4.2.6). La relation (1.4.2.5) entraîne alors que

$$\varphi^*\tau_{ij} - p\tau_{ij} - pu_{ij}(\varphi) \in K ,$$

donc

(1.4.2.10) $\varphi^*\tau_{ij} - p\tau_{ij} - pu_{ij}(\varphi) = (\varphi^*\tau_{ij})(0) - p\tau_{ij}(0) - pu_{ij}(\varphi)(0)$.

Notons $x \mapsto x^{\sigma}$ l'automorphisme de Frobenius de K . Fixons tout d'abord le relèvement φ de Frobenius tel que $\varphi(t_i) = t_i^p$, et normalisons τ_{ij} par la condition

(1.4.2.11) $(\varphi^*\tau_{ij})(0) - p\tau_{ij}(0) - pu_{ij}(\varphi)(0) = 0$,

qui s'écrit encore (car $(\varphi^*\tau_{ij})(0) = \tau_{ij}(0)^{\sigma}$)

(1.4.2.12) $\tau_{ij}(0) = \sum_{n\geq 1} V^n u_{ij}(\varphi)(0)$

(où $Vx = pF^{-1}x = px^{\sigma^{-1}}$). En particulier, on a (1.4.2.8). Montrons que, si ψ est un relèvement quelconque de Frobenius, la condition (1.4.2.7), avec φ remplacé par ψ , est satisfaite. Compte tenu de (1.4.2.10) (avec φ remplacé par ψ), il revient au même de vérifier que l'on a

(1.4.2.13) $(\psi^*\tau_{ij})(0) - p\tau_{ij}(0) - pu_{ij}(\psi)(0) = 0$.

Si $\psi(0) = 0$ (i.e. ψ est compatible à l'augmentation $e : W[[t]] \to W$), on a $(\psi^*\tau_{ij})(0) = \tau_{ij}(0)^{\sigma}$, et (1.4.2.13) équivaut à (1.4.2.12) avec φ remplacé par ψ . Il suffit donc de vérifier que $u_{ij}(\varphi)(0) = u_{ij}(\psi)(0)$. Or l'augmentation e est le relèvement de Teichmüller (1.1.4) de l'augmentation $k[[t]] \to k$ simultanément pour φ et pour ψ , donc $F(\varphi)\varphi^*$ et $F(\psi)\psi^*$ induisent le même endomorphisme σ-linéaire F de e^*H . Appliquant e^* à (1.4.2.4) écrit pour φ et pour ψ , on obtient donc

$$F(e^*b_i) = p(e^*b_i) + p \sum_{1\leqslant j\leqslant r} u_{ij}(\varphi)(0)(e^*a_j)$$
$$= p(e^*b_i) + p \sum_{1\leqslant j\leqslant r} u_{ij}(\psi)(0)(e^*a_j) ,$$

d'où $u_{ij}(\varphi)(0) = u_{ij}(\psi)(0)$, ce qui prouve (1.4.2.13) dans ce cas. Si maintenant ψ est un relèvement quelconque de Frobenius, on peut écrire

$$\psi(t_i) = \psi_o(t_i) + pw_i \quad , \quad 1 \leqslant i \leqslant n ,$$

avec $w = (w_1,\dots,w_n) \in W^n$, où $\psi_o : A \to A$ est un relèvement de Frobenius tel que $\psi_o(0) = 0$. Appliquant (1.1.3.4), avec $\varphi = \psi_o$, à $x = b_i$, on obtient, compte tenu de (1.4.2.4),

$$(*) \quad \sum_{1\leqslant j\leqslant r} pu_{ij}(\psi)a_j = \sum_{1\leqslant j\leqslant r} pu_{ij}(\psi_o)a_j + \sum_{|n|>0} p^{[n]}(w^\sigma)^n F(\psi_o)\psi_o^*(\nabla(D)^n b_i).$$

Calculons $\nabla(D)^n b_i$: si $D_k = \partial/\partial t_k$, on a, d'après (1.4.2.2),(1.4.2.6),

$$\nabla(D_k)b_i = \langle D_k , \sum_j d\tau_{ij} \otimes a_j\rangle = \sum_j (D_k\tau_{ij})a_j ,$$

d'où, comme $\nabla a_j = 0$,

$$\nabla(D^n)b_i = \sum_j (D^n\tau_{ij})a_j$$

pour tout multi-exposant n tel que $|n| > 0$. Reportant dans (*), on obtient

$$pu_{ij}(\psi) = pu_{ij}(\psi_o) + \sum_{|n|>0} p^{[n]}(w^\sigma)^n \psi_o^*(D^n\tau_{ij}) ,$$

et par suite la formule (1.4.2.13) à vérifier s'écrit

$$(**) \quad (\psi^*\tau_{ij})(0) - p\tau_{ij}(0) - pu_{ij}(\psi_o)(0) - \sum_{|n|>0} p^{[n]}(w^n(D^n\tau_{ij})(0))^\sigma = 0 .$$

Notons que $\psi = \psi_o \circ a$, où a est l'endomorphisme de W-algèbre de A tel que $a(t_i) = t_i + pw_i$, donc que

$$(\psi^*\tau_{ij})(0) = (\psi_o^*(a^*\tau_{ij}))(0) = (a^*\tau_{ij})(0)^\sigma = \tau_{ij}(pw)^\sigma .$$

D'autre part, ψ_o vérifie (1.4.2.13) comme on l'a vu plus haut, car $\psi_o(0) = 0$, et $(\psi_o^*\tau_{ij})(0) = \tau_{ij}(0)^\sigma$, donc

$$p\tau_{ij}(0) = \tau_{ij}(0)^\sigma - pu_{ij}(\psi_o)(0) .$$

On peut donc récrire (**) sous la forme

$$\tau_{ij}(pw)^{\sigma} = \tau_{ij}(0)^{\sigma} + \sum_{|n|>0} p^{[n]}(w^n(D^n\tau_{ij}(0))^{\sigma} ,$$

i.e.

$$\tau_{ij}(pw) = \tau_{ij}(0) + \sum_{|n|>0} p^{[n]} w^n (D^n \tau_{ij})(0) .$$

Or on reconnaît ici le développement de Taylor de $\tau_{ij}(pw)$. Cela établit (**), donc (1.4.2.13) dans tous les cas. Pour démontrer la dernière assertion de 1.4.2, nous aurons besoin du résultat suivant de Dwork :

LEMME 1.4.3 ([5], Lemma 1) (*). <u>Notons</u> φ <u>l'automorphisme</u> σ-<u>linéaire</u> <u>de</u> $K[[t]]$ (où $t = (t_1,\ldots,t_n)$ et K est le corps des fractions de W) <u>donné par</u> $t_i \mapsto t_i^p$. <u>Soit</u> $f \in K[[t]]$ <u>tel que</u> $f(0) = 1$. <u>Les conditions suivantes sont équivalentes</u> :

(i) $f \in W[[t]]$,

(ii) $(\varphi^* f)/f^p = 1 + pu$, <u>avec</u> $u \in W[[t]]$, $u(0) = 0$.

L'implication (i) $\Longrightarrow$ (ii) est immédiate. Rappelons la démonstration de (ii) $\Longrightarrow$ (i). Ecrivons $f = \Sigma\, a_i t^i$ ($a_o = 1$), et supposons prouvé que $a_i \in W$ pour $|i| < r$ (où $|i| = i_1 + \ldots + i_n$). Notant $(\ \ )_{\leqslant j}$ la partie de degré total $\leqslant j$, on calcule

$$((\sum_{|i|\geqslant 0} a_i t^i)^p)_{\leqslant r} = ((\sum_{|i|\leqslant r-1} a_i t^i)^p)_{\leqslant r} + p \sum_{|i|=r} a_i t^i$$

$$= (\sum_{|i|\leqslant r-1} a_i^p t^{pi})_{\leqslant r} + p \sum_{|i|=r} a_i t^i \bmod pW[[t]],$$

puis, posant $f^p \neq \varphi^* f = 1 + p \sum_{|i|\geqslant 1} d_i t^i$ ($d_i \in W$) ,

$$((\sum_{|i|\geqslant 0} a_i^{\sigma} t^{pi})(1 + p \sum_{|i|\geqslant 1} d_i t^i))_{\leqslant r} = ((\sum_{|i|<r-1} a_i^{\sigma} t^{pi})(1 + p \sum_{|i|\geqslant 1} d_i t^i))_{\leqslant r}$$

$$= (\sum_{|i|\leqslant r-1} a_i^{\sigma} t^{pi})_{\leqslant r} \bmod pW[[t]]$$

$$= (\sum_{|i|\leqslant r-1} a_i^{p} t^{pi})_{\leqslant r} \bmod pW[[t]] .$$

(*) Voir aussi Hazewinkel [7] pour une généralisation.

Comparant les deux expressions obtenues pour $(f^p)_{\leqslant r}$, on trouve

$$p \sum_{|i|=r} a_i t^i \in pW[[t]] ,$$

donc $a_i \in W$ pour tout i tel que $|i| = r$, ce qui prouve (ii) $\Longrightarrow$ (i).

Avant de revenir à la démonstration de 1.4.2, indiquons deux conséquences immédiates de 1.4.3.

COROLLAIRE 1.4.4. Soit $g \in K[[t]]$ tel que $g(0) = 0$. Les conditions suivantes sont équivalentes :

(i) $\exp(g) \in W[[t]]$,

(ii) $\varphi^* g - pg \in pW[[t]]$.

En effet, posons $f = \exp(g)$. Comme, pour $n \geqslant 1$, $p^n/n!$ (et a fortiori p^n/n) appartiennent à pW , la condition (ii) équivaut à dire que $\varphi^* f/f^p = 1 + pu$, avec $u \in W[[t]]$, $u(0) = 0$.

COROLLAIRE 1.4.5. Supposons $p \neq 2$. Soit $g \in K[[t]]$, tel que $g(0) \in pW$, et $\varphi^* g - pg \in pW[[t]]$. Alors la série $f = \exp(g)$ est définie, appartient à $W[[t]]$, et vérifie $f(0) = 1 \bmod p$.

En effet, soit $h = g - g(0)$. Comme $p \neq 2$ et que $g(0) \in pW$, $\exp(g(0))$ est défini, donc aussi $\exp(g) = \exp(g(0))\exp(h)$. Posons $g(0) = a$ $(a \in W)$. On a

$$\varphi^* h - ph = \varphi^* g - pg - (a^\sigma - pa) \in pW[[t]]$$

(car $a^\sigma - pa \in pW$ et $\varphi^* g - pg \in pW[[t]]$). Donc, par 1.4.4 appliqué à h , on a $\exp(h) \in W[[t]]$, et comme $\exp(a) = 1 \bmod pW$, on en conclut que $f = \exp(g) \in W[[t]]$ et $f(0) = 1 \bmod pW$.

Fin de la démonstration de 1.4.2. Il suffit d'appliquer 1.4.5 à τ_{ij} : les hypothèses de 1.4.5 sont vérifiées en vertu de (1.4.2.7) et (1.4.2.8).

1.4.6. Si H est un F-cristal de Hodge, comme en 1.3.5, la connexion ∇ induit, grâce à (1.3.5.1), un homomorphisme A-linéaire

(1.4.6.1) $$\mathrm{gr}\,\nabla : \mathrm{gr}^i H \to \Omega^1_{A/W} \otimes \mathrm{gr}^{i-1} H$$

(où $\mathrm{gr}^i = \mathrm{Fil}^i/\mathrm{Fil}^{i+1}$). En particulier, dans la situation de 1.4.1, ∇ induit un homomorphisme A-linéaire

(1.4.6.2) $$\mathrm{gr}\,\nabla : \mathrm{Fil}^1 H \to \Omega^1_{A/W} \otimes U ,$$

puisque $U \xrightarrow{\sim} H/\mathrm{Fil}^1 H$ (1.4.1.3), d'où un homomorphisme A-linéaire

(1.4.6.3) $$\mathrm{gr}\,\nabla : T_{A/W} \to \underline{\mathrm{Hom}}_A(\mathrm{Fil}^1 H, U) ,$$

où $T_{A/W} = (\Omega^1_{A/W})^\vee$.

COROLLAIRE 1.4.7. Sous les hypothèses de 1.4.1, supposons que (1.4.6.3) soit un isomorphisme, et que p soit différent de 2 . Alors les éléments $q_{ij} - 1$ $(1 \leqslant i \leqslant s\ ,\ 1 \leqslant j \leqslant r)$ définis en (1.4.2.9) forment avec p un système régulier de paramètres de $A = W[[t]]$, i.e. le W-homomorphisme $W[[x_{ij}]]_{(1 \leqslant i \leqslant s, 1 \leqslant j \leqslant x)} \to A$ envoyant x_{ij} sur $q_{ij} - 1$ est un isomorphisme, et si l'on note φ le relèvement de Frobenius défini par $\varphi(q_{ij}) = q_{ij}^p$, on a

(1.4.7.1) $$F(\varphi)\varphi^* b_i = p b_i$$

pour tout i (avec les notations de 1.4.2).

Notons $\underline{m} = (p, t_1, \ldots, t_n)$ l'idéal maximal de $A = W[[t]]$. Comme $q_{ij}(0) = 1 \bmod pW$, les q_{ij} sont des unités de A congrues à $1 \bmod \underline{m}$. Pour prouver la première assertion, il suffit de montrer que les formes $\eta_{ij} = d \log q_{ij}$ forment une base (sur A) de $\Omega^1_{A/W}$. Tout homomorphisme $f : \mathrm{Fil}^1 H \to U$ est déterminé par une matrice (f_{ij}) telle que $f(b_i) = \Sigma f_{ij} a_j$. Notons D_{ij} la base de $T_{A/W}$ telle que

$$(\mathrm{gr}\,\nabla)(D_{ij})_{k\ell} = \begin{cases} 0 \text{ si } (k,\ell) \neq (i,j) \\ 1 \text{ si } (k,\ell) = (i,j) \end{cases} .$$

Pour tout $D \in T_{A/W}$, on a, d'après (1.4.2.2),

$$(\mathrm{gr}\,\nabla)(D) b_i = \sum_j \eta_{ij}(D) a_j ,$$

donc

$$(\mathrm{gr}\ \nabla)(D_{ij})_{k\ell} = \eta_{k\ell}(D_{ij}) \ .$$

Les η_{ij} forment donc une base de $\Omega^1_{A/W}$, à savoir la base duale de la base D_{ij} . D'autre part, la relation $\varphi^* q_{ij} = q^p_{ij}$ entraîne $\varphi^* \log q_{ij} = p \log q_{ij}$, mais comme $\log q_{ij} = \tau_{ij}$, (1.4.2.7) entraîne $u_{ij}(\varphi) = 0$, donc (1.4.7.1) résulte de (1.4.2.4).

1.4.8. Soit, comme en 1.3.6, $(H, \mathrm{Fil}^{\cdot} H)$ un F-cristal de Hodge sur A_o $(= k[[t]])$ tel que H soit ordinaire. Supposons H de niveau $\leqslant N$, i.e. (1.3.1) $\mathrm{Fil}^i H_o = 0$ pour $i \geqslant n+1$, de sorte que la décomposition (1.3.6.1) s'écrit

$$(1.4.8.1) \qquad H = \bigoplus_{0 \leqslant i \leqslant N} H^i \ , \ H^i = U_i \cap \mathrm{Fil}^i H \ , \ \mathrm{rg}(H^i) = h_i \ .$$

Supposons d'autre part $p \neq 2$. Appliquant 1.4.2 aux F-cristaux de Hodge ordinaires (de niveau $\leqslant 1$) $(U_{i+2}/U_i, (\mathrm{Fil}^{\cdot} H \cap U_{i+2})/(\mathrm{Fil}^{\cdot} H \cap U_i))$, on obtient :

COROLLAIRE 1.4.9. <u>Sous les hypothèses de</u> 1.4.8, <u>il existe une base</u> $(e^i_1, \ldots, e^i_{h_i})_{0 \leqslant i \leqslant N}$ <u>de</u> H , <u>et des éléments</u> $q_{i;\alpha,\beta}$ <u>de</u> A $(i \leqslant N-1, \alpha \leqslant h_{i+1}, \beta \leqslant h_i)$ <u>tels que</u>

$$(1.4.9.1) \quad \begin{cases} q_{i;\alpha,\beta}(0) \in 1+pW \ , \\ \nabla e^o_i = 0 \qquad (1 \leqslant i \leqslant h_o) \\ \nabla e^m_i = \sum\limits_{1 \leqslant j \leqslant h_{m-1}} (d \log q_{m-1;i,j}) e^{m-1}_j \qquad (1 \leqslant m \leqslant N \ , \ 0 \leqslant i \leqslant h_m) \ . \end{cases}$$

On peut utiliser 1.4.9 pour majorer la croissance des sections horizontales de H . Rappelons [8, 3.1] que celles-ci "convergent dans le polydisque unité ouvert", et plus précisément que le module $(H \otimes_A K\{\{t_1, \ldots, t_n\}\}, \nabla)$ possèdc unc base de sections horizontales : il s'agit d'une propriété valable pour tout F-cristal, indépendamment de toute hypothèse d'ordinarité. Cela dit, il résulte aisément de 1.4.9 que, pour tout i , les sections horizontales de $U_i \otimes_A K\{\{t\}\}$ appartiennent à $U_i \otimes_A L_i$, où

$$0 = L_{-1} \subset L_o \subset \ldots \subset L_i \subset \ldots \subset$$

est la suite de sous-A-modules de $K\{\{t\}\}$ définie par récurrence par

$(f \in L_i) \Longleftrightarrow$ (f appartient au sous-A-module de $K\{\{t\}\}$ engendré par les séries g telles que $dg = \Sigma\, a_\alpha\, d\log u_\alpha$, avec $a_\alpha \in L_{i-1}$, et $u_\alpha \in A$, $u_\alpha(0) \in 1+pW$).

Dans la situation de 1.4.8, on ne peut espérer toutefois d'énoncé analogue à 1.4.7 (l'hypothèse que (1.4.6.3) est un isomorphisme n'a pas de généralisation en niveau $\geqslant 2$).

2. APPLICATIONS GÉOMETRIQUES

On conserve les notations A_o, A de 1.1.1.

2.1. Coordonnées canoniques.

A) Variétés abéliennes (cf. [8, §8]).

2.1.1. Soit X/A un schéma abélien formel de dimension relative g. Le A-module

$$H = H^1_{DR}(X/A) ,$$

muni de la connexion de Gauss-Manin ∇, est un F-cristal sur A_o, de rang 2g. On sait (voir par exemple [13, Addendum]) que la suite spectrale de Hodge

$$E_1^{ij} = H^j(X,\Omega^i_{X/A}) \Longrightarrow H^*_{DR}(X/A)$$

dégénère en E_1, et que le terme E_1^{ij} est libre sur A, de formation compatible à tout changement de base. Il en résulte (1.3.5) que H, muni de la filtration de Hodge

$$H = \mathrm{Fil}^o H \supset \mathrm{Fil}^1 H \quad (= H^o(X,\Omega^1_A) \supset 0$$

est un F-cristal de Hodge sur A_o. Notons aussi que, si $X_o = X \otimes A_o$, la suite spectrale de Hodge et la suite spectrale conjuguée de X_o/A_o dégénèrent (en E_1 et E_2 resp.) et que leurs termes initiaux sont libres et de formation compatible à tout changement de base. En particulier, le gradué associé à la filtration conjuguée $gr.(H\otimes A_o)$ est libre. D'autre part, si $e_o : A_o \to k$ est l'augmentation, le F-cristal e_o^*H induit sur k (1.1.4) n'est autre que $H^1(X\otimes k/W)$, car si $e : A \to W$ est l'augmentation, $e^*H = H^1_{DR}(X\otimes W/W) = H^1(X\otimes k/W)$ par définition de la cohomologie cristalline.

2.1.2. Supposons la variété abélienne $X\otimes k$ <u>ordinaire</u>, ce qui signifie, au choix, que $(X\otimes k)(k) \simeq (\mathbb{Z}/p)^g$, ou que Frobenius sur $H^1(X\otimes k, \mathcal{O})$ est bijectif, ou que $H^1(X\otimes k/W)$ a mêmes polygones de Newton et de Hodge. D'après ce qu'on vient de rappeler, le F-cristal H est alors ordinaire au sens de 1.3.3, et comme il est de Hodge de niveau $\leqslant 1$, on peut lui appliquer 1.4.2. Notons que, dans la décomposition $H = U\oplus \mathrm{Fil}^1H$, U et Fil^1H sont libres de rang g. Il existe donc une base $(a_i)_{1\leqslant i\leqslant g}$ de U, une base $(b_i)_{1\leqslant i\leqslant g}$ de Fil^1H, et des séries $\tau_{ij} \in K[[t]]$ $(1\leqslant j\leqslant g,\ 1\leqslant j\leqslant g)$ vérifiant les conditions (1.4.2.1) à (1.4.2.8). De plus, si $p\neq 2$, on dispose des séries $q_{ij} = \exp(\tau_{ij}) \in A$, telles que $q_{ij}(0) = 1 \bmod pW$.

2.1.3. Supposons que X/A soit la déformation formelle verselle de $X\otimes k$, donc que $A = W[[t_1,\dots,t_{g^2}]]$. Alors (1.4.6.3) est un isomorphisme, qui s'identifie à l'isomorphisme de Kodaira-Spencer

$$T_{A/W} \xrightarrow{\sim} H^1(X,T_{X/A}) \xrightarrow{\sim} \underline{\mathrm{Hom}}(H^0(X,\Omega^1_{X/A}),H^1(X,\mathcal{O}))$$

(cf. (IV 2.3)). Donc, si $p\neq 2$, les éléments $q_{ij}-1 \in A$ forment, en vertu de 1.4.7, des <u>coordonnées "canoniques"</u> sur A (i.e. $A \simeq W[[q_{ij}-1]]$), et, si l'on note φ le relèvement de Frobenius donné par $\varphi(q_{ij}) = q_{ij}^p$, on a, avec les notations de 2.1.2,

$$F(\varphi)\varphi^*a_i = a_i \quad , \quad F(\varphi)\varphi^*b_i = pb_i \qquad (1\leqslant i\leqslant g)\ .$$

Soit $e : A \to W$ le relèvement de Teichmüller de e_o correspondant à φ, i.e. tel que $e(q_{ij}) = 1$. Il n'est pas difficile de montrer - nous établirons un résultat analogue ci-dessous pour les surfaces K3 - que e est indépendant du choix de (a,b,q), et qu'on a un isomorphisme canonique (défini à l'aide de (a,b,q) mais n'en dépendant pas) entre S et G_W, où G est le tore formel sur $\mathbb{Z}_p$ de groupe de caractères $\underline{\mathrm{Hom}}_{\mathbb{Z}_p}(P_o,P_1)$, P_o (resp. P_1) désignant le sous-$\mathbb{Z}_p$-module (libre de rang g) de $H^1(X\otimes k/W)$ formé des x tels que $Fx = x$ (resp. $Fx = px$). Cet isomorphisme envoie e sur l'élément neutre de G_W. On peut montrer (voir Appendice et Exposé suivant, par N. Katz) que cette structure de groupe formel sur S coïncide avec celle définie, à la Serre-Tate, par le relèvement formel versel du groupe p-divisible associé à $X\otimes k$. En particulier, la variété abélienne e^*X/W est le <u>relèvement canonique</u> de $(X\otimes k)/k$ [14, V §3]. Rappelons que ce relèvement correspond au relèvement trivial (i.e. comme produit) du groupe p-divisible associé à $X\otimes k$, ou, ce qui revient au même, au relèvement de $\mathrm{Fil}^1_{\mathrm{Hdg}}H^1_{\mathrm{DR}}(X\otimes k/k)$ en le facteur direct $P_1\otimes W$ de pente 1 de $H^1(X\otimes k/W)$ (cf. 1.3.4).

2.1.4. <u>Variante</u>. Soit X/A une courbe propre et lisse à fibres géométriquement connexes de genre $g \geqslant 1$. Alors $H = H^1_{\mathrm{DR}}(X/A)$, muni de la connexion de Gauss-Manin ∇ et de la filtration de Hodge $\mathrm{Fil}^1 H = H^o(X,\Omega^1_{X/A})$, est un F-cristal de Hodge de niveau 1. Si l'on suppose $X\otimes k$ ordinaire, on peut appliquer 1.4.2, et l'on obtient les résultats de Katz [8, §8] : si $(a_i)_{1\leqslant i\leqslant g}$ est une base de sections horizontales fixes par F du sous-cristal unité U, on peut en effet prendre comme base $(b_i)_{1\leqslant i\leqslant g}$ de $\mathrm{Fil}^1 H$ la base duale de (a_i) pour la dualité de Poincaré ((a,b) est alors une base symplectique de H), car la compatibilité de la dualité à F et ∇ montre aussitôt que les conditions de (1.2.4 (i)) sont vérifiées.

B) <u>Surfaces</u> K3 .

2.1.5. Soit X/A un schéma formel propre et lisse tel que $X_k = X\otimes k$ soit une surface K3 . Alors, d'après (IV 2.2, 2.3), le

A-module

$$H = H^2_{DR}(X/A) ,$$

muni de la connexion de Gauss-Manin ∇ , et de la filtration de Hodge

$$H = \mathrm{Fil}^0 H \supset \mathrm{Fil}^1 H \supset \mathrm{Fil}^2 H \supset 0$$

est un F-cristal de Hodge sur A_o . Les sous-modules $\mathrm{Fil}^i H$ sont libres de rangs 22, 21 , 1 pour $i = 0,1,2$, et le gradué associé $\mathrm{gr}^{\cdot} H$ est libre. De plus, le cup-produit

$$\langle\ ,\ \rangle : H \otimes H \to H^4_{DR}(X/A) \simeq A$$

est une dualité parfaite, horizontale pour ∇ , i.e. vérifiant

$$\langle \nabla x, y\rangle + \langle x, \nabla y\rangle = \nabla \langle x,y\rangle ,$$

et compatible à F , i.e. telle que, pour tout relèvement de Frobenius φ , on ait

$$\langle F(\varphi)\varphi^* x, F(\varphi)\varphi^* y\rangle = F(\varphi)\varphi^* \langle x,y\rangle .$$

Noter que $F(\varphi)\varphi^* | H^4_{DR}(X/A) = p^2 \alpha$, où α est un automorphisme, i.e. $H^4_{DR}(X/A)(2)$ est un F-cristal unité (de rang 1), qu'on identifiera au F-cristal trivial A au moyen d'une base horizontale fixe par F . Rappelons d'autre part que l'on a

$$\mathrm{Fil}^1 H = (\mathrm{Fil}^2 H)^{\perp} .$$

Rappelons enfin que, si $e_o : A_o \to k$ est l'augmentation, le F-cristal $e_o^* H$ (1.1.4) n'est autre que la cohomologie cristalline $H^2(X_k/W)$.

2.1.6. Supposons maintenant X_k <u>ordinaire</u>, ce qui signifie, par définition, que le polygone de Newton de $H^2(X_k/W)$ coïncide avec le polygone de Hodge, i.e. a pour pentes (0,1,2) avec les multiplicités (1,20,1). Il revient au même de dire que Frobenius sur $H^2(X_k,\mathcal{O})$ est non nul. Du fait que $e_o^* H = H^2(X_k/W)$ et que $\mathrm{gr}^{\cdot} H$ est libre, le F-cristal H est alors ordinaire au sens de 1.3.3, et admet par conséquent une filtration par des sous-F-cristaux

$$0 \subset U_0 \subset U_1 \subset U_2 = H$$

tels que U_i/U_{i-1} soit de la forme $V_i(-i)$, où V_i est un F-cristal unité de rang 1 , 20 , 1 , pour $i = 0,1,2$. De plus, comme U_i relève $Fil_i H_0$, la compatibilité de F à la dualité entraîne que l'on a

$$U_1 = U_0^{\perp} .$$

Enfin (1.3.6) les filtrations (U_i) et $(Fil^i H)$ sont opposées, i.e. on a

$$H = H_0 \oplus H_1 \oplus H_2 ,$$

avec

$$H_0 = U_0 , \ H_1 = U_1 \cap Fil^1 H , \ H_2 = Fil^2 H , \ H_1 \xrightarrow{\sim} U_1/U_0 .$$

THÉORÈME 2.1.7. <u>On suppose</u> $p \neq 2$. <u>Soit</u> $X/A = W[[t_1,\ldots,t_{20}]])$ <u>la déformation formelle universelle d'une surface</u> K3 <u>ordinaire</u> X_k/k (IV 1.3). <u>Alors, avec les notations de</u> 2.1.5, 2.1.6, <u>il existe une base</u> $(a,b_1,\ldots,b_{20},c)$ <u>de</u> H <u>adaptée à la décomposition</u> $H = H_0 \oplus H_1 \oplus H_2$, <u>et telle que</u> $\langle a,c \rangle = 1$, <u>et des éléments</u> $q_i \in A$ $(1 \leqslant i \leqslant 20)$ <u>possédant les propriétés suivantes</u> :

(i) $q_i(0) = 1 \bmod pW$ <u>et les</u> q_i <u>définissent un isomorphisme</u> $A \simeq W[[q_1-1,\ldots,q_{20}-1]]$ (i.e. les formes $d \log q_i$ forment une base de $\Omega^1_{A/W}$).

(ii) $$\begin{cases} \nabla a = 0 , \\ \nabla b_i = (d \log q_i)a \quad (1 \leqslant i \leqslant 20) \\ \nabla c = - \Sigma \ (d \log q_i) b_i^{\vee} , \end{cases}$$

<u>où</u> $(b_i^{\vee})$ <u>désigne la base de</u> H_1 <u>duale de</u> (b_i) (<u>pour la restriction à</u> H_1 <u>de la forme cup-produit</u>).

(iii) <u>Si</u> $\varphi : A \to A$ <u>désigne le relèvement de Frobenius tel que</u> $\varphi(q_i) = q_i^p$, <u>alors</u>

$$\begin{cases} F(\varphi)\varphi^* a = a \ , \\ F(\varphi)\varphi^* b_i = pb_i \qquad (1 \leqslant i \leqslant 20) \ , \\ F(\varphi)\varphi^* c = p^2 c \ . \end{cases}$$

D'après 2.1.6, le F-cristal U_1, muni de la filtration $\mathrm{Fil}^i H \cap U_1$, est un F-cristal de Hodge ordinaire de niveau 1. D'autre part, comme X/A est la déformation formelle universelle de X_k, l'application

$$\mathrm{gr}^1\nabla : T_{A/W} \to \underline{\mathrm{Hom}}_A(H_1, H_o) = \underline{\mathrm{Hom}}_A(\mathrm{gr}^1 H, \mathrm{gr}^o H)$$

est un isomorphisme d'après (IV 2.4). En vertu de 1.4.2 et 1.4.7 appliqués à U_1, il existe donc une base $(a, b_1, \ldots, b_{20})$ de U_1 adaptée à la décomposition $U_1 = H_o \oplus H_1$, et des éléments $q_i \in A$ vérifiant les conditions (i) à (iii) de 2.1.7. Il reste à montrer que, si l'on choisit la base c de H_2 telle que $\langle a, c \rangle = 1$, les dernières formules de (ii) et (iii) sont satisfaites. Tout d'abord, par la condition de transversalité (1.3.5.1), on a

$$\nabla c = \alpha \otimes c + \sum_{1 \leqslant i \leqslant 20} \beta_i \otimes b_i^\vee \ .$$

La relation

$$0 = \nabla\langle a, c\rangle = \langle \nabla a, c\rangle + \langle a, \nabla c\rangle = \langle a, \nabla c\rangle$$

entraîne $\alpha = 0$. Puis, de

$$0 = \nabla\langle b_i, c\rangle = \langle \nabla b_i, c\rangle + \langle b_i, \nabla c\rangle$$

et de la deuxième formule de (ii) on tire $\beta_i = - d \log q_i$, d'où la dernière formule de (ii). D'autre part, de la formule $F(\varphi)\varphi^* a = a$ et de la relation $\langle F(\varphi)\varphi^* a, F(\varphi)\varphi^* c\rangle = p^2\langle a, c\rangle = p^2$ on déduit $F(\varphi)\varphi^* c = p^2 c$, ce qui achève la démonstration de 2.1.7.

2.1.8. Soit X_k/k une surface K3 ordinaire. Posons

(2.1.8.1) $P_o = H^2(X_k/W)_{F=1}$, $P_1 = H^2(X_k/W)_{F=p}$, $P_2 = H^2(X_k/W)_{F=p^2}$, où la notation $M_{F=a}$ désigne $\{x\in M|Fx=ax\}$. D'après 1.3.4, P_i est un $\mathbb{Z}_p$-module libre de rang 1 , 20 , 1 pour $i=0,1,2$, et le F-cristal $H^2(X_k/W)$ admet une décomposition unique

$$(2.1.8.2)\quad H^2(X_k/W) = ((W,\sigma)\otimes P_0) \oplus ((W,p\sigma)\otimes P_1) \oplus ((W,p^2\sigma)\otimes P_2) .$$

Supposons de plus $p\neq 2$. Avec les notations de 2.1.7, désignons par

$$(2.1.8.3)\qquad e_q : A \to W$$

le relèvement de Teichmüller de l'augmentation $e_o : A_o \to k$ correspondant au relèvement φ considéré en (iii), donc donné par $e_q(q_i)=1$. Alors X induit un schéma formel e_q^*X/W et l'on a

$$(2.1.8.4)\qquad e_q^*H = H^2_{DR}(e_q^*X/W) = H^2(X_k/W) .$$

De plus, d'après (2.1.7 (iii)), e_q^*a est une base de P_o , $(e_q^*b_i)_{1\leqslant i\leqslant 20}$ une base de P_1, et e_q^*c une base de P_2 , et $\langle e_q^*a, e_q^*c\rangle = 1$. En particulier, la filtration de Hodge de $H^2_{DR}(e_q^*X/W)$ est donnée par

$$(2.1.8.5)\quad \mathrm{Fil}^1H^2_{DR}(e_q^*X/W) = (W\otimes P_1) \oplus (W\otimes P_2) ,\ \mathrm{Fil}^2H^2_{DR}(e_q^*X/W) = W\otimes P_2 .$$

Nous allons en déduire :

PROPOSITION 2.1.9. <u>Sous les hypothèses de</u> 2.1.7, <u>le relèvement</u> e_q (2.1.8.3) <u>est indépendant de la famille</u> $q=(q_i)$ <u>définie en</u> 2.1.7.

On écrira donc e au lieu de e_q . Par analogie avec la théorie du relèvement canonique des variétés abéliennes ordinaires [14, V §3], on dira que le schéma formel e^*X/W , qu'on notera simplement X_W , est le <u>relèvement canonique</u> de X_k .

2.1.10. Pour démontrer 2.1.9, nous utiliserons une description "linéaire" des relèvements formels sur W d'une surface K3 sur k . Soit Y/W un schéma formel propre et plat tel que $Y_k = Y\otimes k$ soit une K3 . Alors $H^2_{DR}(Y/W)$ s'identifie canoniquement à $H = H^2(Y_k/W)$, et $\mathrm{Fil}^2H^2_{DR}(Y/W)$ est une droite ($\overset{\mathrm{dfn}}{=}$ facteur direct de rang 1) de H , isotrope (i.e. contenue dans son orthogonal), relevant $\mathrm{Fil}^2H^2_{DR}(Y_k/k)$.

THÉORÈME 2.1.11. <u>Supposons</u> $p \neq 2$. <u>Soit</u> Y_o <u>une surface</u> K3 <u>sur</u> k . <u>Posons</u> $H = H^2(Y_o/W)$. <u>L'application qui à un schéma formel propre et plat</u> Y/W <u>relevant</u> Y_o <u>associe la droite</u> $\mathrm{Fil}^2 H^2_{DR}(Y/W)$ <u>est une bijection de l'ensemble des relèvements de</u> Y_o <u>sur</u> W (<u>i.e. des points à valeurs dans</u> W <u>du schéma modulaire formel de</u> Y_o) <u>sur l'ensemble des relèvements de</u> $\mathrm{Fil}^2_{DR}(Y_o/k)$ <u>en une droite isotrope de</u> H .

Notons tout d'abord que les deux types de relèvements envisagés (relèvements de Y_o et relèvements de $\mathrm{Fil}^2 H^2_{DR}(Y_o/k)$) sont rigides, i.e. n'ont pas d'automorphismes infinitésimaux. Soit Y_n un relèvement de Y_o sur W_{n+1} . L'ensemble des relèvements de Y_n sur W_{n+2} est un torseur sous $H^1(Y_o, T_{Y_o/k})$. D'autre part, soit L_n une droite isotrope de $H \otimes W_{n+1}$ relevant $L_o = \mathrm{Fil}^2 H^2_{DR}(Y_o/k)$. Alors l'ensemble des relèvements de L_n en une droite isotrope de $H \otimes W_{n+2}$ est un torseur sous $\underline{\mathrm{Hom}}(L_o, L_o^{\perp}/L_o)$: sans condition d'isotropie, on trouverait un torseur sous $\underline{\mathrm{Hom}}(L_o, H_o/L_o)$ (où $H_o = H \otimes k = H^2_{DR}(Y_o/k)$) ; comme $p \neq 2$, la condition d'isotropie imposée au relèvement conduit au résultat indiqué (si $H \otimes W_{n+2} = L_{n+1} \oplus M_{n+1}$, avec L_{n+1} isotrope relevant L_n , une droite isotrope relevant L_n est engendrée par un vecteur $x + p^{n+1} y$, où x est une base de L_n , et l'on doit avoir $2\langle x, y\rangle = 0 \bmod p$). Or $L_o^{\perp} = \mathrm{Fil}^1 H^2(Y_o/k)$, donc

$$\underline{\mathrm{Hom}}(L_o, L_o^{\perp}/L_o) = \underline{\mathrm{Hom}}(\mathrm{Fil}^2 H^2_{DR}(Y_o/k), \mathrm{gr}^1 H^2_{DR}(Y_o/k)) ,$$

et, d'après (IV 2.4), on a un isomorphisme canonique (donné par le cup-produit)

$$H^1(Y_o, T_{Y_o/k}) \xrightarrow{\sim} \underline{\mathrm{Hom}}(\mathrm{Fil}^2 H^2_{DR}(Y_o/k), \mathrm{gr}^1 H^2_{DR}(Y_o/k)) .$$

La conclusion de 2.1.11 en découle facilement.

REMARQUE 2.1.12. On notera l'analogie de 2.1.11 avec la théorie des relèvements des groupes p-divisibles et des variétés abéliennes (relèvement de la filtration de Hodge dans le "cristal" extension universelle) [14].

<u>Démonstration de</u> 2.1.9. Compte tenu de 2.1.11, il suffit d'observer que e_q^*X, donc e_q, est entièrement caractérisé par la seconde égalité de (2.1.8.5).

Nous allons voir maintenant qu'à l'aide de 2.1.7 on peut munir canoniquement la variété modulaire formelle $S = \mathrm{spf}(A)$ d'une structure de groupe formel sur W, d'origine le relèvement canonique X_W (2.1.9). Nous aurons besoin pour cela du lemme suivant :

LEMME 2.1.13. <u>Soient</u> $(a',b'_1,\ldots,b'_{20},c')$ <u>une base de</u> H <u>et</u> $(q'_i)_{1\leqslant i\leqslant 20}$ <u>une famille d'éléments de</u> A <u>vérifiant les mêmes conditions</u> (i), (ii), (iii) <u>de</u> 2.1.7 <u>que</u> $(a,(b_i),c)$ <u>et</u> (q_i). <u>Il existe alors</u> $\alpha\in\mathbb{Z}_p^*$ <u>et</u> $\beta=(\beta_{ij})\in GL(20,\mathbb{Z}_p)$ <u>tels que</u>

$$(2.1.13.1)\qquad \begin{cases} a' = \alpha a\ ,\ c' = c/\alpha\ , \\ q'_i = \prod\limits_{1\leqslant j\leqslant 20} q_j^{(\beta_{ji}/\alpha)}\ , \\ b'_i = \sum\limits_{1\leqslant j\leqslant 20} \beta_{ji} b_j\ . \end{cases}$$

Tout d'abord, comme $(a',(b'_i),c')$ est une base de H adaptée à la décomposition $H = H_o\oplus H_1\oplus H_2$ et que $\langle a',c'\rangle = 1$, il existe $\alpha\in A^*$ et $\beta=(\beta_{ij})\in GL(20,A)$ tels que

$$a'=\alpha a\ ,\ c'=c/\alpha\ ,\ b'_i = \sum_{1\leqslant j\leqslant 20}\beta_{ji}b_j\ .$$

Grâce à 2.1.9, notons $e=e_q=e_{q'}:A\to W$ le relèvement (2.1.8.3). Comme $\nabla a=\nabla a'=0$, on a $d\alpha=0$, donc α est "constant", de valeur $e^*\alpha\in W$. Soit φ' le relèvement de Frobenius tel que $\varphi'(q'_i) = q_i'^{\,p}$. On a

$$a' = F(\varphi')\varphi'^*a' = F(\varphi)\varphi^*a = \alpha^\sigma F(\varphi)\varphi^*a = \alpha^\sigma a = \alpha a$$

donc $\alpha^\sigma=\alpha$, i.e. $\alpha\in\mathbb{Z}_p$. D'autre part,

$$\begin{aligned}\nabla b'_i &= \sum_j (d\beta_{ji})\otimes b_j + \sum_j \beta_{ji}(d\log q_j)\otimes a \\ &= (d\log q'_i)\otimes a' = (d\log q'_i)\otimes \alpha a\ ,\end{aligned}$$

donc

$$(*) \qquad d\beta_{ji} = 0 \qquad \forall i,j$$

et

$$(**) \qquad \alpha \, d \log q'_i = \sum_j \beta_{ji} \, d \log q_j \qquad (1 \leqslant i \leqslant 20) .$$

La formule (*) signifie que β_{ji} est constant, de valeur $e^*\beta_{ji} \in W$. Mais

$$pb'_i = F(\varphi')\varphi'^*b'_i = \sum_j \beta^{\sigma}_{ji} F(\varphi')\varphi'^*b_j .$$

Appliquant e^* et tenant compte de ce que

$$e^*F(\varphi')\varphi'^*b_j = e^*F(\varphi)\varphi^*b_j = e^*pb_j ,$$

on obtient $\beta^{\sigma}_{ji} = \beta_{ji}$ $\forall i,j$, donc $\beta \in GL(20,\mathbb{Z}_p)$. De (**) on déduit qu'il existe $C \in W^*$ tel que

$$q'_i = C \prod_j q_j^{(\beta_{ji}/\alpha)} .$$

Mais comme $e^*q'_i = e^*q_i = 1$, on a $C = 1$, ce qui achève la démonstration.

THÉORÈME 2.1.14. <u>Supposons</u> $p \neq 2$. <u>Soient</u> X_k <u>une surface</u> K3 <u>ordinaire sur</u> k, <u>et</u> $S = \mathrm{Spf}(A)$ <u>la variété modulaire formelle sur</u> W <u>correspondante</u>. <u>Soit</u> G <u>le tore formel sur</u> $\mathbb{Z}_p$ <u>de groupe de caractères</u> $\underline{\mathrm{Hom}}_{\mathbb{Z}_p}(P_o,P_1)$, <u>avec les notations de</u> 2.1.8. <u>Il existe un isomorphisme canonique entre</u> S <u>et</u> G_W, <u>par lequel le relèvement canonique</u> $X_W \in S$ (2.1.9) <u>correspond à l'élément neutre</u> $1 \in G_W$.

Soit $\underline{a} = (a,b,(q_i))$ comme en 2.1.7. La famille (q_i) fournit un isomorphisme $u_{\underline{a}} : S \xrightarrow{\sim} (\hat{\mathbb{G}}_m)^{20}_W = \mathrm{Spf}(W[[T_i-1]])$, $T_i \mapsto q_i$, tandis que la base (a,b) fournit un isomorphisme $v_{\underline{a}} : \mathbb{Z}_p^{20} \xrightarrow{\sim} \underline{\mathrm{Hom}}(P_o,P_1)$, tel que $v_{\underline{a}}(x_1,\ldots,x_{20})(a) = \sum x_i b_i$. Si $\underline{a}' = (a',b',(q'_i))$ est un autre choix, alors, il existe $\alpha \in \mathbb{Z}_p^*$ et $\beta = (\beta_{ij}) \in GL(20,\mathbb{Z}_p)$ vérifiant (2.1.13.1). Notons

$$f : (\hat{\mathbb{G}}_m)^{20}_{\mathbb{Z}_p} \xrightarrow{\sim} (\hat{\mathbb{G}}_m)^{20}_{\mathbb{Z}_p}$$

l'isomorphisme donné par $T_i \mapsto \prod_j T_j^{(\beta_{ji}/\alpha)}$. L'isomorphisme

$$\mathrm{Hom}(f, \hat{\mathbb{G}}_m) : \mathbb{Z}_p^{20} \xrightarrow{\sim} \mathbb{Z}_p^{20}$$

induit par f sur les groupes de caractères est la multiplication par la matrice β/α . Les formules (2.1.13.1) entraînent qu'on a des carrés commutatifs

$$\begin{array}{ccc} S & \xrightarrow[\sim]{u_{\underline{a}}} & (\hat{\mathbb{G}}_m)^{20} \\ \| & & \downarrow f_W \\ S & \xrightarrow[\sim]{u_{\underline{a}'}} & (\hat{\mathbb{G}}_m)^{20} \end{array} \quad , \quad \begin{array}{ccc} \mathbb{Z}_p^{20} & \xrightarrow[\sim]{v_{\underline{a}}} & \underline{\mathrm{Hom}}(P_o, P_1) \\ \beta/\alpha \uparrow & & \| \\ \mathbb{Z}_p^{20} & \xrightarrow[\sim]{v_{\underline{a}'}} & \underline{\mathrm{Hom}}(P_o, P_1) \end{array} .$$

En d'autres termes, l'isomorphisme $S \xrightarrow{\sim} G_W$ donné par $(u_{\underline{a}}, v_{\underline{a}})$ est indépendant de $\underline{a}$, c'est l'isomorphisme canonique annoncé. Comme par définition X_W correspond à l'augmentation $q_i \mapsto 1$, 2.1.14 est démontré.

DÉFINITION 2.1.15. <u>Nous dirons qu'un système</u> $\underline{a} = (a,b,c,q)$ <u>vérifiant les conditions de</u> 2.1.7 <u>est un système de coordonnées</u> (ou paramètres) <u>canoniques sur</u> S .

Noter que le choix de a correspond à celui d'une base de P_o (donc est défini à un facteur $\in \mathbb{Z}_p^*$ près) et détermine celui de c , et que, d'autre part, une fois a choisi, la donnée de b correspond à celle d'une base de P_1 (qui est donc définie à un facteur $\in GL(20, \mathbb{Z}_p)$ près) et détermine l'isomorphisme $(q_i) : S \xrightarrow{\sim} (\hat{\mathbb{G}}_m)_W^{20}$.

<u>Problèmes</u> 2.1.16. a) Peut-on donner une définition "intrinsèque" de la structure de groupe formel sur S construite en 2.1.14, par exemple comme représentant un foncteur convenable ? (*)

b) Etendre la théorie des coordonnées canoniques au cas $p = 2$. Cela présente plusieurs difficultés. Tout d'abord, bien entendu, trouver un substitut adéquat à la définition des q_{ij} de 1.4.2. D'autre part, dans le cas des K3, il y a des difficultés supplémentaires, liées au fait qu'on ignore, pour $p = 2$, si la forme quadra-

(*) (ajoutée en janvier 1981), cette question vient d'être résolue affirmativement par Nygaard.

tique $\langle x,x\rangle$ sur $H^2_{DR}(X_k/k)$ est identiquement nulle (rappelons que, si X est une surface K3 sur le corps des complexes, la forme $\langle x,x\rangle$ sur $H^2(X,\mathbb{Z})$ est paire [17]). On peut montrer toutefois [4] que, pour Y_o/k ordinaire, ou plus généralement si le noyau de la forme $\langle x,x\rangle$ sur $H^2_{DR}(Y_o/k)$ n'est pas égal à $\mathrm{Fil}^1 H^2_{DR}(Y_o/k)$, l'application envisagée en 2.1.11, associant à un relèvement formel Y la droite isotrope $\mathrm{Fil}^2 H^2_{DR}(Y/W) \subset H^2(Y_o/W)$ est surjective et à fibres finies : pour Y_o ordinaire, la droite $W \otimes P_2$ de (2.1.8.5) définit alors une famille finie de "relèvements canoniques" de Y_o .

2.2. <u>Relèvements de faisceaux inversibles</u>.

2.2.1. Soit $X/S = \mathrm{Spf}(A)$ la déformation formelle universelle d'une surface K3 X_k/k , et soit L_o un faisceau inversible non trivial sur X_k . On sait (IV 1.6) qu'il existe un plus grand sous-schéma formel fermé $T = \Sigma(L_o) \subset S$ tel que L_o se prolonge en un faisceau inversible L sur X_T (*) et que T est défini par une équation $f = 0$ telle que p ne divise pas f . <u>Supposons</u> $p \neq 2$ <u>et</u> X_k <u>ordinaire</u>. On va montrer qu'on peut alors expliciter f en termes de la classe de Chern cristalline

(2.2.1.1) $$c_1(L_o) \in H^2(X_k/k) \ .$$

Rappelons (IV 2.9) qu'avec les notations de (2.1.8.1) on a

(2.2.1.2) $$c_1(L_o) \in P_1 \ .$$

En particulier, si (a,b,c,q) est un système de coordonnées canoniques sur S (2.1.15), et $e : A \to W$ est l'augmentation donnée par $q_i \mapsto 1$, on peut écrire

(2.2.1.3) $$c_1(L_o) = \sum_{1 \leqslant i \leqslant 20} x_i(e^* b_i) \ ,$$

avec $x_i \in \mathbb{Z}_p$. On a alors le résultat suivant, dont la démonstration va occuper le reste de l'exposé :

(*) On note $X_{S'}$, le schéma formel déduit de X par un changement de base $S' \to S$.

THÉORÈME 2.2.2. <u>Avec les hypothèses et notations de</u> 2.2.1, T <u>est défini par l'équation</u>

(2.2.2.1) $$\prod_{1 \leqslant i \leqslant 20} q_i^{x_i} = 1 .$$

En d'autres termes, si, grâce à la base e^*a de P_o, on identifie $c_1(L_o)$ à un caractère x du tore formel S (2.1.14), T est le sous-groupe formel défini par

(2.2.2.2) $$T = \mathrm{Ker}(x) .$$

En particulier, si p ne divise pas $c_1(L_o)$ (ce qui signifie encore [16, 1.4] que p ne divise pas la classe de L_o dans $NS(X_k)$), T est un sous-tore formel lisse sur W de dimension relative 19.

2.2.3. Indiquons d'abord comment on peut, heuristiquement, se persuader de la validité de 2.2.2. Si l'on était sur le corps des complexes, on saurait que T est le lieu où la section horizontale de H^2_{DR} passant par $c_1(L_o)$ reste de type (1,1), i.e. dans $\mathrm{Fil}^1 H^2_{DR}$. Or, soit $\underline{x} \in H^2_{DR}(X/S) \otimes K[[q_i-1]]$ la section horizontale telle que $e^*\underline{x} = c_1(L_o)$. Un calcul immédiat, à partir de (2.1.7 (ii)), montre que l'on a

(2.2.3.1) $$\underline{x} = (- \sum_{1 \leqslant i \leqslant 20} x_i \log q_i)a + \sum_{1 \leqslant i \leqslant 20} x_i b_i .$$

Donc, heuristiquement, $-\Sigma\, x_i \log q_i = 0$, "i.e." $\prod q_i^{x_i} = 1$ est l'équation cherchée. Naturellement, cet argument est insuffisant, mais on peut l'adapter en utilisant la classe de Chern cristalline pour contrôler, pas à pas, l'obstruction au prolongement de L_o.

Nous aurons besoin pour cela de quelques rappels sur les classes de Chern et les obstructions, complétant (IV 2.8, 2.9).

2.2.4. Soient $i : Y_o \hookrightarrow Y$ une immersion fermée de schémas (ou schémas formels) définie par un idéal I, et E_o un faisceau inversible sur Y_o, de classe $c\ell(E_o) \in H^1(Y_o, \mathcal{O}^*_{Y_o})$. La suite exacte de faisceaux abéliens sur Y

(2.2.4.1) $$0 \to (1+I)^* \to \mathcal{O}_Y^* \to \mathcal{O}_{Y_o}^* \to 0$$

montre que l'obstruction $\omega^*(E_o,i)$ à prolonger E_o en un faisceau inversible sur Y est l'image de $c\ell(E_o)$ par le cobord de la suite exacte de cohomologie déduite de (2.2.4.1)

(2.2.4.2) $$\omega^*(E_o,i) = d\, c\ell(E_o) \in H^2(Y,(1+I)^*) .$$

Si $Y \to Z$ est un morphisme, on peut considérer le complexe de de Rham "multiplicatif"

$$\Omega^{\cdot *}_{Y/Z} = (\mathcal{O}_Y^* \xrightarrow{\text{dlog}} \Omega^1_{Y/Z} \xrightarrow{d} \Omega^2_{Y/Z} \xrightarrow{d} \ldots) ,$$

et (2.2.4.1) se raffine en une suite exacte de complexes

(2.2.4.3) $$0 \to (1+I)\Omega^{\cdot *}_{Y/Z} \to \Omega^{\cdot *}_{Y/Z} \to \mathcal{O}_{Y_o}^* \to 0 ,$$

où

$$(1+I)\Omega^{\cdot *}_{Y/Z} \overset{\text{dfn}}{=} ((1+I)^* \xrightarrow{\text{dlog}} \Omega^1_{Y/Z} \xrightarrow{d} \Omega^2_{Y/Z} \xrightarrow{d} \ldots) .$$

L'obstruction $\omega^*(E_o,i)$ est l'image, par la flèche naturelle, de la classe

(2.2.4.4) $$c^*(E_o,i,Y/Z) \in H^2(Y,(1+I)\Omega^{\cdot *}_{Y/Z})$$

obtenue à partir de $c\ell(E_o)$ comme cobord de la suite exacte de cohomologie associée à (2.2.4.3).

2.2.5. Supposons que $I^2 = 0$. Alors on a

$$(1+I)^* = 1+I \xrightarrow[\log(1+x)=x]{\sim} I ,$$

et, de la même manière, $(1+I)\Omega^{\cdot *}_{Y/Z}$ s'identifie à

$$I\Omega^{\cdot}_{Y/Z} \overset{\text{dfn}}{=} (I \xrightarrow{d} \Omega^1_{Y/Z} \xrightarrow{d} \Omega^2_{Y/Z} \xrightarrow{d} \ldots) .$$

Notons

(2.2.5.1) $$\omega(E_o,i) \in H^2(Y,I) \quad , \quad c(E_o,i,Y/Z) \in H^2(Y,I\Omega^{\cdot}_{Y/Z})$$

les images de $\omega^*(E_o,i)$ et $c^*(E_o,i,Y/Z)$ définies par ces identifications. L'obstruction $\omega(E_o,i)$ est encore l'image de $c(E_o,i,Y/Z)$ par la flèche naturelle.

Supposons de plus que $Z = (Z, K, \delta)$ soit un PD-schéma où p est nilpotent [1], ou que Z soit une base P-adique (avec $p \in P$) au sens de [3, 7.17] : le cas qui nous intéresse en fait est celui où Z est un W-schéma formel p-adiquement complet, muni des puissances divisées standard sur $p\mathcal{O}_Z$. Alors, si Y est lisse sur Z, et si les puissances divisées γ triviales sur I (i.e. telles que $\gamma^i(x) = 0$ pour $i > 1$) sont compatibles à celles de Z, on a

$$H^2(Y, I\Omega^{\cdot}_{Y/Z}) = H^2(Y_o/Z, J_{Y_o/Z})$$

(où $J_{Y_o/Z}$ désigne, comme d'habitude, l'idéal cristallin noyau de $\mathcal{O}_{Y_o/Z} \to \mathcal{O}_{Y_o}$), et la classe $c(E_o, i, Y/Z)$ de (2.2.5.1) n'est autre que la classe de Chern cristalline de L_o relativement à Y_o/Z, définie dans [2] :

(2.2.5.2) $$c(E_o, i, Y/Z) = c_1(E_o)_{Y_o/Z} \in H^2(Y_o/Z, J_{Y_o/Z}) .$$

Nous appliquerons ces remarques au cas où l'on a des carrés cartésiens

(2.2.5.3) $$\begin{array}{ccccc} Y_o & \xrightarrow{i} & Y & \longrightarrow & X \\ {\scriptstyle f_o}\downarrow & & \downarrow{\scriptstyle f} & & \downarrow \\ Z_o & \xrightarrow{j} & Z & \longrightarrow & S \end{array} ,$$

X/S étant la déformation formelle universelle de X_k, Z désignant un W-schéma formel affine p-adiquement complet, j désignant une immersion fermée définie par un idéal J de carré nul, de sorte que $I = f^*(J)$. Comme $R^1 f_{o*}(\mathcal{O}_{Y_o}) = 0$, donc $H^1(Y_o, \mathcal{O}) = 0$, les flèches canoniques

$$H^2(Y, I) \to H^2(Y, \mathcal{O}) \quad , \quad H^2(Y, I\Omega^{\cdot}_{Y/Z}) \to H^2_{DR}(Y/Z)$$

sont injectives, nous considérerons donc $\omega(E_o, i)$ (resp. $c(E_o, i, Y/Z)$) comme un élément de $H^2(Y, \mathcal{O})$ (resp. $H^2_{DR}(Y/Z)$). D'autre part, pour $p \neq 2$, ou si $p\mathcal{O}_Z = 0$, les puissances divisées triviales sur I sont compatibles aux puissances divisées standard sur $p\mathcal{O}_Z$. D'après ce qu'on vient de voir, l'obstruction $\omega(E_o,i)$ est alors donnée par la recette suivante :

LEMME 2.2.6. *Dans la situation de* (2.2.5.3), *si* $p \neq 2$, *ou si* $p\mathcal{O}_Z = 0$, *l'obstruction* $\omega(E_o,i)$ *à prolonger* E_o *en un faisceau inversible sur* Y *est l'image, par l'application canonique* $H^2_{DR}(Y/Z) \to H^2(Y,\mathcal{O}_Y)$ *de la classe de Chern cristalline de* E_o *relativement à* Z , $c_1(E_o)_{Y_o/Z} \in H^2_{DR}(Y/Z)$.

En d'autres termes, sous les hypothèses de 2.2.6, E_o se prolonge en un faisceau inversible sur Y si et seulement si $c_1(E_o)_{Y_o/Z} \in \mathrm{Fil}^1 H^2_{DR}(Y/Z)$.

2.2.7. L'intérêt de la recette 2.2.6 est qu'on dispose d'un principe de calcul pour la classe de Chern $c_1(E_o)_{Y_o/Z}$, que nous allons rappeler.

Sous les hypothèses de 2.2.6, on peut considérer la classe de Chern

(2.2.7.1) $$c_1(E_o)_{f_o/W} \in H^2(Y_o/W) ,$$

et son image

(2.2.7.2) $$c_1(E_o)_{f_o/W} \in H^o(Z_o/W, R^2 f_{o*}(\mathcal{O}_{Y_o/W}))$$

par l'application canonique

$$H^2(Y_o/W) \to H^o(Z_o/W, R^2 f_{o*}(\mathcal{O}_{Y_o/W})) .$$

D'autre part, pour tout PD-épaississement Z_1 de Z_o on peut considérer la classe de Chern

(2.2.7.3) $$c_1(E_o)_{Y_o/Z_1} \in H^2(Y_o/Z_1) .$$

Le lien entre les classes (2.2.7.2) et (2.2.7.3) est le suivant : le cristal $R^2 f_{o*}(\mathcal{O}_{Y_o/W})$ a une "valeur" $R^2 f_{o*}(\mathcal{O}_{Y_o/W})(Z_1)$ sur Z_1 , et, pour Z_1 affine, la section

$$c_1(E_o)_{f_o/W}(Z_1) \in H^o(Z_1, R^2 f_{o*}(\mathcal{O}_{Y_o/W})(Z_1)) = H^2(Y_o/Z_1)$$

définie par (2.2.7.2) est (2.2.7.3). Supposons maintenant que l'on dispose d'une factorisation de la flèche $Z_o \to S$ de (2.2.5.3) en

(2.2.7.4) $$Z_o \xrightarrow{j'} Z' \longrightarrow S$$

où Z' est un W-schéma formel lisse, p-adiquement complet, et j' une immersion fermée. Soit $Z'^{\wedge} = D_{Z_o}(Z')$ la PD-enveloppe, p-complétée, de Z_o dans Z'. D'après Berthelot [1] (ou [3, §7]), on sait que le cristal $R^2 f_{o*}(\mathcal{O}_{Y_o/W})$ est décrit par un $\mathcal{O}_{Z'^{\wedge}}$-module à connexion intégrable relativement à W. Dans le cas présent, comme on a des carrés cartésiens

(2.2.7.5) $$\begin{array}{ccccc} Y_o & \longrightarrow & Y'^{\wedge} & \longrightarrow & X \\ \downarrow & & \downarrow & & \downarrow \\ Z_o & \longrightarrow & Z'^{\wedge} & \longrightarrow & S \end{array} ,$$

on voit que ce module n'est autre que $H^2_{DR}(X/S) \otimes \mathcal{O}_{Z'^{\wedge}}$, muni de la connexion de Gauss-Manin. La classe (2.2.7.2) s'interprète comme une section horizontale de ce module. Quand, dans la situation de (2.2.5.3), Z est un sous-schéma fermé de Z', Z s'envoie dans $Z'^{\wedge}$ par la propriété universelle des PD-enveloppes, et la section de $H^2_{DR}(X/S) \otimes \mathcal{O}_Z = H^2_{DR}(Y/Z)$ induite par la classe (2.2.7.2) n'est autre que $c_1(E_o)_{Y_o/Z}$. Nous verrons plus loin comment exploiter l'horizontalité de la section (2.2.7.2) de $H^2_{DR}(X/S) \otimes \mathcal{O}_{Z'^{\wedge}}$ pour la calculer lorsque E_o prolonge le faisceau donné L_o sur X_k, en utilisant des plongements j' (2.2.7.4) bien choisis.

2.2.8. A cet effet, nous aurons besoin d'un dernier ingrédient, un peu technique, concernant les PD-enveloppes. Notons

(2.2.8.1) $$W\langle\langle t\rangle\rangle = W\langle\langle t_1,\ldots,t_n\rangle\rangle$$

la PD-enveloppe, p-complétée, de l'idéal $(t_1,\ldots,t_n)$ de $W[[t]] = W[[t_1,\ldots,t_n]]$: c'est le sous-anneau de $K[[t]]$ formé des séries $\Sigma\, a_i t^i/i!$ avec $a_i \in W$ tendant vers 0. Considérons maintenant l'idéal $t^r = (t_1^{r_1},\dots,t_n^{r_n})$ de $W[[t]]$, et la PD-enveloppe, p-complétée, de t^r dans $W[[t]]$:

(2.2.8.2) $$D_{(t^r)}(W[[t]]) .$$

Utilisant la compatibilité de la formation des PD-enveloppes aux extensions plates [1, I 2.7.4] dans le cas du morphisme fini et plat $W[[t]] \to W[[t]]$, $t_i \mapsto t_i^{r_i}$, on obtient pour (2.2.8.2) la description suivante : le groupe additif sous-jacent est celui des séries formelles à coefficients dans W , tendant vers 0 , en les $t^{(m)}$, où $t^{(m)} = t^s(t^r)^{[q]}$, si $m = rq+s$, $0 \leqslant s < r$, et la multiplication est la multiplication évidente donnée formellement par $(t^r)^{[q]} = t^{rq}/q!$. L'application

(2.2.8.3) $$D_{(t^r)}(W[[t]]) \to W\langle\langle t\rangle\rangle$$

définie par l'inclusion $(t^r) \subset (t)$ envoie l'élément de base $t^{(m)}$ de multi-degré m sur $(m!/q!)t^{[m]}$, en particulier est injective.

2.2.9. <u>Démonstration de</u> 2.2.2. Comme L_o est non trivial, on sait (IV 3.4) que $c_1(L_o) \neq 0$. Soit p^m la plus grande puissance de p divisant $x = c_1(L_o)$, de sorte que $x = p^m y$, avec $p \nmid y$. Donc y fait partie d'une base du groupe des caractères de S , et l'on peut supposer les coordonnées (a,b,q) choisies de manière que $y = (1,0,\dots,0)$, i.e. $x = p^m(e^* b_1)$. Posons

$$T' = \mathrm{Spf}(W[[q_i - 1]]/(q_1^{p^m} - 1)) .$$

Il s'agit de démontrer que $T = T'$. On va procéder en quatre étapes.

a) <u>Prolongement de</u> L_o <u>sur</u> $X_{\mathrm{Spec}(k[q_1-1]/(q_1^{p^m}-1))}$. On peut le faire de deux méthodes. La plus rapide consiste à observer que, d'après [16, 1.4], puisque p^m divise $c_1(L_o)$, p^m divise aussi la classe de L_o dans $NS(X_k)$. Si F désigne le Frobenius de X_k , L_o est donc l'image inverse par F^m d'un faisceau inversible L'_o , et par suite L_o se prolonge à tout k-voisinage infinitésimal de X_k d'ordre $\leqslant p^m-1$. On peut aussi procéder directement, en prolongeant L_o pas à pas sur X_{Y_n}, où $Y_n = \mathrm{Spec}(k[t_1]/t_1^n)$, $q_1-1=t_1$. Supposons en effet $m>0$ et L_o prolongé en un faisceau inversible L_{Y_n} sur X_{Y_n} pour $n<p^m$, et montrons que L_{Y_n} se prolonge en un faisceau inversible sur $X_{Y_{n+1}}$. Notons $c(L_{Y_n})_{Y_{n+1}} \in H^2_{DR}(X_{Y_{n+1}}/Y_{n+1})$ la classe de Chern cristalline de L_{Y_n}. D'après 2.2.6, il s'agit de voir que l'image de cette classe dans $H^2(X_{Y_{n+1}}, \mathcal{O})$ est nulle. Or Y_n est le sous-schéma formel de $\mathrm{Spf}(W[[t_1]])$ défini par l'idéal (p,t_1^n), et, d'après 2.2.7, si D_n désigne la PD-enveloppe, p-complétée, de cet idéal dans $W[[t_1]]$, i.e. $D_n = D_{(t_1^n)}(W[[t_1]])$, $c(L_{Y_n})_{Y_{n+1}}$ est induit par la section horizontale $c(L_{Y_n})_{D_n} \in H^2_{DR}(X/S)\otimes D_n$ du type (2.2.7.2). Comme, d'après 2.2.8, l'application $D_n \to D_1 = W\langle\langle t_1\rangle\rangle$ est injective, $c(L_{Y_n})_{D_n}$ est déterminé par son image dans $H^2_{DR}(X/S)\otimes D_1$. Or cette image n'est autre que la section horizontale $c(L_o)_{D_1}$ définie par L_o : cela résulte de la fonctorialité de la classe (2.2.7.1), compte tenu du fait que l'on a un diagramme commutatif

$$\begin{array}{ccc} Y_n & \hookrightarrow & \mathrm{Spf}(W[[t_1]]) \\ \downarrow & \nearrow & \downarrow \\ \mathrm{Spec}(k) & \longrightarrow & \mathrm{Spec}(W) \end{array}$$

et que L_{Y_n} prolonge L_o. Comme $c(L_o)$ est <u>la</u> classe horizontale qui prolonge $c_1(L_o) = p^m e^* b_1$, un calcul immédiat (utilisant 2.1.7) montre que l'on a

$$c(L_o)_{D_1} = -(p^m \log q_1)a_{D_1} + p^m(b_1)_{D_1}$$

(où $(a_{S'}, b_{S'})$ désigne l'image inverse de (a,b) sur S' pour $S' \to S$). Donc par l'injectivité de $D_n \to D_1$,

$$c(L_{Y_n})_{D_n} = -(\log q_1^{p^m})a_{D_n} + p^m(b_1)_{D_n}$$

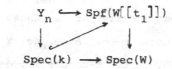

(noter que $q_1^{p^m}-1$ appartient à l'idéal engendré par p et $t_1^n = (q_1-1)^n$, de sorte que le log a un sens grâce aux puissances divisées sur (p,t_1^n)). L'application $D_n \to \mathcal{O}_{Y_{n+1}}$ définie par la propriété universelle des PD-enveloppes envoie $x^{[i]}$ (pour $x \in (p,t_1^n)$) sur $x \bmod (p,t_1^{n+1})$ pour $i=1$ et sur 0 pour $i \geqslant 2$. En particulier, elle envoie $\log q_1^{p^m}$ sur $(q_1^{p^m}-1) \bmod (p,t_1^{n+1}) = 0$, puisque $n < p^m$. En d'autres termes, l'image $c(L_{Y_n})_{Y_{n+1}} \in H^2_{DR}(X/S) \otimes \mathcal{O}_{Y_{n+1}}$ de $c(L_{Y_n})_{D_n}$ appartient à Fil^1, donc, d'après ce qu'on a dit plus haut, L_{Y_n} se prolonge en un faisceau inversible sur $X_{Y_{n+1}}$.

b) <u>Prolongement de</u> L_o <u>sur</u> X_Z, <u>où</u> $Z = \mathrm{Spf}(W[[q_1-1]]/(q_1^{p^m}-1))$. Notons L_Y le prolongement, obtenu en a), de L_o sur X_Y. Posons

$$Z_n = \mathrm{Spec}(W_n[[q_1-1]]/(q_1^{p^m}-1)).$$

Supposons L_Y prolongé en un faisceau inversible L_{Z_n} sur X_{Z_n}, et montrons que L_{Z_n} se prolonge en un faisceau inversible sur $X_{Z_{n+1}}$. D'après 2.2.6 (qui s'applique grâce à l'hypothèse $p \neq 2$), il suffit de vérifier que la classe de Chern $c(L_{Z_n})_{Z_{n+1}} \in H^2_{DR}(X_{Z_{n+1}}/Z_{n+1})$ appartient à Fil^1. Or celle-ci est induite par la classe $c(L_{Z_n})_D \in H^2_{DR}(X_D/D)$, où D est la PD-enveloppe, p-complétée, de Y_n dans $W[[q_1-1]]$. Si $D_I(\ )$ désigne la PD-enveloppe, p-complétée, de l'idéal I, on a

$$\begin{aligned} D &\overset{\mathrm{dfn}}{=} D_{(p^n,q_1^{p^m}-1)}(W[[q_1-1]]) \\ &= D_{(p,q_1^{p^m}-1)}(W[[q_1-1]]) \\ &= D_{(p,(q_1-1)^{p^m})}(W[[q_1-1]]) \\ &= D_{(t_1^{p^m})}(W[[t_1]]) \end{aligned}$$

où $t_1 = q_1-1$. D'après 2.2.8, l'application $D \to D_{(t_1)}(W[[t_1]]) = W\langle\langle t_1\rangle\rangle$ définie par l'inclusion $(p^n,q_1^{p^m}-1) \subset (p,q_1-1)$ est donc injective, et l'on voit, par le même argument qu'en a), que

$$c(L_{Z_n})_D = -(\log q_1^{p^m})a_D + p^m(b_1)_D .$$

Par suite, $c(L_{Z_n})_{Z_{n+1}}$, image de $c(L_{Z_n})_D$ par l'application $D \to \mathcal{O}_{Z_{n+1}}$ définie par la propriété universelle des PD-enveloppes (qui envoie $x^{[i]}$ (pour $x \in (p^n, q_1^{p^m}-1)$) sur l'image de x dans $\mathcal{O}_{Z_{n+1}}$ pour $i=1$ et sur 0 pour $i > 1$), est donnée par

$$\begin{aligned} c(L_{Z_n})_{Z_{n+1}} &= -(q_1^{p^m}-1)a_{Z_{n+1}} + p^m(b_1)_{Z_{n+1}} \\ &= p^m(b_1)_{Z_{n+1}} \end{aligned}$$

(car $q_1^{p^m}-1=0$ sur Z_{n+1}). Donc $c(L_{Z_n})_{Z_{n+1}}$ appartient à $\mathrm{Fil}^1 H^2_{DR}(X_{Z_{n+1}}/Z_{n+1})$, et par conséquent L_{Z_n} se prolonge en un faisceau inversible sur $X_{Z_{n+1}}$. Donc L_Y se prolonge en un faisceau inversible L_Z sur X_Z.

c) <u>Prolongement de</u> L_o <u>sur</u> $X_{T'}$. Posons $t_i = q_i - 1$. Soit $n = (n_2, \ldots, n_{20})$ une suite d'entiers ≥ 1, posons

$$T'_n = \mathrm{Spf}(W[[t]]/(q_1^{p^m}-1, t_2^{n_2}, \ldots, t_{20}^{n_{20}}))$$

(donc $T'_{(1,\ldots,1)} = Z$). Supposons L_Z prolongé en un faisceau inversible $L_{T'_n}$ sur $X_{T'_n}$. Alors, par un argument analogue à celui utilisé en b), on voit que, si $2 \leq i \leq 20$, et $n+1_i = (n_2, \ldots, n_{i-1}, n_i+1, n_{i+1}, \ldots, n_{20})$, $L_{T'_n}$ se prolonge en un faisceau inversible sur $X_{T'_{(n+1_i)}}$. On en déduit, par récurrence, que L_Z se prolonge en un faisceau inversible $L_{T'}$ sur $X_{T'}$.

d) <u>Fin de la démonstration</u>. Pour prouver que $T' = T$, il reste à vérifier que, si $T'' \supset T'$ est un sous-schéma formel fermé de S, défini par un idéal I, tel que $L_{T'}$ se prolonge en un faisceau inversible sur $X_{T''}$, alors $T'' = T'$. Il revient au même de montrer que, si $T'' \neq T'$ et $I^2 = 0$, l'obstruction à prolonger $L_{T'}$ en un faisceau inversible sur $X_{T''}$ est non nulle, i.e. que la classe de Chern $c(L_{T'})_{T''} \in H^2_{DR}(X_{T''}/T'')$ n'appartient pas à Fil^1. Or, le même calcul que précédemment fournit

$$c(L_{T'})_{T''} = -(q_1^{p^m}-1)a_{T''} + p^m(b_1)_{T''} .$$

Comme $T'' \neq T'$, l'image de $q_1^{p^m}-1$ dans T'' est non nulle, donc $c(L_{T'})_{T''} \notin \mathrm{Fil}^1$, ce qui achève la démonstration.

BIBLIOGRAPHIE

[1] P. BERTHELOT.- Cohomologie cristalline des schémas de caractéristique $p > 0$. Lecture Notes in Math. 407, Springer-Verlag (1974).

[2] P. BERTHELOT et L. ILLUSIE.- Classes de Chern en cohomologie cristalline. C. R. Acad. Sc. Paris, t. 270, p. 1695-1697 et 1750-1752 (1970).

[3] P. BERTHELOT et A. OGUS.- Notes on crystalline cohomology. Mathematical Notes 21, Princeton U. Press (1978).

[4] P. DELIGNE. Lettre à I. Shafarevitch, 7.10.1976.

[5] B. DWORK.- Norm residue symbol in local number fields. Abh. Math. Sem. Univ. Hamburg, 22, p. 180-190 (1958).

[6] B. DWORK.- Normalized Period Matrices. Ann. of Math., 94, p. 337-388 (1971).

[7] M. HAZEWINKEL.- On formal groups. The functional equation lemma and some of its applications, Journées de Géométrie algébrique de Rennes, juillet 78, S.M.F., Astérisque 63, p. 73-82 (1979).

[8] N. KATZ.- Travaux de Dwork, Séminaire Bourbaki, exp. 409, Lecture Notes in Math. 383, Springer-Verlag (1973).

[9] N. KATZ.- p-adic L-functions via moduli of elliptic curves. In Algebraic Geometry Arcata 1974, Proc. of Symp. in Pure Math. AMS 29 (1975).

[10] N. KATZ.- Slope filtration of F-crystals. Journées de Géométrie algébrique de Rennes, juillet 78, S.M.F., Astérisque 63, p. 113-163 (1979).

[11] N. KATZ.- p-adic L-functions. Cong. int. Math. Helsinki, 1978, p. 365-371.

[12] B. MAZUR.- Frobenius and the Hodge filtration. BAMS 78, p. 653-667 (1972).

[13] B. MAZUR et W. MESSING.- Universal extensions and one dimensional crystalline cohomology. Lecture Notes in Math. 370, Springer-Verlag (1974).

[14] W. MESSING.- The crystals associated to Barsotti-Tate groups, with applications to abelian schemes. Lecture Notes in Math. 264, Springer-Verlag (1972).

[15] A. OGUS.- F-crystals and Griffiths transversality. Intl. Symp. on Alg. Geometry Kyoto, p. 15-44 (1977).

[16] A. OGUS.- Supersingular K3 crystals. Journées de Géométrie algébrique de Rennes, juillet 1978, S.M.F., Astérisque 64, p. 3-86 (1979).

[17] I. SHAFAREVITCH.- Algebraic surfaces. Proc. Steklov Inst. of Math. 75 (1965).

P. DELIGNE
Institut des Hautes Etudes
Scientifiques
35, Route de Chartres
91440 BURES/YVETTE (France)

L. ILLUSIE
Université de Paris-Sud
Centre d'Orsay
Mathématique, bât. 425
91405 ORSAY (France)

APPENDIX TO EXPOSE V

Nicholas M. Katz

A1. UNIQUENESS OF GROUP STRUCTURES

Let k be a perfect field, $W = W(k)$ its ring of Witt vectors, and $\sigma : W \xrightarrow{\sim} W$ the absolute Frobenius automorphism of W. Let M be a finite-dimensional formal Lie variety over W, i.e. $M = \mathrm{Spf}(A)$ with A non-canonically isomorphic to $W[[T_1, \ldots, T_n]]$, $n = \dim M$. Suppose we are given a W-morphism of formal Lie varieties

$$\Phi : M \longrightarrow M^{(\sigma)}$$

whose reduction modulo p is the absolute Frobenius endomorphism

$$\mathrm{Frob} : M \underset{W}{\otimes} k \longrightarrow (M \underset{W}{\otimes} k)^{(\sigma)} .$$

UNIQUENESS LEMMA A1.1. (1) *Given* (M, Φ) *as above, there exists at most one structure of commutative formal Lie group over* W *on the formal Lie variety* M *for which the given map* $\Phi : M \longrightarrow M^{(\sigma)}$ *is a group homomorphism*. (2) *If this structure exists, it makes* M *into a toroidal formal group, and the given* $\Phi : M \longrightarrow M^{(\sigma)}$ *is the unique group homomorphism lifting Frobenius*. (3) *If* (M_1, Φ_1) *and* (M_2, Φ_2) *both admit group structures as in* (2) *above, then a morphism*

$$f : M_1 \longrightarrow M_2$$

of formal Lie varieties over W *is a group homomorphism if and only if the diagram*

$$\begin{array}{ccc} M_1 & \xrightarrow{f} & M_2 \\ \downarrow{\scriptstyle \Phi_1} & & \downarrow{\scriptstyle \Phi_2} \\ M_1^{(\sigma)} & \xrightarrow{f^{(\sigma)}} & M_2^{(\sigma)} \end{array}$$

commutes.

PROOF. We begin by proving (2). Thus let G be a finite-dimensional commutative formal Lie group over W, together with a homomorphism

$$\Phi : G \longrightarrow G^{(\sigma)}$$

which lifts Frobenius. We must show that G is toroidal, and that Φ is unique. By the rigidity of toroidal groups, it suffices to show that $G \otimes k$ is toroidal, and for this it suffices to show that $\mathrm{Ker(Frob)}$ is toroidal. For this, we first observe that $\Phi : G \longrightarrow G^{(\sigma)}$ is finite (because it is finite modulo p, being a lifting of Frobenius) and flat (because it is a finite morphism between regular local rings of the same dimension). Therefore $\mathrm{Ker}(\Phi)$ is a finite flat commutative group-scheme over W whose reduction mod p is $\mathrm{Ker(Frob)}$. According to Fontaine, if we denote by N the contravariant Dieudonné module of $\mathrm{Ker(Frob)}$, then the lifting $\mathrm{Ker}(\Phi)$ is described by a W-submodule $L \subset N$ which satisfies

a) $L/pL \xrightarrow{\sim} N/FN$

b) $V|L$ is injective.

But N is killed by F, and is of finite length over W. Therefore a) implies that $L = N$, and b) then shows that V is injective, and hence bijective on N. Therefore $\mathrm{Ker(Frob)}$ is toroidal, as required. We next prove (3). By extending scalars $W(k) \longrightarrow W(\bar{k})$, we may suppose k algebraically closed. Then M_1 and M_2 become isomorphic to products of $\hat{\mathbb{G}}_m$, and our commutative diagram - in the category of formal Lie varieties - becomes

$$\begin{array}{ccc} (\hat{\mathbb{G}}_m)^{n_1} & \xrightarrow{\ f\ } & (\hat{\mathbb{G}}_m)^{n_2} \\ \downarrow p & & \downarrow p \\ (\hat{\mathbb{G}}_m)^{n_1} & \xrightarrow{\ f^{(\sigma)}\ } & (\hat{\mathbb{G}}_m)^{n_2} \end{array} .$$

If f is a group homomorphism, then $f = f^{(\sigma)}$, and the diagram commutes. To prove the converse, we argue as follows.

In terms of "multiplicative" coordinates T on $(\hat{\mathbb{G}}_m)^{h_i}$, $i = 1,2$, our hypothesis on f is :

$$f^{(\sigma)}(T^p) = (f(T))^p \ , \ f(1) \equiv 1 \bmod p \ .$$

Iterating, we find

$$f^{(\sigma^n)}(T^{p^n}) = (f(T))^{p^n} \ ,$$

so in particular

$$f^{(\sigma^n)}(1) = (f(1))^{p^n} \longrightarrow 1 \quad \text{as} \quad n \to \infty \ .$$

Therefore $f(1) = 1$. Now take logarithms, i.e. let

$$F : (\hat{\mathbb{G}}_a)^{n_1} \longrightarrow (\hat{\mathbb{G}}_a)^{n_2}$$

be the unique pointed morphism (over the fraction field of W) for which

$$F(\log T) = \log(f(T)) \ ;$$

then we have

$$F^{(\sigma)}(pX) = pF(X) \ .$$

Therefore F is <u>linear</u>, and has coefficients in $\mathbb{Q}_p$. As these coefficients are intrinsically the matrix entries of the tangent map of f at the origin, they lie in W as well, hence F is a linear map with coefficients in $\mathbb{Z}_p = W \cap \mathbb{Q}_p$. Therefore $f(T) = \exp(F(\log T))$ is a homomorphism.

Finally, we obtain (1) as the special case $(M_1, \Phi_1) = (M_2, \Phi_2)$, $f = \mathrm{id}$, of (3). Q.E.D.

COROLLARY A1.2. <u>Suppose that</u> k <u>is algebraically closed, and that</u> (M, Φ) <u>admits a group structure as above. Then</u>

(1) <u>The character group</u> $X(M) = \mathrm{Hom}_{W\text{-}gp}(M, \hat{\mathbb{G}}_m)$ <u>is a free</u> $\mathbb{Z}_p$<u>-module of rank</u> $n = \dim M$, <u>and the natural map (of functors in</u> $\mathbb{Z}_p$<u>-modules)</u>

$$M \longmapsto \mathrm{Hom}_{\mathbb{Z}_p}(X(M), \hat{\mathbb{G}}_m)$$

<u>is an isomorphism.</u>

(2) Let q be a function on M (i.e. $q \in A$ where $M = \mathrm{Spf}(A)$) with $q \equiv 1$ modulo the maximal ideal of A. Then $q \in X(M)$ if and only if transforms under Φ by

$$\Phi^*(q^{(\sigma)}) = q^p .$$

(3) Let ω be a (continuous) one-form on A, i.e. $\omega \in (\Omega^1_{A/W})^{\mathrm{contin}}$. Then $\omega = dq/q$ with $q \in X(M) = \mathrm{Hom}(M, \hat{G}_m)$ if and only if

$$\Phi^*(\omega^{(\sigma)}) = p\omega .$$

If ω satisfies this, the associated $q \in X(M)$ is unique ; it is given by the formula

$$q(X) = \exp(\int_0^X \omega) , \quad 0 = \text{the origin in } M .$$

(4) Let $\tau \in A \hat{\otimes}_W (W[1/p])$ be a function on $M \otimes_W W[1/p]$. Then $\tau = \log(q)$ for some $q \in X(M)$ if and only if τ satisfies

$$\tau(0) = 0 , \quad \Phi^*(\tau^{(\sigma)}) = p\tau .$$

If τ satisfies this, then the associated q is unique ; it is given by the formula

$$q = \exp(\tau) .$$

(5) Let $q_1,\ldots,q_n$ be $n = \dim M$ elements of $X(M)$, $\omega_1,\ldots,\omega_n$ the corresponding differentials $\omega_i = dq_i/q_i$ and $\tau_1,\ldots,\tau_n$ the corresponding "functions with denominators" $\tau_i = \log q_i$. Then the following conditions are equivalent :

a) $q_1,\ldots,q_n$ form a $\mathbb{Z}_p$ base of $X(M)$

b) the natural map

$$M \longrightarrow \mathrm{Spf}(W[[q_1-1,\ldots,q_n-1]])$$

is an isomorphism

c) $\omega_1,\ldots,\omega_n$ form an A-base of $(\Omega^1_{A/W})^{\mathrm{contin}}$

d) $\omega_1,\ldots,\omega_n$ <u>form a</u> $\mathbb{Z}_p$-<u>base of</u>

$$\{\omega \in \Omega^1 \mid \Phi^*(\omega^{(\sigma)}) = p\omega\}$$

e) $\tau_1,\ldots,\tau_n$ <u>form a</u> $\mathbb{Z}_p$-<u>base of</u>

$$\{\tau \in A\hat{\otimes} W[1/p] \;\Big|\; \tau(0) = 0 \;,\; \Phi^*(\tau^{(\sigma)}) = p\tau\} \;.$$

PROOF. Because M is toroidal, and k is algebraically closed, M is (non-canonically) isomorphic to $(\hat{\mathbb{G}}_m)^n$. This makes (1) obvious. Assertion (2) is a particular case of part (3) of the uniqueness lemma, namely $M_1 = M$, $M_2 = \hat{\mathbb{G}}_m$. Assertion (3) becomes obvious if we choose a $\mathbb{Z}_p$-basis $q_1,\ldots,q_n$ of X(M), i.e. if we choose an isomorphism

$$M \xrightarrow{\sim} (\hat{\mathbb{G}}_m)^n \;,$$

and write ω as an A-linear combination of the differentials dq_i/q_i :

$$\omega = \Sigma\, f_i\, dq_i/q_i \;.$$

The condition

$$\Phi^*(\omega^{(\sigma)}) = p\omega$$

means precisely that the coefficient functions f_i each satisfy

$$\Phi^*(f_i^{(\sigma)}) = f_i \;,$$

which in turn implies that each coefficient function f_i is simply a <u>constant</u> in $\mathbb{Z}_p$. Therefore

$$\omega = dq/q \quad \text{for} \quad q = \Pi(q_i)^{f_i} \;;$$

because $q(0) = 1$, we obtain by integration the formula

$$\exp\left(\int_0^X \omega\right) = q(X) \;.$$

For assertion (4), first note that the Dieudonné-Dwork integrality criterion (cf. 1.4.4) guarantees that the series q , defined as

$$q \overset{\text{dfn}}{=\!=} \exp(\tau)$$

is integral (i.e. lies in A) and lies $q(0) = 1$. From the <u>equality</u>

$$\Phi^*(\tau^{(\sigma)}) = p\tau$$

(and not simply their congruence modulo pA) we see that

$$\Phi^*(q^{(\sigma)}) = q^p ,$$

and we conclude by (2) that q lies in $X(M)$.

In assertion (5), the equivalence of a), b) and c) is physically obvious for $(\hat{\mathbb{G}}_m)^r$, and the equivalence of a) with d) and e) is obvious from parts 3) and 4) above. Q.E.D.

A2. SHARPENINGS OF 1.4

COROLLARY A2.1 OF 1.4.2. *With the hypotheses and notations of 1.4.2, suppose that there exists a lifting Φ_{can} of Frobenius on $Spf(A)$ such that*

$$F(\Phi_{can})(\Phi^*_{can}(Fil^1)^{(\sigma)}) \subset Fil^1 .$$

Let $\underline{O}$ denote the W-valued point of $Spf(A)$ which is the Φ_{can}-Teichmuller representative of the augmentation $A \twoheadrightarrow k$. Then in formulaire 1.4.2.1-7 we have the further precisions

$$\begin{cases} \nabla a_i = 0 \\ \nabla b_i = \sum_j \eta_{ij} \otimes a_j \\ F(\Phi_{can})(\Phi^*_{can}(a_i^{(\sigma)})) = a_i \\ F(\Phi_{can})(\Phi^*_{can}(b_i^{(\sigma)})) = pb_i \\ \Phi^*_{can}(\eta_{ij}^{(\sigma)}) = p\eta_{ij} , \ d\eta_{ij} = 0 \end{cases}$$

$$\begin{cases} d\tau_{ij} = \eta_{ij} \\ \Phi^*(\tau_{i,j}^{(\sigma)}) = p\tau_{ij} \\ \tau_{ij}(0) = 0 \end{cases}$$

$$\begin{cases} q_{ij} = \exp(\tau_{ij}) \text{ is defined, lies in } A \text{, and} \\ q_{ij}(\underline{O}) = 1 \\ \Phi^*_{can}(q_{ij}^{(\sigma)}) = q_{ij}^p . \end{cases}$$

FURTHER COROLLARY A2.2. (Analogue of (4.7)(1) Given Φ_{can} as above, suppose in addition that (1.4.6.3) : $T_{A/W} \longrightarrow \mathrm{Hom}_A(\mathrm{Fil}^1, U)$ is an isomorphism. Then $(\mathrm{Spf}(A), \Phi_{can})$ admits a group structure, and the morphism

$$\mathrm{Spf}(A) \longrightarrow \prod_{i,j} \hat{\mathbb{G}}_m$$

defined by the $q_{i,j}$ is an isomorphism of groups.

(2) If $p \neq 2$, then Φ_{can} is the unique lifting of Frobenius such that

$$F(\Phi_{can})(\Phi^*_{can}(\mathrm{Fil}^1)^{(\sigma)}) \subset \mathrm{Fil}^1 .$$

PROOF. The formulaire is simply obtained from the one given in 1.4.2.1-7 by noting that the $u_{ij}(\Phi_{can})$ all vanish. The first assertion of the further corollary has already been proven when $p \neq 2$, but the condition $p \neq 2$ was used only to assure that $\exp(\tau_{ij}(\underline{\underline{0}}))$ make sense. As our hypotheses on Φ_{can} give $\tau_{ij}(\underline{\underline{0}}) = 0$, this problem will not arise, and the proof given goes through tel quel. The unicity of Φ_{can} in case $p \neq 2$ resulte from the observation that the series $q_{ij} = \exp(\tau_{ij})$ are then definible without reference to a particular choice of Φ, and furnish an isomorphism

$$M \xrightarrow{\sim} \mathrm{Spf}(W[[q_{ij}-1]]) ;$$

our Φ_{can} is the lifting of Frobenius given by

$$\Phi_{can}(q_{ij}^{(\sigma)}) = (q_{ij})^p . \quad \text{Q.E.D.}$$

A3. FORMAL MODULI OF ORDINARY ABELIAN VARIETIES ; THE SERRE-TATE & DWORK GROUP STRUCTURES

Let k be an algebraically closed field of characteristic $p > 0$, and X_o/k an ordinary abelian variety over k. Let M be its formal deformation space, and X/M the corresponding formal abelian scheme. One knows that M is a g^2-dimensional formal Lie variety over $W = W(k)$. Because X_o/k is ordinary, the formal group $\hat{X}$ of X/M is non-canonically isomorphic to $(\hat{\mathbb{G}}_m)^g$ over M. The "canonical subgroup" $H_{can} \subset X$ is defined to be the kernel of $[p]$ in $\hat{X}$; it is the unique finite flat subgroup-scheme of X/M which mod p becomes the kernel of the relative Frobenius endomorphism of $X \otimes_W k/M \otimes_W k$. We denote by

$$F_{can} : X \longrightarrow X/H_{can}$$

the projection onto the quotient by H_{can}. The quotient X/H_{can} over M is a deformation of $X_o^{(p)}/k$, so its "classifying map" is a morphism of formal Lie varieties

$$\Phi_{can} : M \longrightarrow M^{(\sigma)},$$

"defined by" an isomorphism of formal abelian schemes over M

$$\Phi_{can}^*(X^{(\sigma)}) \simeq X/H_{can}.$$

Thus Φ_{can} is a lifting of the absolute Frobenius endomorphism of $M \otimes k$, and

$$\begin{array}{ccc} F_{can} : X \longrightarrow X/H_{can} & \simeq & \Phi_{can}^*(X^{(\sigma)}) \\ \searrow & & \swarrow \\ & M & \end{array}$$

is a lifting of the relative (to $M \otimes k$) Frobenius endomorphism of $X \otimes k/M \otimes k$. Therefore this morphism induces on H^1_{DR} an M-linear map

$$F_{can}^* : \Phi_{can}^* \sigma^* H^1_{DR}(X/M) \longrightarrow H^1_{DR}(X/M)$$

which is none other than the crystalline map $F(\Phi_{can})$. Because F_{can} is a physical morphism, the induced map F^*_{can} respects the Hodge filtration of H^1_{DR}'s . Therefore we have

$$F(\Phi_{can})(\Phi^*_{can}(Fil^1)^{(\sigma)}) \subset Fil^1 .$$

THEOREM A3.1. *The structure of group imposed on* M *by the Serre-Tate description of* M *as*

$$Ext(X_o(p^\infty)^{et}, X_o(p^\infty)^{conn})$$

coincides with the structure of group on M *for which the* $q_{ij} = \exp(\tau_{ij})$ *define an isomorphism of groups*

$$M \xrightarrow{\sim} \prod_{i,j} \hat{\mathbb{G}}_m .$$

PROOF. The morphism $\Phi_{can} : M \longrightarrow M^{(\sigma)}$ is also a group homomorphism for the Serre-Tate group structure on M . Q.E.D.

A4. FORMAL MODULI OF ORDINARY K3 SURFACES ; SHARPENING OF 2.1.7, 2.1.14

COROLLARY A4.1 (of 2.1.7, 2.1.14). *With the hypotheses and notations of* 2.1.7 *and* 2.1.14, *there exists a unique morphism*

$$\Phi_{can} : Spf(A) \longrightarrow Spf(A)^{(\sigma)}$$

lifting Frobenius for which the induced crystalline map $F(\Phi_{can})$ *on* $H^2_{DR}(X/A)$

$$F(\Phi_{can}) : \Phi^*_{can}\, \sigma^*\, H^2_{DR}(X/A) \longrightarrow H^2_{DR}(X/A)$$

preserves the Hodge filtration, i.e. *satisfies*

$$\begin{cases} F(\Phi_{can})\Phi^*_{can}((Fil^2)^{(\sigma)}) \subset Fil^2 \\ F(\Phi_{can})\Phi^*_{can}((Fil^2)^{(\sigma)}) \subset Fil^1 . \end{cases}$$

The group structure on Spf(A) *defined by* $q_1,\ldots,q_{20}$ *is the unique one for which* Φ_{can} *is a group homomorphism.*

PROOF. The proof of 2.1.7 shows that any Φ_{can} whose associated $F(\Phi_{can})$ preserves the Hodge filtration satisfies

$$\Phi^*_{can}(q_i^{(\sigma)}) = (q_i)^p \quad \text{for} \quad i = 1, \ldots, 20 .$$

Therefore Φ_{can} is a group homomorphism ; as it is completely specified by its effect on the q_i , it is unique. Part (iii) of 2.1.7 shows that such a Φ_{can} , preserving the Hodge filtration, does in fact exist. Q.E.D.

Exposé Vbis

SERRE-TATE LOCAL MODULI

par N. KATZ

INTRODUCTION. It is now some sixteen years since Serre-Tate [13] discovered that over a ring in which a prime number p is nilpotent, the infinitesimal deformation theory of abelian varieties is completely controlled by, and is indeed equivalent to, the infinitesimal deformation theory of their p-divisible groups.

In the special case of a g-dimensional ordinary abelian variety over an algebraically closed field k of characteristic $p > 0$, they deduced from this general theorem a remarkable and unexpected structure of group on the corresponding formal moduli space $\hat{\mathfrak{M}}$; this structure identifies $\hat{\mathfrak{M}}$ with a g^2-fold product of the formal multiplicative group $\hat{\mathbb{G}}_m$ with itself. The most striking consequence of the existence of a group structure on $\hat{\mathfrak{M}}$ is that it singles out a particular lifting (to some fixed artin local ring) as being "better" than any other, namely the lifting corresponding to the origin in $\hat{\mathfrak{M}}$. The theory of this "canonical lifting" is by now fairly well understood (though by no means completely understood ; for example, when is the canonical lifting of a jacobian again a jacobian ?).

A second consequence is the existence of g^2 canonical coordinates on $\hat{\mathcal{M}}$, corresponding to viewing $\hat{\mathcal{M}}$ as $(\hat{\mathbb{G}}_m)^{g^2}$. It is natural to ask whether the traditional structures associated with deformation theory, e.g. the Kodaira-Spencer mapping, the Gauss-Manin connection on the de Rham cohomology of the universal deformation,... have a particularly simple description when expressed in terms of these coordinates. We will show that this is so. In the late 1960's, Dwork (cf. [3], [4], [6]) showed how a direct study of the F-crystal structure on the de Rham cohomology of the universal formal deformation of an ordinary elliptic curve allowed one to define a "divided-power" function "τ" on $\hat{\mathcal{M}}$ such that $\exp(\tau)$ existed as a "true" function on $\hat{\mathcal{M}}$, and such that this function $\exp(\tau)$ defined an isomorphism of functors $\hat{\mathcal{M}} \xrightarrow{\sim} \hat{\mathbb{G}}_m$. Messing in 1975 announced a proof that Dwork's function $\exp(\tau)$ coincided with the Serre-Tate canonical coordinate on $\hat{\mathcal{M}}$. Unfortunately he never published his proof.

In the case of a g-dimensional ordinary abelian variety, Illusie [5] has used similar F-crystal techniques to define g^2 divided-power functions τ_{ij} on $\hat{\mathcal{M}}$, and to show that their exponentials $\exp(\tau_{ij})$ define an isomorphism of functors $\hat{\mathcal{M}} \xrightarrow{\sim} (\hat{\mathbb{G}}_m)^{g^2}$.

In [8], we used a "uniqueness of group structure" argument to show that the Serre-Tate approach and the Dwork-Illusie approach both impose the <u>same group structure</u> on $\hat{\mathcal{M}}$. Here, we will be concerned with showing that the <u>actual parameters</u> provided by the two approaches coincide. This amounts to explicitly computing the Gauss-Manin connection on H^1_{DR} of the universal deformation in terms of the Serre-Tate parameters. This problem in turn reduces to that of computing the Serre-Tate parameters of <u>square-zero deformations</u> of a canonical lifting in terms of the customary deformation-theoretic description of square-zero deformations, via their Kodaira-Spencer class. The main results are 3.7.1-2-3, 4.3.1-2, 4.5.3, 6.0.1-2

For the sake of completeness, we have included a remarkably simple proof, due to Drinfeld [2], of the "general" Serre-Tate theorem.

TABLE OF CONTENTS

1. DRINFELD'S PROOF OF THE SERRE-TATE THEOREM

1.1. Consider a ring R , an integer $N \geq 1$ such that N kills R, and an ideal $I \subset R$ which is nilpotent, say $I^{\nu+1} = 0$. Let us denote by R_o the ring R/I . For any functor G on the category of R-algebras, we denote by G_I the subfunctor

$$G_I(A) = \mathrm{Ker}(G(A) \to G(A/IA)) \ ,$$

and by $\hat{G}$ the subfunctor

$$\hat{G}(A) = \mathrm{Ker}(G(A) \to G(A^{red})) \ .$$

LEMMA 1.1.1. _If_ G _is a commutative formal Lie group over_ R , _then the sub-group functor_ G_I _is killed by_ N^{ν} .

PROOF. In terms of coordinates $X_1,\ldots,X_n$ for G , we have

$$([N](X))_i = NX_i + (\deg \geq 2 \ \text{ in } \ X_1,\ldots,X_n) \ ;$$

as a point of $G_I(A)$ has coordinates in IA , and N kills R , hence A , we see that

$$[N](G_I) \subset G_{I^2}$$

and more generally that

$$[N](G_{I^a}) \subset G_{I^{2a}} \subset G_{I^{a+1}}$$

for every integer $a \geq 1$. As $I^{\nu+1} = 0$, the assertion is clear. Q.E.D.

LEMMA 1.1.2. _If_ G _is an f.p.p.f. abelian sheaf over_ R (i.e. _on the category of_ R-_algebras_) _such that_ $\hat{G}$ _is locally representable by a formal Lie group_, _then_ N^{ν} _kills_ G_I .

PROOF. Because I is nilpotent, we have $G_I \subset \hat{G}$, and hence $G_I = (\hat{G})_I$. The result now follows from 1.1.1. Q.E.D.

LEMMA 1.1.3. _Let_ G _and_ H _be f.p.p.f. abelian sheaves over_ R . _Suppose that_

1) G *is* N-*divisible*

2) $\hat{H}$ *is locally representable by a formal Lie group*

3) H *is formally smooth*.

Let G_o , H_o *denote the inverse images of* G , H *on* $R_o = R/I$.
Then

1) *the groups* $\mathrm{Hom}_{R\text{-gp}}(G,H)$ *and* $\mathrm{Hom}_{R_o\text{-gp}}(G_o,H_o)$ *have no* N-*torsion*

2) *the natural map* "*reduction* mod I"

$$\mathrm{Hom}(G,H) \to \mathrm{Hom}(G_o,H_o)$$

is injective

3) *for any homomorphism* $f_o : G_o \to H_o$, *there exists a unique homomorphism* "$N^\nu f$" $: G \to H$ *which lifts* $N^\nu f_o$

4) *In order that a homomorphism* $f_o : G_o \to H_o$ *lift to a* (*necessarily unique*) *homomorphism* $f : G \to H$, *it is necessary and sufficient that the homomorphism* "$N^\nu f$" $: G \to H$ *annihilate the sub-group* $G[N^\nu] = \mathrm{Ker}(G \xrightarrow{N^\nu} G)$ *of* G .

PROOF. The first assertion 1) results from the fact that G , and so G_o , are N-divisible. For the second assertion, notice that the kernel of the map involved is $\mathrm{Hom}(G,H_I)$, which vanishes because G is N-divisible while, by 1.1.2, H_I is killed by N^ν . For the third assertion, we will simply write down a canonical lifting of $N^\nu f_o$ (it's unicity results from part 2) above). The construction is, for any R-algebra A , the following :

$$\begin{array}{ccc} G(A) & \xrightarrow{\quad "N^\nu f" \quad} & H(A) \\ {\scriptstyle \text{mod } I}\searrow & & \nearrow{\scriptstyle N^\nu \times (\text{any lifting})} \\ & G(A/IA) \xrightarrow{f_o} H(A/IA) & \end{array}$$

the final oblique homomorphism

$$H(A/IA) \xrightarrow{N^\nu \times (\text{any lifting})} H(A)$$

is defined (because by assumption $H(A) \twoheadrightarrow H(A/IA)$) and well-defined (because the indeterminacy in a lifting lies in $H_I(A)$, a group which by 1.1.2 is killed by N^ν). For 4), notice that if f_o lifts to f, then by unicity of liftings we must have $N^\nu f = "N^\nu f"$ (because both lift $N^\nu f_o$). Therefore "$N^\nu f$" will certainly annihilate $G[N^\nu]$. Conversely, suppose that "$N^\nu f$" annihilates $G[N^\nu]$. Because G is N-divisible, we have an exact sequence

$$0 \longrightarrow G[N^\nu] \longrightarrow G \xrightarrow{N^\nu} G \longrightarrow 0 ,$$

froù which we deduce that "$N^\nu f$" is of the form $N^\nu F$ for <u>some</u> homomorphism $F : G \to H$.

To see that F lifts f_o, notice that the reduction mod I, F_o, of F satisfies $N^\nu F_o = N^\nu f_o$; because $\mathrm{Hom}(G_o, H_o)$ has no N-torsion, we conclude that $F_o = f_o$, as required. Q.E.D.

1.2. We now "specialize" to the case in which N is a power of a prime number p, say $N = p^n$.

Let us denote by $\mathfrak{A}(R)$ the category of abelian schemes over R, and by $\mathrm{Def}(R, R_o)$ the category of triples

$$(A_o, G, \varepsilon)$$

consisting of an abelian scheme A_o over R_o, a p-divisible (= Barsotti-Tate) group G over R, and an isomorphism of p-divisible groups over R_o

$$\varepsilon : G_o \xrightarrow{\sim} A_o[p^\infty] .$$

THEOREM 1.2.1 (Serre-Tate). <u>Let</u> R <u>be a ring in which a prime</u> p <u>is nilpotent</u>, $I \subset R$ <u>as nilpotent ideal</u>, $R_o = R/I$. <u>Then the functor</u>

$$\mathfrak{A}(R) \to \mathrm{Def}(R, R_o)$$

$$A \mapsto (A_o, A[p^\infty], \text{natural } \varepsilon)$$

<u>is an equivalence of categories</u>.

PROOF. We begin with full-faithfulness. Let A, B be abelian schemes over R. We suppose given a homomorphism

$$f[p^\infty] : A[p^\infty] \to B[p^\infty]$$

of p-divisible groups over R, and a homomorphism

$$f_0 : A_0 \to B_0$$

of abelian schemes over R_0 such that $f_0[p^\infty]$ coincides with $(f[p^\infty])_0$. We must show there exists a unique homomorphism

$$f : A \to B$$

which induces both $f[p^\infty]$ and f_0.

Because both abelian schemes and p-divisible groups satisfy all the hypotheses of 1.1.3, we may make use of its various conclusions. The unicity of f, if it exists, follows from the injectivity of

$$\mathrm{Hom}(A,B) \to \mathrm{Hom}(A_0,B_0) .$$

For existence, consider the canonical lifting "$N^\nu f$" of $N^\nu f_0$:

$$"N^\nu f" : A \to B .$$

We must show that "$N^\nu f$" kills $A[N^\nu]$. But because "$N^\nu f$" lifts $N^\nu f_0$, its associated map "$N^\nu f$"$[p^\infty]$ on p-divisible groups lifts $N^\nu(f_0[p^\infty])$. By unicity, we must have

$$"N^\nu f"[p^\infty] = N^\nu(f[p^\infty]) .$$

Therefore "$N^\nu f$" kills $A[N^\nu]$, and we find "$N^\nu f$" $= N^\nu F$, with F a lifting of f_0. Therefore $F[p^\infty]$ lifts $f_0[p^\infty]$, so again by unicity we find $F[p^\infty] = f[p^\infty]$.

It remains to prove essential surjectivity. We suppose given a triple (A_0,G,ε). We must produce an abelian scheme A over R which gives rise to this triple. Because R is a nilpotent thickening of R_0, we can find an abelian scheme B over R which lifts A_0. The isomorphism of abelian schemes over R_o

$$B_o \xrightarrow[\sim]{\alpha_o} A_o$$

induces an isomorphism of p-divisible groups over R_o,

$$B_o[p^\infty] \xrightarrow{\alpha_o[p^\infty]} A_o[p^\infty],$$

and $N^\nu \alpha_o[p^\infty]$ has a unique lifting to a morphism of p-divisible groups over R

$$B[p^\infty] \xrightarrow{"N^\nu \alpha[p^\infty]"} G .$$

This morphism is an isogeny, for an "inverse up to isogeny" is provided by the canonical lifting of $N^\nu \times (\alpha_o[p^\infty])^{-1}$; the composition in either direction

$$B[p^\infty] \underset{"N^\nu(\alpha[p^\infty])^{-1}"}{\overset{"N^\nu \alpha[p^\infty]"}{\rightleftarrows}} G$$

is the endomorphism $N^{2\nu}$ (again by unicity). Therefore we have a short exact sequence

$$0 \to K \to B[p^\infty] \to G \to 0,$$

with $K \subset B[N^{2\nu}]$. Applying the criterion of flatness "fibre by fibre" - (permissible because the formal completion of a p-divisible group over R along any section is a finite-dimensional formal Lie variety over R, so in particular flat over R) - we conclude that the morphism $"N^\nu \alpha[p^\infty]"$ is flat, because its reduction mod I, which is (multiplication by N^ν) × (an isomorphism), is flat.

Therefore K is a finite flat subgroup of $B[p^{2n\nu}]$; and so we may form the quotient abelian scheme of B by K:

$$A = B/K .$$

Because K lifts $B_o[N^\nu]$, this quotient A lifts $B_o/B_o[N^\nu] \xrightarrow{\sim} B_o \simeq A_o$, and the exact sequence

$$0 \to K \to B[p^{\infty}] \to G \to 0$$

induces a compatible isomorphism

$$A[p^{\infty}] \simeq B[p^{\infty}]/K \xrightarrow{\sim} G \ . \quad \text{Q.E.D.}$$

1.3. REMARK. Let us return to the general situation of a ring R killed by an integer $N \geq 1$, and a nilpotent ideal $I \subset R$, say with $I^{\nu+1} = 0$. Let G be an f.p.p.f. abelian sheaf over R, which is formally smooth and for which $\hat{G}$ is locally representable by a formal Lie group. The fundamental construction underlying Drinfeld's proof is the canonical homomorphism

$$"N^{\nu}" : G(A/IA) \xrightarrow{N^{\nu} \times (\text{any lifting})} G(A)$$

for any R-algebra A. This homomorphism is functorial in A. It is also functorial in G in the sense that if G' is another such, and $f : G \to G'$ is any homomorphism, we have a commutative diagram

$$\begin{array}{ccc} G(A/IA) & \xrightarrow{"N^{\nu}"} & G(A) \\ \downarrow f & & \downarrow f \\ G'(A/IA) & \xrightarrow{"N^{\nu}"} & G'(A) \end{array}$$

for any R-algebra A.

There is in fact a much wider class of abelian-group valued functors on the category of R-algebras to which we can extend the construction of this canonical homomorphism. Rougkly speaking, any abelian-group-valued functor formed out of "cohomology with coefficients in G", where G is as above, will do. Rather than develop a general theory, we will give the most striking examples.

EXAMPLE 1.3.1. Let F be any abelian-group-valued functor on R-algebras, and G as above, for instance G a smooth commutative group-scheme over R. Let $D_G(F)$ denote the "G-dual" of F, i.e. the functor on R-algebras defined, for an arbitrary R-algebra A, by

$$D_G(F)(A) = \varprojlim_{B \text{ an } A\text{-alg}} \operatorname{Hom}_{gp}(F(B), G(B)) .$$

We define

$$\text{"}N^{\vee}\text{"} : D_G(F)(A/IA) \to D_G(F)(A)$$

as follows : given $\varphi \in D_G(F)(A/IA)$, $\text{"}N^{\vee}\text{"}\varphi \in D_G(F)(A)$ is the inverse limit, over A-algebras B , of the homomorphisms

$$\begin{array}{ccc} F(B) & & G(B) \\ \searrow & & \nearrow \text{"}N^{\vee}\text{"} \\ & F(B/IB) \xrightarrow{\varphi} G(B/IB) & . \end{array}$$

If we take F to be a finite flat commutative group scheme over R , and $G = \mathbb{G}_m$, then $D_G(F)$ is just the Cartier dual $F^{\vee}$ of F . Since F is itself of this form (being $(F^{\vee})^{\vee}$), we conclude the existence of a canonical homomorphism

$$\text{"}N^{\vee}\text{"} : F(A/IA) \to F(A)$$

functorial in variable R-algebras A and in variable finite flat commutative group-schemes over R . This example is due to Drinfeld [2].

EXAMPLE 1.3.2. Let X be any R-scheme, and G any smooth commutative group scheme over R , or any finite flat commutative group-scheme over R . Let $i \geqslant 0$ be an integer, and consider the functor on R-algebras $\Phi^i_X(G)$ defined as

$$\Phi^i_X(G)(A) = H^i_{f.p.p.f.}(X \underset{R}{\otimes} A, G) .$$

Using the "$N^{\vee}$"-homomorphism already constructed for G , we deduce by functoriality the required homomorphism

$$\text{"}N^{\vee}\text{"} : \Phi^i_X(G)(A/I) \to \Phi^i_X(G)(A) ,$$

functorial in variable A , G , and X in an obvious sense.

If we take $G = \mathbb{G}_m$, we have $\Phi^1_X(G)(A) = \operatorname{Pic}(X \underset{R}{\otimes} A)$, $\Phi^2_X(G)(A) = \operatorname{Br}(X \underset{R}{\otimes} A), \ldots$.

2. SERRE-TATE MODULI FOR ORDINARY ABELIAN VARIETIES

2.0. Fix an algebraically closed field k of characteristic $p > 0$. We will be concerned with the infinitesimal deformation theory of an <u>ordinary</u> abelian variety A over k. Let A^t be the dual abelian variety ; it too is ordinary, because it is isogenous to A.

We denote by $T_pA(k)$, $T_pA^t(k)$ the "physical" Tate modules of A and A^t respectively. Because A and A^t are ordinary, these Tate modules are free $\mathbb{Z}_p$-modules of rank $g = \dim A = \dim A^t$.

Consider now an artin local ring R with residue field k, and an abelian scheme $\mathbb{A}$ over R which lifts A/k (i.e. we are <u>given</u> an isomorphism $\mathbb{A} \otimes_R k \xrightarrow{\sim} A$). Following a construction due do Serre-Tate, we attach to such a lifting a $\mathbb{Z}_p$-bilinear form $q(\mathbb{A}/R;-,-)$

$$q(\mathbb{A}/R;-,-) : T_pA(k) \times T_pA^t(k) \to \hat{\mathbb{G}}_m(R) = 1+\mathfrak{m} .$$

This bilinear form, which if expressed in terms of $\mathbb{Z}_p$-bases of $T_pA(k)$ and of $T_pA^t(k)$ would amount to specifying g^2 principal units in R, is the complete invariant of $\mathbb{A}/R$, up to isomorphism, as a lifting of A/k. The precise theorem of Serre-Tate is the following, in the case of ordinary abelian varieties.

THEOREM 2.1. <u>Let</u> A <u>be an ordinary abelian variety over an algebraically closed field</u> k <u>of characteristic</u> $p > 0$, <u>and</u> R <u>an artin local ring with residue field</u> k.

1) <u>The construction</u>

$$\mathbb{A}/R \mapsto q(\mathbb{A}/R;-,-) \in \operatorname{Hom}_{\mathbb{Z}_p}(T_pA(k) \otimes T_pA^t(k), \hat{\mathbb{G}}_m(R))$$

<u>establishes a bijection between the set of isomorphism classes of liftings of</u> A/k <u>to</u> R <u>and the group</u> $\operatorname{Hom}_{\mathbb{Z}_p}(T_pA(k) \otimes T_pA^t(k), \hat{\mathbb{G}}_m(R))$.

2) <u>If we denote by</u> $\hat{\mathcal{M}}_{A/k}$ <u>the formal moduli space of</u> A/k, <u>the above construction for variable artin local rings</u> R <u>with residue field</u> k <u>defines an isomorphism of functors</u>

$$\hat{\mathfrak{m}}_{A/k} \xrightarrow{\sim} \mathrm{Hom}_{\mathbb{Z}_p}(T_pA(k)\otimes T_pA^t(k),\hat{\mathbb{G}}_m) \ .$$

3) _Given a lifting_ $\mathbb{A}/R$ _of_ A/k , _denote by_ $\mathbb{A}^t/R$ _the dual abelian scheme, which is a lifting of_ A^t/k . _With the canonical identification of_ A _with_ A^{tt} , _we have the symmetry formula_

$$q(\mathbb{A}/R;\alpha,\alpha_t) = q(\mathbb{A}^t/R;\alpha_t,\alpha)$$

for any $\alpha \in T_pA(k)$, $\alpha_t \in T_pA^t(k)$.

4) _Suppose we are given two ordinary abelian varieties_ A , B _over_ k , _and liftings_ $\mathbb{A}/R$, $\mathbb{B}/R$. _Let_ $f : A \to B$ _be a homomorphism, and_ $f^t : B^t \to A^t$ _the dual homomorphism. The necessary and sufficient condition that_ f _lift to a homomorphism_ $\mathbb{f} : \mathbb{A} \to \mathbb{B}$ _is that_

$$q(\mathbb{A}/R;\alpha,f^t(\beta_t)) = q(\mathbb{B}/R;f(\alpha),\beta_t)$$

for every $\alpha \in T_pA(k)$ _and every_ $\beta_t \in T_pB^t(k)$ (N.B. _If the lifting_ $\mathbb{f}$ _exists, it is unique_).

CONSTRUCTION-PROOF. By the "general" Serre-Tate theorem, the functor

$$\left\{\begin{matrix}\text{abelian schemes}\\ \text{over } R\end{matrix}\right\} \to \left\{\begin{matrix}\text{abelian schemes over } k \text{ together}\\ \text{with liftings of their p-divisible}\\ \text{groups to } R\end{matrix}\right\}$$

$$\mathbb{A}/R \mapsto (\mathbb{A}\otimes_R k, \mathbb{A}[p^\infty])$$

is an equivalence of categories.

Thus if we are given A/k , it is equivalent to "know" $\mathbb{A}/R$ as a lifting of A/k or to know its p-divisible group $\mathbb{A}[p^\infty]$ as a lifting of $A[p^\infty]$. Because A/k is ordinary, its p-divisible group is canonically a product

$$A[p^\infty] = \hat{A} \times T_pA(k) \otimes_{\mathbb{Z}_p} (\mathbb{Q}_p/\mathbb{Z}_p)$$

of its toroidal formal group and its constant etale quotient. Similarly for A^t . The e_{p^n}-pairings (cf. chapter 5 for a detailed discussion)

$$e_{p^n} : A[p^n] \times A^t[p^n] \to \mu_{p^n}$$

restrict to give pairings

$$e_{p^n} : \hat{A}[p^n] \times A^t(k)[p^n] \to \mu_{p^n}$$

which define isomorphisms of k-group-schemes

$$\hat{A}[p^n] \xrightarrow{\sim} \mathrm{Hom}_{\mathbb{Z}}(A^t(k)[p^n], \mu_{p^n}) ,$$

and, by passage to the limit, an isomorphism of formal groups over k

$$\hat{A} \xrightarrow{\sim} \mathrm{Hom}_{\mathbb{Z}_p}(T_pA^t(k), \hat{\mathbb{G}}_m) .$$

We denote by

$$E_A : \hat{A} \times T_pA^t(k) \to \hat{\mathbb{G}}_m$$

the corresponding pairing.

Because R is artinian, the p-divisible group of $\mathbb{A}$ has a canonical structure of extension

$$0 \longrightarrow \hat{\mathbb{A}} \longrightarrow \mathbb{A}[p^\infty] \longrightarrow T_pA(k) \otimes (\mathbb{Q}_p/\mathbb{Z}_p) \longrightarrow 0$$

of the constant p-divisible group $T_pA(k) \otimes (\mathbb{Q}_p/\mathbb{Z}_p)$ by $\hat{\mathbb{A}}$, which is the unique toroidal formal group over R lifting $\hat{A}$. Because $\hat{\mathbb{A}}$ and the $\hat{\mathbb{A}}[p^n]$'s are toroidal, the isomorphisms of k-groups

$$\begin{cases} \hat{A}[p^n] \xrightarrow{\sim} \mathrm{Hom}_{\mathbb{Z}}(A^t(k)[p^n], \mu_{p^n}) \\ \hat{A} \xrightarrow{\sim} \mathrm{Hom}_{\mathbb{Z}_p}(T_pA^t(k), \hat{\mathbb{G}}_m) \end{cases}$$

extend uniquely to isomorphisms of R-groups

$$\begin{cases} \hat{\mathbb{A}}[p^n] \xrightarrow{\sim} \mathrm{Hom}_{\mathbb{Z}}(A^t(k)[p^n], \mu_{p^n}) \\ \hat{\mathbb{A}} \xrightarrow{\sim} \mathrm{Hom}_{\mathbb{Z}_p}(T_pA^t(k), \hat{\mathbb{G}}_m) . \end{cases}$$

We denote by

$$\begin{cases} E_{p^n;\mathbb{A}} : \hat{\mathbb{A}}[p^n] \times A^t(k)[p^n] \to \mu_{p^n} \\ E_{\mathbb{A}} : \hat{\mathbb{A}} \times T_pA^t(k) \to \hat{\mathbb{G}}_m \end{cases}$$

the corresponding pairings.

A straightforward Ext calculation (cf. [9], Appendix) shows that our extension

$$0 \to \hat{\mathbb{A}} \to \mathbb{A}[p^{\infty}] \to T_pA(k) \otimes (\mathbb{Q}_p/\mathbb{Z}_p) \to 0$$

is obtained from the "basic" extension

$$0 \to T_pA(k) \to T_pA(k) \otimes \mathbb{Q}_p \to T_pA(k) \otimes (\mathbb{Q}_p/\mathbb{Z}_p) \to 0$$

by "pushing out" along a unique homomorphism

$$\begin{array}{c} T_pA(k) \\ \downarrow \varphi_{\mathbb{A}/R} \\ \hat{\mathbb{A}}(R) \end{array} .$$

This homomorphism may be recovered from the extension

$$0 \to \hat{\mathbb{A}} \to \mathbb{A}[p^{\infty}] \to T_pA(k) \otimes (\mathbb{Q}_p/\mathbb{Z}_p) \to 0$$

as follows. Pick an integer n sufficiently large that the maximal ideal $\mathfrak{m}$ of R satisfies

$$\mathfrak{m}^{n+1} = 0 .$$

Because $p \in \mathfrak{m}$, and $\hat{\mathbb{A}}$ is a formal Lie group over R, every element of $\hat{\mathbb{A}}(R)$ is killed by p^n. Therefore we can define a group homomorphism

$$"p^n" : A(k) \to \mathbb{A}(R)$$

by decreeing

$$x \in A(k) \to p^n\tilde{x} \text{ for any } \tilde{x} \in \mathbb{A}(R) \text{ lifting } x .$$

If we restrict this homomorphism to $A(k)[p^n]$, we fall into $\hat{\mathbb{A}}(R)$:

$$"p^n" : A(k)[p^n] \to \hat{\mathbb{A}}(R) .$$

For variable n, we have an obvious commutative diagram

$$\begin{array}{ccc} A(k)[p^{n+1}] & \xrightarrow{"p^{n+1}"} & \\ \downarrow p & & \hat{\mathbb{A}}(R) , \\ A(k)[p^n] & \xrightarrow{"p^n"} & \end{array}$$

so in fact we obtain a single homomorphism

$$T_pA(k) \to \hat{\mathbb{A}}(R)$$

as the composite

$$T_pA(k) \twoheadrightarrow A(k)[p^n] \xrightarrow{\text{"}p^n\text{"}} \hat{\mathbb{A}}(R)$$

for any $n \gg 0$. This homomorphism is the required $\varphi_{\mathbb{A}/R}$.

We are now ready to define $q(\mathbb{A}/R;-,-)$. We simply view $\varphi_{\mathbb{A}/R}$ as a homomorphism

$$\begin{array}{ll} T_pA(k) \to \hat{\mathbb{A}}(R) & \\ \quad\searrow & \big\downarrow\wr \ \text{the pairing } E_{\mathbb{A}} \\ & \mathrm{Hom}(T_pA^t(k), \hat{\mathbb{G}}_m(R)) \ , \end{array}$$

or, what is the same, as the bilinear form

$$q(\mathbb{A}/R;\alpha,\alpha_t) \stackrel{\text{dfn}}{=\!=} E_{\mathbb{A}}(\varphi_{\mathbb{A}/R}(\alpha);\alpha_t) \ .$$

We summarize the preceding constructions in a diagram :

$$\begin{array}{c} \left\{\begin{matrix}\text{isomorphism classes of} \\ \mathbb{A}/R \ \text{ lifting } \ A/k\end{matrix}\right\} \xrightarrow[\sim]{\text{Serre-Tate}} \left\{\begin{matrix}\text{isomorphism classes of} \\ \mathbb{A}[p^\infty]/R \ \text{ lifting } \ A[p^\infty]/k\end{matrix}\right\} \\ \big\downarrow\wr \\ \mathrm{Ext}_{R\text{-gp}}(T_pA(k) \otimes (\mathbb{Q}_p/\mathbb{Z}_p), \mathrm{Hom}_{\mathbb{Z}_p}(T_pA^t(k), \hat{\mathbb{G}}_m)) \\ \text{"pushout"} \ \big\uparrow\wr \ \big\downarrow\wr \ \text{"}\varphi_{\mathbb{A}/R}\text{"} \\ \mathrm{Hom}_{R\text{-gp}}(T_pA(k), \mathrm{Hom}_{\mathbb{Z}_p}(T_pA^t(k), \hat{\mathbb{G}}_m)) \\ \big\downarrow\wr \ \text{"q"} \\ \mathrm{Hom}_{\mathbb{Z}_p}(T_pA(k) \underset{\mathbb{Z}_p}{\otimes} T_pA^t(k), \hat{\mathbb{G}}_m(R)) \ . \end{array}$$

Thus the truth of part 1), and, by passage to the limit, of part 2), results from the "general" Serre-Tate theorem. To prove part 4), we argue as follows. Given the homomorphism $f : A \to B$, we know by the general Serre-Tate theorem that it lifts to $\mathbb{f} : \mathbb{A} \to \mathbb{B}$ if and only if it lifts to an $\mathbb{f}[p^\infty] : \mathbb{A}[p^\infty] \to \mathbb{B}[p^\infty]$. Such an $\mathbb{f}[p^\infty]$ will necessarily respect the structure of extension of $\mathbb{A}[p^\infty]$ and of $\mathbb{B}[p^\infty]$, so it will necessarily sit in a commutative diagram of p-divisible groups over R :

$$\begin{array}{ccccccccc} 0 \to & \mathrm{Hom}_{\mathbb{Z}_p}(T_pA^t(k),\hat{\mathbb{G}}_m) & \to & \mathbb{A}[p^\infty] & \to & T_pA(k)\otimes(\mathbb{Q}_p/\mathbb{Z}_p) & \to 0 \\ & \downarrow {\circ f^t} & & \downarrow {\mathbb{f}[p^\infty]} & & \downarrow f & \\ 0 \to & \mathrm{Hom}_{\mathbb{Z}_p}(T_pB^t(k),\hat{\mathbb{G}}_m) & \to & \mathbb{B}[p^\infty] & \to & T_pB(k)\otimes(\mathbb{Q}_p/\mathbb{Z}_p) & \to 0 . \end{array}$$

Conversely, the Serre-Tate theorem assures us that we can lift f to an $\mathbb{f}$ if we can fill in this diagram with an $\mathbb{f}[p^\infty]$.
But the necessarily and sufficient condition for the existence of an $\mathbb{f}[p^\infty]$ rendering the diagram commutative is that the "push out" of the top extension by the arrow "f^t" be isomorphic to the "pull-back" of the lower extension by the arrow "f".
The "push-out" along f^t of the upper extension is the element of

$$\mathrm{Ext}_{R\text{-gp}}(T_pA(k)\otimes\mathbb{Q}_p/\mathbb{Z}_p,\mathrm{Hom}_{\mathbb{Z}_p}(T_pB^t(k),\hat{\mathbb{G}}_m))$$

$$\wr\!\!\downarrow q$$

$$\mathrm{Hom}_{\mathbb{Z}_p}(T_pA(k)\otimes T_pB^t(k),\hat{\mathbb{G}}_m(R))$$

defined by the bilinear pairing

$$(\alpha,\beta_t) \to q(\mathbb{A}/R;\alpha,f^t(\beta_t)) .$$

The pull-back along f of the lower extension is the element of the same Ext group defined by the bilinear pairing

$$(\alpha,\beta_t) \to q(\mathbb{B}/R;f(\alpha),\beta_t) .$$

Therefore $\mathbb{f}[p^\infty]$, and with it $\mathbb{f}$, exists if and only if we have

$$q(\mathbb{A}/R;\alpha,f^t(\beta_t)) = q(\mathbb{B}/R;f(\alpha),\beta_t)$$

for every $\alpha\in T_pA(k)$ and every $\beta_t \in T_pB^t(k)$.

It remains to establish the symettry formula 3), i.e. that

$$q(\mathbb{A}/R;\alpha,\alpha_t) = q(\mathbb{A}^t/R;\alpha_t,\alpha) .$$

Choose an integer n such that the maximal ideal $\mathfrak{m}$ of R satisfies

$$\mathfrak{m}^{n+1} = 0 \ .$$

Then the groups $\hat{\mathbb{A}}(R)$ and $\hat{\mathbb{A}}^{\tau}(R)$ are both killed by p^n. Let $\alpha(n)$, $\alpha_t(n)$ denote the images of α, α_t under the canonical projections

$$T_pA(k) \twoheadrightarrow A(k)[p^n] \ , \ T_pA^t(k) \twoheadrightarrow A^t(k)[p^n] \ .$$

Then by construction we have

$$\varphi_{\mathbb{A}/R}(\alpha) = \text{"}p^n\text{"}\alpha(n) \quad \text{in } \hat{\mathbb{A}}(R)$$

$$\varphi_{\mathbb{A}^t/R}(\alpha_\tau) = \text{"}p^n\text{"}\alpha_t(n) \quad \text{in } \hat{\mathbb{A}}^t(R) \ ,$$

and therefore we have

$$\begin{aligned} q(\mathbb{A}/R;\alpha,\alpha_t) &= E_{\mathbb{A}}(\varphi_{\mathbb{A}/R}(\alpha),\alpha_t) \\ &= E_{\mathbb{A},p^n}(\varphi_{\mathbb{A}/R}(\alpha),\alpha_t(n)) \\ &= E_{\mathbb{A},p^n}(\text{"}p^n\text{"}\alpha(n),\alpha_t(n)) \ . \end{aligned}$$

Similarly, we have

$$\begin{aligned} q(\mathbb{A}^t/R;\alpha_t,\alpha) &= E_{\mathbb{A}^t}(\varphi_{\mathbb{A}^t/R}(\alpha_t),\alpha) \\ &= E_{\mathbb{A}^t,p^n}(\varphi_{\mathbb{A}^t/R}(\alpha_t),\alpha(n)) \\ &= E_{\mathbb{A}^t,p^n}(\text{"}p^n\text{"}\alpha_t(n),\alpha(n)) \ . \end{aligned}$$

But for any n the pairings $E_{\mathbb{A};p^n}$ are "computable" in terms of the e_{p^n}-pairings on $\mathbb{A}$, as follows.

LEMMA 2.2. _Let_ $n \geq 1$, $x \in \hat{\mathbb{A}}(R)[p^n]$ _and_ $y \in A^t(k)[p^n]$. _There exists an artin local ring_ R' _which is finite and flat over_ R, _and a point_ $Y \in \mathbb{A}^t(R')[p^n]$ _which lifts_ $y \in A^t(k)[p^n]$. _For any such_ R' _and_ Y', _we have the equality, inside_ $\hat{\mathbb{G}}_m(R')$,

$$E_{\mathbb{A},p^n}(x,y) = e_{p^n}(x,Y) \ .$$

PROOF OF LEMMA. Given $y \in A^t(k)[p^n]$, we can certainly lift it to a point $Y_1 \in \mathbb{A}^t(R)$, simply because $\mathbb{A}^t(R)$ is smooth over R. The point $p^nY_1 = Y_2$ lies in $\hat{\mathbb{A}}^t(R)$. Because $\hat{\mathbb{A}}^t$ is p-divisible, and R

is artin local, we can find an artin local R' which is finite flat over R and a point Y_3 in $\hat{\mathbb{A}}^t(R')$ such that $Y_2 = p^n Y_3$. Then $Y = Y_1 - Y_3$ lies in $\mathbb{A}^t(R')[p^n]$, and it lifts y.

Fix such a situation R', Y. The restriction of the e_{p^n}-pairing for $\mathbb{A} \otimes_R R'$

$$e_{p^n} : (\mathbb{A} \otimes_R R')[p^n] \times (\mathbb{A}^t \otimes_R R')[p^n] \to \mu_{p^n}$$

to a map

$$(\hat{\mathbb{A}} \otimes_R R')[p^n] \times Y \to \mu_{p^n}$$

is a homomorphism of toroidal groups over R'

$$\hat{\mathbb{A}}[p^n] \otimes_R R' \to \mu_{p^n}$$

whose reduction modulo the maximal ideal of R' is the homomorphism of toroidal groups over k

$$\hat{A}[p^n] \to \mu_{p^n}$$

defined by

$$e_{p^n}(-,y) .$$

But the homomorphism of toroidal groups over R

$$\hat{\mathbb{A}}[p^n] \to \mu_{p^n}$$

defined by

$$E_{\mathbb{A},p^n}(-,y)$$

is another such lifting. By uniqueness of infinitesimal liftings of maps between toroidal groups, we have the asserted equality. Q.E.D.

Now choose liftings

$$\begin{cases} \mathfrak{a}(n) \in \mathbb{A}(R) & \text{lifting } \alpha(n) \in A(k)[p^n] \\ \mathfrak{a}_t(n) \in \mathbb{A}^t(R) & \text{lifting } \alpha_t(n) \in A^t(k)[p^n] . \end{cases}$$

Because n was chosen large enough that p^n kill $\hat{\mathbb{A}}(R)$ and $\hat{\mathbb{A}}^t(R)$, we have a priori inclusions

$$\begin{cases} \mathcal{C}(n) \in \mathbb{A}(R)[p^{2n}] \\ \mathcal{C}_t(n) \in \hat{\mathbb{A}}^t(R)[p^{2n}] . \end{cases}$$

KEY FORMULA 2.3. Hypotheses as above, we have the formula

$$\frac{q(\mathbb{A}/R;\alpha,\alpha_t)}{q(\mathbb{A}^t/R;\alpha_t,\alpha)} = e_{p^{2n}}(\mathcal{C}(n),\mathcal{C}_t(n)) .$$

PROOF OF KEY FORMULA. By the previous lemma, we can find an artin local ring R' which is finite and flat over R, together with points

$$\begin{cases} B(n) \in \mathbb{A}(R')[p^n] & \text{lifting} \quad \alpha(n) \in A(k)[p^n] \\ B_t(n) \in \mathbb{A}^t(R')[p^n] & \text{lifting} \quad \alpha_t(n) \in A^t(k)[p^n] . \end{cases}$$

We define the "error terms"

$$\begin{cases} \mathcal{S}(n) = \mathcal{C}(n) - B(n) & \text{in} \quad \hat{\mathbb{A}}(R')[p^{2n}] \\ \mathcal{S}_t(n) = \mathcal{C}_t(n) - B_t(n) & \text{in} \quad \hat{\mathbb{A}}^t(R')[p^{2n}] . \end{cases}$$

In terms of these $\mathcal{C}$, B, and $\mathcal{S}$, we have

$$"p^n"\alpha(n) \stackrel{\text{dfn}}{=\!=} p^n\mathcal{C}(n) = p^n\mathcal{S}(n)$$

$$"p^n"\alpha_t(n) \stackrel{\text{dfn}}{=\!=} p^n\mathcal{C}_t(n) = p^n\mathcal{S}_t(n) .$$

We now calculate

$$\begin{aligned} q(\mathbb{A}/R;\alpha,\alpha_t) &= \mathbb{E}_{\mathbb{A},p^n}("p^n"\alpha(n),\alpha_t(n)) \\ \text{(by the previous lemma)} \quad &= e_{p^n}("p^n"\alpha(n),B_t(n)) \\ &= e_{p^n}(p^n\mathcal{S}(n),B_t(n)) , \\ &= e_{p^{2n}}(\mathcal{S}(n),B_t(n)) \end{aligned}$$

and similarly

$$\begin{aligned} q(\mathbb{A}^t/R;\alpha_t,\alpha) &= E_{\mathbb{A}^t,p^n}("p^n"\alpha_t(n),\alpha(n)) \\ &= e_{p^n}("p^n"\alpha_t(n),B(n)) \\ &= e_{p^n}(p^n\mathcal{S}_t(n),B(n)) \\ &= e_{p^{2n}}(\mathcal{S}_t(n),B(n)) \\ &= 1/e_{p^{2n}}(B(n),\mathcal{S}_t(n)) , \end{aligned}$$

this last equality by the skew-symettry of the $e_{p^{2n}}$-pairing.

Therefore the "key formula" is equivalent to the following formula :

$$e_{p^{2n}}(\mathcal{B}(n),B_t(n)).e_{p^{2n}}(B(n),\mathcal{B}_t(n)) = e_{p^{2n}}(\mathfrak{A}(n),\mathfrak{A}_t(n)) .$$

To obtain this last formula, we readily calculate

$$e_{p^{2n}}(\mathfrak{A}(n),\mathfrak{A}_T(n)) = e_{p^{2n}}(B(n)+\mathcal{B}(n),B_t(n)+\mathcal{B}_t(n))$$

$$= e_{p^{2n}}(B(n),B_t(n)).e_{p^{2n}}(\mathcal{B}(n),\mathcal{B}_t(n)).e_{p^{2n}}(B(n),\mathcal{B}_t(n)).e_{p^{2n}}(\mathcal{B}(n),B_t(n)).$$

The first two terms in the product are identically one ; the first because $B(n)$ and $B_t(n)$ are killed by p^n, so that

$$e_{p^{2n}}(B(n),B_t(n)) = e_{p^n}(p^nB(n),B_t(n)) = e_{p^n}(0,B_t(n)) = 1 ;$$

the second because both $\mathcal{B}(n)$ and $\mathcal{B}_t(n)$ lie in their respective formal groups $\hat{\mathbb{A}}(R')[p^{2n}]$ and $\hat{\mathbb{A}}^T(R')[p^{2n}]$, and these groups are toroidal (the $e_{p^{2n}}$-pairing restricted to

$$\hat{\mathbb{A}}[p^{2n}]\times\hat{\mathbb{A}}^t[p^{2n}]$$

must be <u>trivial</u>, since it is equivalent to a homomorphism from a <u>connected</u> group, $\hat{\mathbb{A}}[p^{2n}]$, to an <u>etale</u> group, the Cartier dual of $\hat{\mathbb{A}}^t[p^{2n}]$, and any such homomorphism is necessarily trivial). Thus we have

$$e_{p^{2n}}(\mathcal{B}(n),\mathcal{B}_t(n)) = 1 ,$$

and we are left with the required formula. Q.E.D.

In order to complete our proof of the symettry formula, then, we must explain why

$$e_{p^{2n}}(\mathfrak{A}(n),\mathfrak{A}_t(n)) = 1 ,$$

for <u>some</u> choice of liftings $\mathfrak{A}(n)$, $\mathfrak{A}_t(n)$ of $\alpha(n)$ and $\alpha_t(n)$ to R.

Let us choose liftings

$$\begin{cases} \mathfrak{A}(2n)\in\mathbb{A}(R) , \text{ lifting } \alpha(2n)\in A(k)[p^{2n}] \\ \mathfrak{A}_t(2n)\in\mathbb{A}^t(R) , \text{ lifting } \alpha_t(2n)\in A^t(k)[p^{2n}] . \end{cases}$$

Then the points

$$p^n\mathfrak{a}(2n)\ ,\ p^n\mathfrak{a}_t(2n)$$

are liftings to R of $\alpha(n)$ and $\alpha_t(n)$ respectively. Thus it suffices to show that

$$e_{p^{2n}}(p^n\mathfrak{a}(2n),p^n\mathfrak{a}_t(2n)) = 1\ .$$

But in any case we have

$$e_{p^{2n}}(p^n\mathfrak{a}(2n),p^n\mathfrak{a}_t(2n)) = (e_{p^{3n}}(\mathfrak{a}(2n),\mathfrak{a}_t(2n)))^{p^n}\ .$$

The quantity $e_{p^{3n}}(\mathfrak{a}(2n),\mathfrak{a}_t(2n))$ lies in

$$\mu_{p^{3n}}(R) \subset 1+\mathfrak{m} = \hat{\mathbb{G}}_m(R)$$

and our choice of n, large enough that $\mathfrak{m}^{n+1} = 0$, guarantees that $\hat{\mathbb{G}}_m(R)$ is killed by p^n. Q.E.D.

3. FORMULATION OF THE MAIN THEOREM

3.0. Fix an algebraically closed field k of characteristic $p > 0$, and an ordinary abelian variety A over k. The Serre-Tate q-construction defines an isomorphism

$$\hat{\mathcal{M}}_{A/k} \xrightarrow{\sim} \mathrm{Hom}_{\mathbb{Z}_p}(T_pA(k) \otimes T_pA^t(k), \hat{\mathbb{G}}_m)$$

of functors on the category of artin local rings with residue field k. In particular, it endows $\hat{\mathcal{M}}$ with a canonical structure of toroidal formal Lie group over the Witt vectors $W = W(k)$ of k.

Let $\mathcal{A}/\hat{\mathcal{M}}$ denote the universal formal deformation of A/k. In this section we will state a fundamental compatibility between the group structure on $\hat{\mathcal{M}}$ and the crystal structure on the de Rham cohomology of $\mathcal{A}/\hat{\mathcal{M}}$, as refected in the Kodaira-Spencer mapping of "traditional" deformation theory.

In order to formulate the compatibility in a succinct manor, we must first make certain definitions.

3.1. Let $\mathcal{R}$ denote the coordinate ring of $\hat{\mathcal{M}}$. Given elements $\alpha \in T_pA(k)$, $\alpha_t \in T_pA^t(k)$, we denote by

$$q(\alpha, \alpha_t) \in \mathcal{R}^{\times}$$

the inversible function on $\hat{\mathcal{M}}$ defined by

$$q(\alpha, \alpha_t) = q(\mathcal{A}/\mathcal{R} : \alpha, \alpha_t) .$$

Here are two characterizations of these functions $q(\alpha, \alpha_t)$. The isomorphism

$$\hat{\mathcal{M}} \xrightarrow{\sim} \mathrm{Hom}_{\mathbb{Z}_p}(T_pA(k) \otimes T_pA^t(k), \hat{\mathbb{G}}_m)$$

gives rise to an isomorphism

$$T_pA(k) \otimes T_pA^t(k) \xrightarrow{\sim} \mathrm{Hom}_{W\text{-}gp}(\hat{\mathcal{M}}, \hat{\mathbb{G}}_m) .$$

Under this isomorphism, we have

$$\alpha \otimes \alpha_t \to q(\alpha, \alpha_t) ,$$

i.e. the functions $q(\alpha,\alpha_t)$ are precisely the <u>characters</u> of the formal torus $\hat{\mathfrak{M}}$.

In particular, if we pick a $\mathbb{Z}_p$-basis $\alpha_1,\ldots,\alpha_g$ of $T_pA(k)$ and a $\mathbb{Z}_p$-basis $\alpha_{t,1},\ldots,\alpha_{t,g}$ of $T_pA^t(k)$, then the g^2 quantities

$$T_{ij} = q(\alpha_i,\alpha_{t,j}) - 1 \in \mathcal{R}$$

define a ring isomorphism

$$W[[T_{i,j}]] \xrightarrow{\sim} \mathcal{R} .$$

We will <u>not</u> make use of this isomorphism.

Given an artin local ring R with residue field k , and a lifting $\mathbb{A}/R$ of A/k , there is a unique continuous "classifying" homomorphism

$$f_{\mathbb{A}/R} : \mathcal{R} \to R$$

for which we have an R-isomorphism of liftings

$$\mathbb{A}/R \xrightarrow{\sim} \mathcal{A} \otimes_{\mathcal{R}} R .$$

The image of $q(\alpha,\alpha_t)$ under this classifying map is given by the formula

$$f_{\mathbb{A}/R}(q(\alpha,\alpha_t)) = q(\mathbb{A}/R;\alpha,\alpha_t) .$$

3.2. For each linear form

$$\ell \in \mathrm{Hom}_{\mathbb{Z}_p}(T_pA(k) \otimes T_pA^t(k), \mathbb{Z}_p) ,$$

we denote by $D(\ell)$ the translation-invariant (for the group structure on $\hat{\mathfrak{M}}$) continuous derivation of $\mathcal{R}$ into itself given

$$D(\ell)(q(\alpha,\alpha_t)) = \ell(\alpha \otimes \alpha_t).q(\alpha,\alpha_t) .$$

Formation of $D(\ell)$ defines a $\mathbb{Z}_p$-linear map

$$\mathrm{Hom}_{\mathbb{Z}_p}(T_pA(k) \otimes T_pA^t(k), \mathbb{Z}_p) \to \mathrm{Lie}(\hat{\mathfrak{M}}/W) ,$$

whose associated W-linear map is the isomorphism

$$\mathrm{Hom}_{\mathbb{Z}_p}(T_pA(k) \otimes T_pA^t(k), W) \xrightarrow{\sim} \mathrm{Lie}(\hat{\mathfrak{M}}/W)$$

deduced from the inverse of the q-isomorphism of W-groups

$$\hat{\mathfrak{M}} \xrightarrow{\sim} \mathrm{Hom}_{\mathbb{Z}_p}(T_pA(k) \otimes T_pA^t(k), \hat{\mathbb{G}}_m)$$

by applying the functor "Lie".

3.3. We next introduce certain invariant one-forms on $\mathcal{A}$

$$\omega(\alpha_t) \in \underline{\omega}_{\mathcal{A}/R} .$$

For each artin local ring R with residue field k, and each lifting $\mathbb{A}/R$ of A/k, we have given a canonical isomorphism of formal groups over R

$$\hat{\mathbb{A}} \xrightarrow{\sim} \mathrm{Hom}_{\mathbb{Z}_p}(T_pA^t(k), \hat{\mathbb{G}}_m) .$$

This isomorphism yields an isomorphism

$$T_pA^t(k) \xrightarrow{\sim} \mathrm{Hom}_{R\text{-gp}}(\hat{\mathbb{A}}, \hat{\mathbb{G}}_m) ,$$

say

$$\alpha_t \to \lambda(\alpha_t) .$$

If we denote by dT/T the standard invariant one-form on $\mathbb{G}_m$, we can define an invariant one-form

$$\omega(\alpha_t) \in \underline{\omega}_{\mathbb{A}/R} = \underline{\omega}_{\hat{\mathbb{A}}/R}$$

by the formula

$$\omega(\alpha_t) = \lambda(\alpha_t)^*(dT/T) = d\lambda(\alpha_t)/\lambda(\alpha_t) .$$

Equivalently, the construction of $\omega(\alpha_t)$ sits in the diagram

$$\begin{array}{ccc}
T_pA^t(k) & \xrightarrow{\sim} & \mathrm{Hom}_{R\text{-gp}}(\hat{\mathbb{A}}, \hat{\mathbb{G}}_m) \\
& \searrow & \downarrow \mathrm{Lie} \\
\alpha_t \mapsto \omega(\alpha_t) & & \mathrm{Hom}_{R\text{-gp}}(\mathrm{Lie}(\mathbb{A}/R), \mathbb{G}_a) \\
& & \| \\
& & \underline{\omega}_{\mathbb{A}/R}
\end{array}$$

More functorially, we can introduce the ring $R[\varepsilon] = R + R\varepsilon$, $\varepsilon^2 = 0$, of dual numbers over R. Then the Lie algebra $\mathrm{Lie}(\mathbb{A}/R)$ is the subgroup of $\hat{\mathbb{A}}(R[\varepsilon])$ defined by

$$\mathrm{Lie}(\mathbb{A}/R) = \mathrm{Ker}\ \text{of}\ \mathbb{A}(R[\varepsilon]) \xrightarrow{\varepsilon\to 0} \mathbb{A}(R)$$

$$= \mathrm{Ker}\ \text{of}\ \hat{\mathbb{A}}(R[\varepsilon]) \xrightarrow{\varepsilon\to 0} \hat{\mathbb{A}}(R)$$

(the second equality because R is an artin local ring). Let us denote by

$$\cdot : \underline{\omega}_{\mathbb{A}/R} \times \mathrm{Lie}(\mathbb{A}/R) \to R$$

$$(\omega, L) \to \omega . L$$

the natural duality pairing of $\underline{\omega}$ and Lie. Then we have the formula, for any $L \in \mathrm{Lie}(\mathbb{A}/R)$,

$$1 + \varepsilon\omega(\alpha_t).L = \lambda(\alpha_t)(L) \in \mathrm{Lie}(\hat{\mathbb{G}}_m/R)$$

or equivalently

$$1 + \varepsilon\omega(\alpha_t).L = E_{\mathbb{A}}(L, \alpha_t) \ .$$

If we choose an integer n large enough that $p^n R = 0$, we will have

$$\mathrm{Lie}(\mathbb{A}/R) \subset \hat{\mathbb{A}}(R[\varepsilon])[p^n] \ ,$$

so we may rewrite this last formula as

$$1 + \varepsilon\omega(\alpha_t).L = E_{\mathbb{A};p^n}(L, \alpha_t(n)) \ .$$

Finally, if we choose an artin local ring R' which is finite and flat over R , and a point

$$Y \in \mathbb{A}^t(R')[p^n] \ \ \text{lifting}\ \ \alpha_t(n) \in A^t(k)[p^n] \ ,$$

we may, by lemma 2.2, rewrite this last formula in

$$1+\varepsilon\omega(\alpha_t).L = e_{p^n}(L, Y) \ .$$

The construction of $\omega(\alpha_t)$ defines a $\mathbb{Z}_p$-linear homomorphism

$$T_p A^t(k) \to \omega_{\mathbb{A}/R} \ ,$$

$$\alpha_t \mapsto \omega(\alpha_t)$$

which, in view of the isomorphism

$$\hat{\mathbb{A}} \xrightarrow{\sim} \mathrm{Hom}_{\mathbb{Z}_p}(T_p A^t(k), \hat{\mathbb{G}}_m) \ ,$$

induces an R-linear isomorphism

$$T_pA^t(k) \underset{\mathbb{Z}_p}{\otimes} R \xrightarrow{\sim} \underline{\omega}_{\mathbb{A}/R} .$$

The evident functoriality of this construction for variable situations $\mathbb{A}/R$, shows that it extends uniquely to the universal formal deformation $\mathcal{A}/\mathcal{R}$, i.e. to a $\mathbb{Z}_p$-linear homomorphism

$$T_pA^t(k) \to \underline{\omega}_{\mathcal{A}/\mathcal{R}}$$

$$\alpha_t \mapsto \omega(\alpha_t)$$

which is compatible with the canonical identifications

$$\omega_{\mathcal{A}/\mathcal{R}} \underset{\mathcal{R}}{\otimes} R \xrightarrow{\sim} \underline{\omega}_{\mathbb{A}/R}$$

whenever $\mathbb{A}/R$ is a lifting of A/k to an artin local ring R with residue field k, and R is viewed as an $\mathcal{R}_{univ}$-algebra in the $\otimes$ via the classifying homomorphism $f_{\mathbb{A}/R} : \mathcal{R} \to R$ of $\mathbb{A}/R$.

The associated $\mathcal{R}$-linear map is an isomorphism

$$T_pA^t(k) \underset{\mathbb{Z}_p}{\otimes} \mathcal{R} \xrightarrow{\sim} \underline{\omega}_{\mathcal{A}/\mathcal{R}} .$$

3.4. The R-linear <u>dual</u> of the isomorphism

$$T_pA^t(k) \otimes R \xrightarrow{\sim} \omega_{\mathbb{A}/R}$$

is obtained by applying the functor "Lie" to the isomorphism

$$\hat{\mathbb{A}} \xrightarrow{\sim} \mathrm{Hom}_{\mathbb{Z}_p}(T_pA^t(k), \hat{\mathbb{G}}_m) .$$

Its inverse provides an R-isomorphism

$$\mathrm{Hom}_{\mathbb{Z}_p}(T_pA^t(k), \mathbb{Z}_p) \underset{\mathbb{Z}_p}{\otimes} R \xrightarrow{\sim} \mathrm{Lie}(\mathbb{A}/R) ,$$

which yields, upon passing to the limit, an $\mathcal{R}$-isomorphism

$$\mathrm{Hom}_{\mathbb{Z}_p}(T_pA^t(k), \mathbb{Z}_p) \underset{\mathbb{Z}_p}{\otimes} \mathcal{R} \xrightarrow{\sim} \mathrm{Lie}(\mathcal{A}/\mathcal{R}) .$$

The "underlying" $\mathbb{Z}_p$-linear homomorphisms

$$\begin{cases} \mathrm{Hom}_{\mathbb{Z}_p}(T_pA^t(k), \mathbb{Z}_p) \to \mathrm{Lie}(\mathbb{A}/R) \\ \qquad\qquad '' \qquad\qquad\quad \to \mathrm{Lie}(\mathcal{A}/\mathcal{R}) \end{cases}$$

will be denoted

$$\check{\alpha}_t \mapsto L(\check{\alpha}_t) .$$

It is immediate from the definition of $L(\check{\alpha}_t)$ that for any situation $\mathbb{A}/R$, any $\alpha_t \in T_pA^t(k)$ and any $\check{\alpha}_t \in \mathrm{Hom}_{\mathbb{Z}_p}(T_pA^t(k),\mathbb{Z}_p)$, we have the formula

$$\omega(\alpha_t).L(\check{\alpha}_t) = \alpha_t.\check{\alpha}_t \quad \text{in} \quad \mathbb{Z}_p .$$

3.5. Let us make explicit the functoriality of the constructions $\omega(\alpha_t)$, $L(\check{\alpha}_t)$ under morphisms. Thus suppose we have two ordinary abelian varieties A , B over k , liftings of them $\mathbb{A}/R$, $\mathbb{B}/R$ to an artin local ring R with residue field k , and an R-homomorphism

$$\mathbb{f} : \mathbb{A} \to \mathbb{B}$$

lifting a k-homomorphism

$$f : A \to B .$$

LEMMA 3.5.1. *Under the induced map*

$$\mathbb{f}^* : \underline{\omega}_{\mathbb{B}/R} \to \underline{\omega}_{\mathbb{A}/R}$$

we have the formula

$$\mathbb{f}^*(\omega(\beta_t)) = \omega(f^t(\beta_t))$$

for any $\beta_t \in T_pB^t(k)$.

PROOF. This is immediate from the definition of the ω-construction and the commutativity (by rigidity of toroidal groups !) of the diagram

$$\begin{array}{ccc} \hat{\mathbb{A}} & \xrightarrow{\sim} & \mathrm{Hom}(T_pA^t(k),\hat{\mathbb{G}}_m) \\ \downarrow \mathbb{f} & & \downarrow \circ f^t \\ \hat{\mathbb{B}} & \xrightarrow{\sim} & \mathrm{Hom}(T_pB^t(k),\hat{\mathbb{G}}_m) \end{array} \quad . \quad \text{Q.E.D.}$$

LEMMA 3.5.2. *Under the induced map*

$$\mathbb{f}_* : \mathrm{Lie}(\mathbb{A}/R) \to \mathrm{Lie}(\mathbb{B}/R) ,$$

<u>we have the formula</u>

$$\mathbb{f}_*(L(\alpha_t^\vee)) = L(\alpha_t^\vee \circ f^t)$$

<u>for any</u> $\alpha_t^\vee \in \mathrm{Hom}(T_p A^t(k), \mathbb{Z}_p)$.

PROOF. The same. Q.E.D.

LEMMA 3.5.3. <u>Under the induced map</u>

$$\begin{array}{ccc} \mathbb{f}^* : H^1(\mathbb{B}, \mathcal{O}_{\mathbb{B}}) & \longrightarrow & H^1(\mathbb{A}, \mathcal{O}_{\mathbb{A}}) \\ \wr\!\!\downarrow & & \wr\!\!\downarrow \\ \mathrm{Lie}(\mathbb{B}^t/R) & \underset{\mathbb{f}_*^t}{\dashrightarrow} & \mathrm{Lie}(\mathbb{A}^t/R) \end{array}$$

<u>we have the formula</u>

$$\mathbb{f}^*(L(\beta^\vee)) = \mathbb{f}_*^t(L(\beta^\vee)) = L(\beta^\vee \circ f)$$

<u>for any</u> $\beta^\vee \in \mathrm{Hom}(T_p B(k), \mathbb{Z}_p)$.

PROOF. This is the concatenation of the previous lemma and the functoriality of the identification of $H^1(\mathbb{A}, \mathcal{O}_{\mathbb{A}})$ with $\mathrm{Lie}(\mathbb{A}^t/R)$. Q.E.D.

3.6. We next recall the definition of the Kodaira-Spencer mapping. First consider a lifting $\mathbb{A}/R$ of A/k to an artin local ring R with residue field k. Such an R has a unique structure of $W = W(k)$-algebra. This W-algebra structure on R allows us to view $\mathbb{A}$ as a W-scheme. Because $\mathbb{A}$ is smooth over R, we have a locally splittable short exact sequence on $\mathbb{A}$

$$0 \longrightarrow \mathcal{O}_{\mathbb{A}} \otimes_R \Omega^1_{R/W} \longrightarrow \Omega^1_{\mathbb{A}/W} \longrightarrow \Omega^1_{\mathbb{A}/R} \longrightarrow 0 .$$

The coboundary map in the long exact sequence of cohomology

$$\begin{array}{ccc}
\underline{\omega}_{\mathbb{A}/R} = H^0(\mathbb{A},\Omega^1_{\mathbb{A}/R}) & \xrightarrow{\ \partial\ } & H^1(\mathbb{A},\mathcal{O}_{\mathbb{A}} \underset{R}{\otimes} \Omega^1_{R/W}) \\
 & & \uparrow \wr \ \text{(base-change for } \mathbb{A}/R) \\
 & \searrow^{\text{Kod}} & H^1(\mathbb{A},\mathcal{O}_{\mathbb{A}}) \underset{R}{\otimes} \Omega^1_{R/W} \\
 & & \downarrow \wr \\
 & & \mathrm{Lie}(\mathbb{A}^t/R) \underset{R}{\otimes} \Omega^1_{R/W} ,
\end{array}$$

defines the Kodaira-Spencer mapping

$$\mathrm{Kod} : \underline{\omega}_{\mathbb{A}/R} \to \mathrm{Lie}(\mathbb{A}^t/R) \underset{R}{\otimes} \Omega^1_{R/W} .$$

By passage to the limit, we obtain the Kodaira-Spencer mapping in the universal case :

$$\mathrm{Kod} : \underline{\omega}_{\mathcal{A}/\mathcal{R}} \to \mathrm{Lie}(\mathcal{A}^t/\mathcal{R}) \otimes \Omega^1_{\mathcal{R}/W}$$

(with the convention that $\Omega^1_{\mathcal{R}/W}$ denotes the <u>continuous</u> one-forms).

3.7. In this section we state three visibly equivalent forms (3.7.1-2-3) of the fundamental compatibility.

MAIN THEOREM 3.7.1. *Under the canonical pairing*

$$. : \underline{\omega}_{\mathcal{A}^t/\mathcal{R}} \times \mathrm{Lie}(\mathcal{A}^t/\mathcal{R}) \otimes \Omega^1_{\mathcal{R}/W} \longrightarrow \Omega^1_{\mathcal{R}/W} ,$$

we have the formula

$$\omega(\alpha).\mathrm{Kod}(\omega(\alpha_t)) = \mathrm{dlog}(q(\alpha,\alpha_t)) ,$$

for any $\alpha \in T_pA(k)$ (viewed as $T_pA^{tt}(k)$, so that $\omega(\alpha)$ is defined), and any $\alpha_t \in T_pA^t(k)$.

MAIN THEOREM (bis) 3.7.2. *Choose a* $\mathbb{Z}_p$-*basis* $\alpha_1,\ldots,\alpha_g \in T_pA(k)$, *and denote by* $\alpha_1^\vee,\ldots,\alpha_g^\vee$ *the dual base of* $\mathrm{Hom}(T_pA(k),\mathbb{Z}_p)$, *we have the formula*

$$\mathrm{Kod}(\omega(\alpha_t)) = \sum_i L(\alpha_i^\vee) \otimes \mathrm{dlog}\, q(\alpha_i,\alpha_t)$$

for any $\alpha_t \in T_pA^t(k)$.

For each continuous derivation D of $\mathcal{R}$ into itself consider the map $\mathrm{Kod}(D)$ defined by

$$\begin{array}{ccc} \underline{\omega}_{\mathcal{A}/\mathcal{R}} & \xrightarrow{\mathrm{Kod}} & \mathrm{Lie}(\mathcal{A}^t/\mathcal{R}) \otimes \Omega^1_{\mathcal{R}/W} \\ & \searrow^{\mathrm{Kod}(D)} & \downarrow 1 \otimes D \\ & & \mathrm{Lie}(\mathcal{A}^t/\mathcal{R}) \end{array} .$$

For each element

$$\ell \in \mathrm{Hom}(T_pA(k) \otimes T_pA^t(k), \mathbb{Z}_p) ,$$

and each element

$$\alpha_t \in T_pA^t(k) ,$$

we denote by

$$\ell * \alpha_t \in \mathrm{Hom}(T_pA(k), \mathbb{Z}_p)$$

the element defined by

$$(\ell * \alpha_t)(\alpha) = \ell(\alpha \otimes \alpha_t) .$$

MAIN THEOREM (ter) 3.7.3. <u>We have the formula</u>

$$\mathrm{Kod}(D(\ell))(\omega(\alpha_t)) = L(\ell * \alpha_t)$$

<u>for any</u> $\alpha_t \in T_pA^t(k)$ <u>and any</u> $\ell \in \mathrm{Hom}(T_pA(k) \otimes T_pA^t(k), \mathbb{Z}_p)$.
<u>Equivalently</u>, <u>for any</u> $\alpha \in T_pA(k)$, <u>we have the formula</u>

$$\omega(\alpha).\mathrm{Kod}(D(\ell))(\omega(\alpha_t)) = \ell(\alpha \otimes \alpha_t) .$$

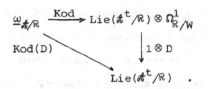

4. THE MAIN THEOREM : EQUIVALENT FORMS AND REDUCTION STEPS

4.0. Our proof falls naturally into two parts. In the first part, we make use of the canonical Frobenius endomorphism Φ of $\hat{\mathcal{M}}$ to transform the Main Theorem into a theorem (4.3.1.2) giving the precise structure of the Gauss-Manin connection on the De Rham cohomology of the universal formal deformation $\mathbb{A}/\mathcal{R}$. We then make use of the "rigidity" of these various actors in the universal situation to show that the Main Theorem in its Gauss-Manin reformulation follows from an exact formula (4.5.3) for the Serre-Tate q-parameters of square-zero deformations of the canonical lifting.

The second part of the proof, which amounts to verifying 4.5.3, is given in chapters 5 and 6.

4.1. Let σ denote the absolute Frobenius automorphism of $W = W(k)$. For <u>any</u> W-scheme X , we denote by $X^{(\sigma)}$ the W-scheme obtained from X/W by the extension of scalars $W \xrightarrow{\sigma} W$. Thus we have a tautological cartesian diagram of schemes

$$\begin{array}{ccc} X^{(\sigma)} & \xrightarrow[\sim]{\Sigma} & X \\ \downarrow & & \downarrow \\ \mathrm{Spec}(W) & \xrightarrow[\sim]{\mathrm{Spec}(\sigma)} & \mathrm{Spec}(W) \end{array} .$$

LEMMA 4.1.1. <u>We have a natural isomorphism</u>

$$(\hat{\mathcal{M}}_{A/k})^{(\sigma)} \xrightarrow{\sim} \hat{\mathcal{M}}_{A^{(\sigma)}/k}$$

<u>under which</u>

$$\Sigma^*(q(\alpha,\alpha_t)) \longleftarrow q(\sigma(\alpha),\sigma(\alpha_t)) .$$

PROOF. Let R be an artin local ring with residue field k , and $\mathbb{A}/R$ an abelian scheme lifting A/k . Then $\mathbb{A}^{(\sigma)}/R^{(\sigma)}$ is a lifting of $A^{(\sigma)}/k$. Because σ is an automorphism, this construction defines a bijection

$$\hat{\mathcal{M}}_{A/k}(R) \xrightarrow{\sim} \hat{\mathcal{M}}_{A^{(\sigma)}/k}(R^{(\sigma)})$$

which is functorial for variable R . If we apply it to $\mathcal{R}$, we find a bijection

$$\begin{array}{ccc} \hat{\mathfrak{m}}_{A/k}(\mathcal{R}) & \simeq & \hat{\mathfrak{m}}_{A^{(\sigma)}/k}(\mathcal{R}^{(\sigma)}) \\ \| & & \| \\ \mathrm{Hom}_{fctr}(\hat{\mathfrak{m}}_{A/k}, \hat{\mathfrak{m}}_{A/k}) & & \mathrm{Hom}_{fctr}((\hat{\mathfrak{m}}_{A/k})^{(\sigma)}, \mathfrak{m}_{A^{(\sigma)}/k}) \\ \Psi & & \\ \mathrm{id} & & \end{array}$$

The element of $\mathrm{Hom}((\hat{\mathfrak{m}}_{A/k})^{(\sigma)}, \hat{\mathfrak{m}}_{A^{(\sigma)}/k})$ corresponding to the identity map is the required isomorphism. Alternatively, this isomorphism is the classifying map for the formal deformation of $A^{(\sigma)}/k$ provided by $\mathcal{A}^{(\sigma)}/\mathcal{R}^{(\sigma)}$.

By "transport of structure", we have for every $\mathbb{A}/R$, the formula

$$\Sigma^*(q(\mathbb{A}/R;\alpha,\alpha_t)) = q(\mathbb{A}^{(\sigma)}/R^{(\sigma)};\sigma(\alpha),\sigma(\alpha_t)) ,$$

and hence we have

$$\Sigma^*(q(\alpha,\alpha_t)) = q(\sigma(\alpha),\sigma(\alpha_t)) . \quad \text{Q.E.D.}$$

LEMMA 4.1.1.1. <u>The behaviour of the constructions</u> $\omega(\alpha_t)$, $L(\check{\alpha}_t)$ <u>under the construction</u>

$$\mathbb{A}/R \longmapsto \mathbb{A}^{(\sigma)}/R^{(\sigma)}$$

<u>is expressed by formulas</u>

$$\begin{cases} \Sigma^*(\omega(\alpha_t)) = \omega(\sigma(\alpha_t)) \\ \Sigma^*(L(\check{\alpha}_t)) = L(\check{\alpha}_t \circ \sigma^{-1}) . \end{cases}$$

PROOF. This is obvious by "transport of structure". Q.E.D.

Given $\mathbb{A}/R$, we denote by $\mathbb{A}'/R$ the <u>quotient</u> of $\mathbb{A}$ by the "canonical subgroup" $\hat{\mathbb{A}}[p]$ of $\mathbb{A}$. The morphism "projection onto the quotient"

$$F_{can} : \mathbb{A} \to \mathbb{A}'$$

lifts the absolute Frobenius morphism

$$F : A \to A^{(\sigma)} .$$

LEMMA 4.1.2. <u>For</u> $\alpha \in T_pA(k)$ <u>and</u> $\alpha_t \in T_pA^t(k)$, <u>we have the formulas</u>

$$\begin{cases} F(\alpha) = \sigma(\alpha) \ , \ V(\sigma(\alpha)) = p\alpha_t \\ q(\mathbb{A}'/R;\sigma(\alpha),\sigma(\alpha_t)) = (q(\mathbb{A}/R;\alpha,\alpha_t))^p \ . \end{cases}$$

PROOF. Because the morphism F_{can} exists, and lifts F , the lifting criterion yields the formula

$$q(\mathbb{A}/R;\alpha,V(\sigma(\alpha_t))) = q(\mathbb{A}'/R;F(\alpha),\sigma(\alpha_t)) \ .$$

It is visible that

$$F(\alpha) = \sigma(\alpha) \quad \text{for } \alpha \in T_pA(k) \ .$$

Applying this to A^t , we have

$$F(\alpha_t) = \sigma(\alpha_t) \quad \text{for } \alpha_t \in T_pA^t(k) \ .$$

Because $VF = P$, we find, upon applying V , the formula

$$p\alpha_t = V(\sigma(\alpha_t)) \ . \quad \text{Q.E.D.}$$

LEMMA 4.1.3. <u>Let</u> $\alpha_t \in T_pA^t(k)$, <u>and</u> $\alpha^\vee \in \mathrm{Hom}(T_pA(k),\mathbb{Z}_p)$. <u>Consider the elements</u>

$$\begin{cases} \omega(\alpha_t) \in \underline{\omega}_{\mathbb{A}/R} = H^0(\mathbb{A},\Omega^1_{\mathbb{A}/R}) \ , \\ \omega(\sigma(\alpha_t)) \in \underline{\omega}_{\mathbb{A}'/R} \\ L(\alpha^\vee) \in \mathrm{Lie}(\mathbb{A}^t/R) \simeq H^1(\mathbb{A},\mathcal{O}_{\mathbb{A}}) \\ L(\alpha^\vee\circ\sigma^{-1}) \in \mathrm{Lie}((\mathbb{A}^t)'/R) \simeq H^1(\mathbb{A}',\mathcal{O}_{\mathbb{A}'}) \ . \end{cases}$$

<u>Under the morphism</u> F^*_{can} <u>induced by</u>

$$F_{can} : \mathbb{A} \to \mathbb{A}' \ ,$$

<u>we have the formulas</u>

$$F^*_{can}(\omega(\sigma(\alpha_t))) = p\omega(\alpha_t)$$

$$F^*_{can}(L(\alpha^\vee\circ\sigma^{-1})) = L(\alpha^\vee) \ .$$

PROOF. By lemma 3.5.1, we have

$$F^*_{can}(\omega(\sigma(\alpha_t))) = \omega(V\sigma(\alpha_t)) = \omega(p\alpha_t)$$

while by lemma 3.5.3 we have

$$F^*_{can}(L(\alpha^\vee \circ \sigma^{-1})) = L(\alpha^\vee \circ \sigma^{-1} \circ F) = L(\alpha^\vee) \ . \quad \text{Q.E.D.}$$

If we apply the construction

$$\mathbb{A}/R \longmapsto \mathbb{A}'/R$$

to the universal formal deformation $\mathcal{A}/\hat{\mathcal{M}}_{A/k}$ of A/k, we obtain a formal deformation $\mathcal{A}'/\hat{\mathcal{M}}_{A/k}$ of $A^{(\sigma)}/k$. It's classifying map is the unique morphism

$$\Phi : \hat{\mathcal{M}}_{A/k} \longrightarrow \hat{\mathcal{M}}_{A^{(\sigma)}/k} \xrightarrow{\sim} (\hat{\mathcal{M}}_{A/k})^{(\sigma)}$$

such that

$$\Phi^*(\mathcal{A}^{(\sigma)}) \simeq \mathcal{A}' \ .$$

The expression of Φ on the coordinate rings is given, by lemma 4.1.1, as

$$\Phi^*\Sigma^*(q(\alpha,\alpha_t)) = q(\alpha,\alpha_t)^p \ .$$

In terms of the structure of toroidal formal Lie group over W imposed upon $\hat{\mathcal{M}}_{A/k}$ by Serre-Tate, the morphism Φ may be characterized as the unique <u>group homomorphism</u> which reduces mod p to the absolute Frobenius.

The isomorphism

$$\Phi^*(\mathcal{A}^{(\sigma)}) \simeq \mathcal{A}'$$

allows us to view F_{can} as a morphism of formal abelian schemes over $\hat{\mathcal{M}}_{A/k}$

$$F_{can} : \mathcal{A} \longrightarrow \Phi^*(\mathcal{A}^{(\sigma)}) \ .$$

LEMMA 4.1.4. <u>Let</u> $\alpha_t \in T_pA^t(k)$, $\alpha^\vee \in \mathrm{Hom}(T_pA(k),\mathbb{Z}_p)$. <u>Consider the elements</u>

$$\begin{cases} \omega(\alpha_t) \in \underline{\omega}_{\mathcal{A}/\hat{\mathcal{M}}} \\ L(\alpha^\vee) \in \mathrm{Lie}(\mathcal{A}^t/\mathcal{R}) \simeq H^1(\mathcal{A},\mathcal{O}_{\mathcal{A}}) \ . \end{cases}$$

<u>Under the morphism</u> F^*_{can} <u>induced by</u>

$$F_{can} : \mathcal{A} \rightarrow \Phi^*(\mathcal{A}^{(\sigma)}) \ ,$$

<u>we have the formulas</u>

$$\begin{cases} F^*_{can}\Phi^*\Sigma^*(\omega(\alpha_t)) = p\omega(\alpha_t) \\ F^*_{can}\Phi^*\Sigma^*(L(\alpha^\vee)) = L(\alpha^\vee) \ . \end{cases}$$

PROOF. This follows immediately from 4.1.3 and 4.1.1.1.

COROLLARY 4.1.5. <u>The</u> ω <u>and</u> L <u>constructions define isomorphisms</u>

$$T_pA^t(k) \xrightarrow{\sim} \{\omega \in \underline{\omega}_{\mathcal{A}/\mathcal{R}} \mid F^*_{can}\Phi^*\Sigma^*(\omega) = p\omega\}$$

$$\mathrm{Hom}(T_pA(k),\mathbb{Z}_p) \xrightarrow{\sim} \left\{\begin{array}{l} L \in \mathrm{Lie}(\mathcal{A}^t/\mathcal{R}) \simeq H^1(\mathcal{A},\mathcal{O}_{\mathcal{A}}) \\ \text{such that } F^*_{can}\Phi^*\Sigma^*(L) = L \end{array}\right\} .$$

PROOF. Let $\alpha_{1,t},\ldots,\alpha_{g,t}$ be a $\mathbb{Z}_p$-basis of $T_pA^t(k)$. Then $\omega(\alpha_{1,t}),\ldots,\omega(\alpha_{g,t})$ is an $\mathcal{R}$-basis of $\underline{\omega}_{\mathcal{A}/\mathcal{R}}$. Given $\omega \in \underline{\omega}$, it has a unique expression

$$\omega = \sum_i f_i\, \omega(\alpha_{t,i}) \quad , \quad f_i \in \mathcal{R} \ ,$$

whence

$$F^*_{can}\Phi^*\Sigma^*(\omega) = \Sigma\ \Phi^*\Sigma^*(f_i).p\omega(\alpha_{t,i}) \ .$$

Therefore, as $\mathcal{R}$ is torsion-free, we see that

$$F^*_{can}\Phi^*\Sigma^*(\omega) = p\omega$$

$$\Longleftrightarrow \Phi^*\Sigma^*(f_i) = f_i \quad \text{for } i = 1,\ldots,g \ .$$

But it is obvious that a function $f \in \mathcal{R}$ satisfies $\Phi^*\Sigma^*(f) = f$ if and only if f is a constant in $\mathbb{Z}_p$.

The proof of the second assertion is entirely analogous.

4.2. Consider the de Rham cohomology of $\mathcal{A}/\mathcal{R}$, sitting in its Hodge exact sequence

$$\begin{array}{ccccccccc}
0 & \longrightarrow & \underline{\omega}_{\mathcal{A}/\mathcal{R}} & \longrightarrow & H^1_{DR}(\mathcal{A}/\mathcal{R}) & \longrightarrow & H^1(\mathcal{A},\mathcal{O}_{\mathcal{A}}) & \longrightarrow & 0 \\
 & & \Big\uparrow \wr\, \omega\otimes 1 & & & & \Big\| & & \\
 & & & & & & \mathrm{Lie}(\mathcal{A}^t/\mathcal{R}) & & \\
 & & T_pA^t(k) \underset{\mathbb{Z}_p}{\otimes} \mathcal{R} & & & & \Big\uparrow \wr\, L\otimes 1 & & \\
 & & & & & & \mathrm{Hom}(T_pA(k),\mathbb{Z}_p) \underset{\mathbb{Z}_p}{\otimes} \mathcal{R} \ . & &
\end{array}$$

Let us denote by

$$\mathrm{Fix}(H^1_{DR}) \ , \ \text{p-}\mathrm{Fix}(H^1_{DR})$$

the $\mathbb{Z}_p$-submodules of $H^1_{DR}(\mathcal{A}/\mathcal{R})$ defined as

$$\mathrm{Fix} = \{\xi \in H^1_{DR} \mid F^*_{can}\Phi^*\Sigma^*(\xi) = \xi\}$$

$$\text{p-}\mathrm{Fix} = \{\xi \in H^1_{DR} \mid F^*_{can}\Phi^*\Sigma^*(\xi) = p\xi\} \ .$$

LEMMA 4.2.1. <u>The maps</u> a , b <u>in the Hodge exact sequence</u>

$$0 \longrightarrow T_pA^t(k) \underset{\mathbb{Z}_p}{\otimes} \mathcal{R} \xrightarrow{a} H^1_{DR}(\mathcal{A}/\mathcal{R}) \xrightarrow{b} \mathrm{Hom}(T_pA(k),\mathbb{Z}_p) \underset{\mathbb{Z}_p}{\otimes} \mathcal{R} \longrightarrow 0$$

<u>induce isomorphisms</u>

(1) $$T_pA^t(k) \xrightarrow[\sim]{a} \text{p-}\mathrm{Fix}(H^1_{DR})$$

(2) $$\mathrm{Hom}(T_pA(k),\mathbb{Z}_p) \xleftarrow[b]{\sim} \mathrm{Fix}(H^1_{DR}) \ .$$

PROOF. (1) Let $\xi \in$ p-Fix . By 4.1.5, it suffices to show that ξ lies in $\underline{\omega}_{\mathcal{A}/\mathcal{R}}$. For this, it suffices to show that the projection of ξ in $H'(\mathcal{A},\mathcal{O}_{\mathcal{A}})$ vanishes. But this projection lies in p-Fix$(H'(\mathcal{A},\mathcal{O}_{\mathcal{A}}))$; in terms of a $\mathbb{Z}_p$-basis $\alpha_i^\vee$ of $\mathrm{Hom}(T_pA(k),\mathbb{Z}_p)$, we have

$$\mathrm{proj}(\xi) = \Sigma\, f_i L(\alpha_i^\vee) \ ,$$

$$p\ \mathrm{proj}(\xi) = F^*_{can}\Phi^*\Sigma^*(\mathrm{proj}(\xi)) = \Sigma\, \Phi^*\Sigma^*(f_i)\, L(\alpha_i^\vee) \ ,$$

whence the coefficients $f_i \in \mathcal{R}$ satisfy

$$\Phi^*\Sigma^*(f_i) = pf_i \ .$$

Because $\mathcal{R}$ is flat over $\mathbb{Z}_p$ and p-adically separated, $\mathcal{R}/p\mathcal{R}$ is reduced; as $\Phi^*\Sigma^*$ reduces mod p to the absolute Frobenius endomorphism of $\mathcal{R}/p\mathcal{R}$, we infer that $f_i = 0$.

(2) By 4.1.4, the endomorphism $F^*_{can}\Phi^*\Sigma^*$ of $\underline{\omega}_{\mathcal{A}/\mathcal{R}}$ is p-adically nilpotent, and therefore we have

$$\mathrm{Fix}(H^1_{DR}) \cap \underline{\omega}_{\mathcal{A}/\mathcal{R}} = 0 .$$

This means that the projection b induces an injective map

$$\begin{array}{ccc} \mathrm{Fix}(H^1_{DR}) & \xrightarrow{\text{proj}} & \mathrm{Fix}(H^1(\mathcal{A},\mathcal{D}_{\mathcal{A}})) \\ & {}_{b}\searrow & \wr\| \ (4.1.5) \\ & & \mathrm{Hom}(T_pA(k),\mathbb{Z}_p)) . \end{array}$$

To see that it is surjective, fix an element $\alpha^\vee \in \mathrm{Hom}(T_pA(k),\mathbb{Z}_p))$, and choose any element $\xi_o \in H^1_{DR}$ which projects to $L(\alpha^\vee)$. Because $L(\alpha^\vee)$ is fixed by $F^*_{can}\Phi^*\Sigma^*$, each of the sequence $\xi_o, \xi_1, \ldots$ of elements of H^1_{DR} defined inductively by

$$\xi_{n+1} = F^*_{can}\Phi^*\Sigma^*(\xi_n)$$

also projects to $L(\alpha^\vee)$. Therefore for every $n \geqslant 0$ we have

$$\xi_n - \xi_o = \omega_n \in \underline{\omega}_{\mathcal{A}/\mathcal{R}} ;$$

applying the endomorphism $F^*_{can}\Phi^*\Sigma^*$ m times, we see by 4.1.4 that

$$\xi_{n+m} - \xi_m = (F^*_{can}\Phi^*\Sigma^*)^m(\omega_n) \in p^m\underline{\omega}_{\mathcal{A}/\mathcal{R}} .$$

Therefore the sequence ξ_n converges, in the p-adic topology on H^1_{DR} , to an element ξ_∞ which projects to $L(\alpha^\vee)$ and which by construction lies in $\mathrm{Fix}(H^1_{DR})$.

For each element $\alpha^\vee \in \mathrm{Hom}(T_pA(k),\mathbb{Z}_p)$, we denote by

$$\mathrm{Fix}(\alpha^\vee) \in \mathrm{Fix}(H^1_{DR})$$

the unique fixed point which projects to $L(\alpha^\vee)$. Formation of $\mathrm{Fix}(\alpha^\vee)$ defines the isomorphism inverse to b :

$$\mathrm{Hom}(T_pA(k),\mathbb{Z}_p) \underset{b}{\overset{\mathrm{Fix}}{\rightleftarrows}} \mathrm{Fix}(H^1_{DR}) .$$

COROLLARY 4.2.2. <u>The construction "Fix" provides the unique $\mathcal{R}$-splitting of the Hodge exact sequence which respects the action of</u> $F^*_{can}\Phi^*\Sigma^*$:

$$\begin{array}{ccccccc}
0 \longrightarrow & \underline{\omega}_{\mathcal{A}/\mathcal{R}} & \longrightarrow & H^1_{DR}(\mathcal{A}/\mathcal{R}) & \longrightarrow & H^1(\mathcal{A},\mathcal{O}_{\mathcal{A}}) & \longrightarrow 0 \\
& \uparrow{\scriptstyle \omega\otimes 1} & & \nwarrow & & \uparrow & \\
& T_pA^t(k)\otimes\mathcal{R} & & & {\scriptstyle \mathrm{Fix}\otimes 1} & \mathrm{Lie}(\mathcal{A}^t/\mathcal{R}) & \\
& & & & & \uparrow{\scriptstyle L\otimes 1} & \\
& & & & & \mathrm{Hom}(T_pA(k),\mathbb{Z}_p)\otimes\mathcal{R} . &
\end{array}$$

4.3. In this section we will give further equivalent forms of the Main Theorem, this time formulated in terms of the Gauss-Manin connection on $H^1_{DR}(\mathcal{A}/\mathcal{R})$.

MAIN THEOREM (quat) 4.3.1. <u>Let</u> $\alpha_1,\ldots,\alpha_g$ <u>be a</u> $\mathbb{Z}_p$<u>-basis of</u> $T_pA(k)$, $\alpha_1^\vee,\ldots,\alpha_g^\vee$ <u>the dual basis of</u> $\mathrm{Hom}(T_pA(k),\mathbb{Z}_p)$. <u>Under the Gauss-Manin connection</u>

$$\nabla : H^1_{DR}(\mathcal{A}/\mathcal{R}) \to H^1_{DR}(\mathcal{A}/\mathcal{R})\otimes\Omega^1_{\mathcal{R}/W}$$

<u>we have the formulas</u>

$$\nabla(\omega(\alpha_t)) = \sum_i \mathrm{Fix}(\alpha_i^\vee)\otimes \mathrm{dlog}\; q(\alpha_i,\alpha_t)$$

$$\nabla(\mathrm{Fix}(\alpha^\vee)) = 0$$

<u>for any</u> $\alpha_t \in T_pA^t(k)$, <u>and any</u> $\alpha^\vee \in \mathrm{Hom}(T_pA(k),\mathbb{Z}_p)$.

For each continuous derivation D of $\mathcal{R}$ into itself we denote by $\nabla(D)$ the map defined by

$$\begin{array}{ccc}
H^1_{DR}(\mathcal{A}/\mathcal{R}) & \xrightarrow{\ \nabla\ } & H^1_{DR}(\mathcal{A}/\mathcal{R})\otimes\Omega^1_{\mathcal{R}/W} \\
& {\scriptstyle \nabla(D)}\searrow & \downarrow{\scriptstyle 1\otimes D} \\
& & H^1_{DR}(\mathcal{A}/\mathcal{R})
\end{array}$$

MAIN THEOREM (cinq) 4.3.2. <u>We have the formulas</u>

$$\begin{cases} \nabla(D(\ell))(\omega(\alpha_t)) = \mathrm{Fix}(\ell * \alpha_t) \\ \nabla(D(\ell))(\mathrm{Fix}(\alpha^\vee)) = 0 , \end{cases}$$

<u>for every</u> $\alpha_t \in T_pA^t(k)$, $\alpha^\vee \in \mathrm{Hom}(T_pA(k),\mathbb{Z}_p)$, $\ell \in \mathrm{Hom}(T_pA(k)\otimes T_pA^t(k),\mathbb{Z}_p)$.

Let us explain why 4.3.1-2 are in fact equivalent to 3.7.1-2-3. That 4.3.1 and 4.3.2 are equivalent to each other is obvious. The implication (4.3.1) $\Longrightarrow$ (3.7.2) comes from the fact that the Kodaira-Spencer mapping Kod is the "associated graded", for the Hodge filtration, of the Gauss-Manin connection, i.e. from the commutativity of the diagram

$$\begin{array}{ccc}
H^1_{DR}(\mathcal{A}/\mathcal{R}) & \xrightarrow{\nabla} & H^1_{DR}(\mathcal{A}/\mathcal{R}) \otimes \Omega^1_{\mathcal{R}/W} \\
\uparrow & & \downarrow \text{proj} \otimes 1 \\
 & & H^1(\mathcal{A}, \mathcal{O}_{\mathcal{A}}) \otimes \Omega^1_{\mathcal{R}/W} \\
 & & \wr\! \| \\
\underline{\omega}_{\mathcal{A}/\mathcal{R}} & \xrightarrow{\text{Kod}} & \mathrm{Lie}(\mathcal{A}^t/\mathcal{R}) \otimes \Omega^1_{\mathcal{R}/W} .
\end{array}$$

It remains to deduce (4.3.1) from (3.7.2). In terms of a $\mathbb{Z}_p$ base $\{\alpha_i\}$ of $T_pA(k)$ and of the dual base $\check{\alpha}_i$ of $\mathrm{Hom}(T_pA(k), \mathbb{Z}_p)$, we must show that

$$\begin{cases} \nabla(\omega(\alpha_t)) = \Sigma\ \mathrm{Fix}(\check{\alpha}_i) \otimes \mathrm{dlog}\ q(\alpha_i, \alpha_t) \\ \nabla(\mathrm{Fix}(\alpha^\vee)) = 0 . \end{cases}$$

To show this, we must exploit the functoriality of the Gauss-Manin connection. Because we have a morphism

$$F_{\mathrm{can}} : \mathcal{A} \to \Phi^*(\mathcal{A}^{(\sigma)}) = \mathcal{A} \underset{\mathcal{R} \nearrow \Phi^*\Sigma^*}{\otimes} \mathcal{R} ,$$

the induced map on cohomology is a <u>horizontal</u> map

$$F^*_{\mathrm{can}} : \Phi^*\Sigma^*(H^1_{DR}(\mathcal{A}/\mathcal{R}), \nabla) \to (H^1_{DR}(\mathcal{A}/\mathcal{R}), \nabla) .$$

Concretely, this means that we have a commutative diagram

$$\begin{array}{ccc}
H^1_{DR}(\mathcal{A}/\mathcal{R}) & \xrightarrow{\nabla \text{ for } \mathcal{A}/\mathcal{R}} & H^1_{DR}(\mathcal{A}/\mathcal{R}) \otimes \Omega^1_{\mathcal{R}/W} \\
\downarrow \Phi^*\Sigma^* & & \downarrow \Phi^*\Sigma^* \otimes \Phi^*\Sigma^* \\
H^1_{DR}(\Phi^*(\mathcal{A}^{(\sigma)})/\mathcal{R}) & \xrightarrow{\nabla \text{ for } \Phi^*(\mathcal{A}^{(\sigma)})/\mathcal{R}} & H^1_{DR}(\Phi^*(\mathcal{A}^{(\sigma)})/\mathcal{R}) \otimes \Omega^1_{\mathcal{R}/W} \\
\downarrow F^*_{\mathrm{can}} & & \downarrow F^*_{\mathrm{can}} \otimes \mathrm{id} \\
H^1_{DR}(\mathcal{A}/\mathcal{R}) & \xrightarrow{\nabla \text{ for } \mathcal{A}/\mathcal{R}} & H^1_{DR}(\mathcal{A}/\mathcal{R}) \otimes \Omega^1_{\mathcal{R}/W} .
\end{array}$$

LEMMA 4.3.3. <u>For any</u> $\ell \in \mathrm{Hom}(T_pA(k) \otimes T_pA^t(k), \mathbb{Z}_p)$, <u>the action of</u> $D(\ell)$ <u>under the Gauss-Manin connection on</u> $H^1_{DR}(\mathcal{A}/\mathcal{R})$ <u>satisfies the formula</u>

$$\nabla(D(\ell))(F^*_{can}\Phi^*\Sigma^*(\xi)) = pF^*_{can}\Phi^*\Sigma^*(\nabla(D(\ell))(\xi)) ,$$

<u>for any elements</u> $\xi \in H^1_{DR}(\mathcal{A}/\mathcal{R})$.

PROOF. Let $\{\alpha_i\}_i$ and $\{\alpha_{t,j}\}_j$ be $\mathbb{Z}_p$-bases of $T_pA(k)$ and of $T_pA^t(k)$ respectively. Then the one-forms

$$\eta_{ij} = \mathrm{dlog}\; q(\alpha_i, \alpha_{t,j})$$

form an $\mathcal{R}$-base of $\Omega^1_{\mathcal{R}/W}$. The formula

$$\Phi^*\Sigma^*(q(\alpha,\alpha_t)) = q(\alpha,\alpha_t)^p$$

shows that the η_{ij} satisfy

$$\Phi^*\Sigma^*(\eta_{ij}) = p\,\eta_{ij} .$$

Given $\xi \in H^1_{DR}(\mathcal{A}/\mathcal{R})$, we can write

$$\nabla(\xi) = \sum_{i,j} \lambda_{i,j} \underset{\mathcal{R}}{\otimes} \eta_{ij} ;$$

the coefficients $\lambda_{ij} \in H^1_{DR}(\mathcal{A}/\mathcal{R})$ are given by the formula

$$\lambda_{ij} = \nabla(D(\ell_{ij}))(\xi) ,$$

where we denote by $\{\ell_{i,j}\} \in \mathrm{Hom}(T_pA(k) \otimes T_pA^t(k), \mathbb{Z}_p)$ the dual basis to the basis $\{\alpha_i \otimes \alpha_{t,j}\}_{i,j}$ of $T_pA(k) \otimes T_pA^t(k)$.

The commutativity of our diagram gives

$$\begin{aligned}\nabla(F^*_{can}\Phi^*\Sigma^*(\xi)) &= \Sigma\, F^*_{can}\Phi^*\Sigma^*(\lambda_{ij}) \otimes \Phi^*\Sigma^*(\eta_{ij}) \\ &= p\,\Sigma\, F^*_{can}\Phi^*\Sigma^*(\lambda_{ij}) \otimes \eta_{ij} .\end{aligned}$$

Thus we find

$$\nabla(D(\ell_{ij}))(F^*_{can}\Phi^*\Sigma^*(\xi)) = p\,F^*_{can}\Phi^*\Sigma^*(\lambda_{i,j}) \;\Vert\; p\,F^*_{can}\Phi^*\Sigma^*(\nabla(D(\ell_{ij}))(\xi)) .$$

The assertion for any ℓ follows by $\mathbb{Z}_p$-linearity. Q.E.D.

COROLLARY 4.3.4. *If* $\xi \in H^1_{DR}(\mathcal{A}/\mathcal{R})$ *satisfies*

$$F^*_{can}\Phi^*\Sigma^*(\xi) = \lambda\ \xi \quad \text{with} \quad \lambda \in W ,$$

then for any $\ell \in \mathrm{Hom}(T_pA(k) \otimes T_pA^t(k), \mathbb{Z}_p)$, *the element* $\nabla(D(\ell))(\xi) \in H^1_{DR}(\mathcal{A}/\mathcal{R})$ *satisfies*

$$p\ F^*_{can}\Phi^*\Sigma^*(\nabla(D(\ell))(\xi)) = \lambda\ \nabla(D(\ell))(\xi) .$$

In particular, we have the implications

$$\xi \in \mathrm{Fix}(H^1_{DR}) \implies \nabla(D(\ell))(\xi) = 0$$

$$\xi \in p\text{-}\mathrm{Fix}(H^1_{DR}) \implies \nabla(D(\ell))(\xi) \in \mathrm{Fix}(H^1_{DR}) .$$

PROOF. The first and last assertions are immediate from 4.3.3. If $\xi \in \mathrm{Fix}(H^1_{DR})$, then the element $\xi' = \nabla(D(\ell))(\xi)$ satisfies

$$\begin{aligned} \xi' &= p\ F^*_{can}\Phi^*\Sigma^*(\xi') \\ &\ \vdots \\ &= p^n(F^*_{can}\Phi^*\Sigma^*)^n(\xi') \\ &\ \vdots \\ &= 0 . \quad \text{Q.E.D.} \end{aligned}$$

Armed with 4.3.4, we can deduce (4.3.1) from (3.7.2). According to 3.7.2, we have

$$\mathrm{Kod}(\omega(\alpha_t)) = \Sigma\ L(\alpha_i^\vee) \otimes \mathrm{dlog}\ q(\alpha_i,\alpha_t) .$$

Therefore we have

$$\mathrm{Kod}(D(\ell))(\omega(\alpha_t)) = \Sigma\ \ell(\alpha_i \otimes \alpha_t) L(\alpha_i^\vee) .$$

But the element $\mathrm{Kod}(D(\ell))(\omega(\alpha_t)) \in \mathrm{Lie}(\mathcal{A}^t/R)$ is the *projection* of $\nabla(D(\ell))(\omega(\alpha_t)) \in H^1_{DR}(\mathcal{A}/\mathcal{R})$. Therefore we have a congruence

$$\nabla(D(\ell))(\omega(\alpha_t)) \equiv \Sigma\ \ell(\alpha_i \otimes \alpha_t)\mathrm{Fix}(\alpha_i^\vee) \mod \underline{\omega}_{\mathcal{A}/\mathcal{R}} .$$

But $\omega(\alpha_t)$ lies in $p\text{-}\mathrm{Fix}(H^1_{DR})$ (by 4.2.1) ; therefore (4.3.4) shows us that $\nabla(D(\ell))(\omega(\alpha_t))$ lies in $\mathrm{Fix}(H^1_{DR})$. Therefore the above congruence is in fact an equality (because $\mathrm{Fix}(H^1_{DR}) \cap \underline{\omega} = 0$) :

$$\nabla(D(\ell))(\omega(\alpha_t)) = \sum_i \ell(\alpha_i \otimes \alpha_t)\mathrm{Fix}(\check{\alpha}_i)$$
$$= \mathrm{Fix}(\sum_i \ell(\alpha_i \otimes \alpha_t).\check{\alpha}_i)$$
$$= \mathrm{Fix}(\ell * \alpha_t) \ . \quad \text{Q.E.D.}$$

4.4. In this section we will conclude the first part of the proof of 3.7.1 as outlined in 4.0. The key is provided by 4.3.4.

THEOREM 4.4.1. Let $\alpha \in T_pA(k)$, $\alpha_t \in T_pA^t(k)$. There exists a (necessarily unique) character $Q(\alpha,\alpha_t)$ of $\hat{\mathfrak{m}}$ such that

$$\omega(\alpha).\mathrm{Kod}(\omega(\alpha_t)) = \mathrm{dlog}\ Q(\alpha,\alpha_t) \ .$$

PROOF. Let $\{\alpha_i\}$ be a $\mathbb{Z}_p$-basis of $T_pA(k)$, $\{\alpha_{t,j}\}$ a $\mathbb{Z}_p$-basis of $T_pA^t(k)$, and $\ell_{i,j}$ the basis of $\mathrm{Hom}(T_pA(k) \otimes T_pA^t(k), \mathbb{Z}_p)$ dual to $\{\alpha_i \otimes \alpha_{i,j}\}$. Then for any element $\xi \in H^1_{DR}(\mathcal{A}/\mathcal{R})$, we have

$$\nabla(\xi) = \sum_{i,j} \nabla(D(\ell_{ij}))(\xi) \otimes \mathrm{dlog}\ q(\alpha_i, \alpha_{t,j}) \ .$$

In particular, for $\xi = \omega(\alpha_t)$ we find

$$\nabla(\omega(\alpha_t)) = \sum_{i,j} \nabla(D(\ell_{ij}))(\omega(\alpha_t)) \otimes \mathrm{dlog}\ q(\alpha_i, \alpha_{t,j}) \ .$$

By 4.3.4 and 4.2.1, we have

$$\nabla(D(\ell_{ij}))(\omega(\alpha_t)) \in \mathrm{Fix}(H^1_{DR}) \ ;$$

so for fixed α_t, there exist unique elements

$$\check{\alpha}_{ij} \in \mathrm{Hom}(T_pA(k), \mathbb{Z}_p)$$

such that

$$\nabla(D(\ell_{ij}))(\omega(\alpha_t)) = \mathrm{Fix}(\check{\alpha}_{ij}) \ .$$

Thus we obtain a formula of the form

$$\nabla(\omega(\alpha_t)) = \sum_{i,j} \mathrm{Fix}(\check{\alpha}_{ij}) \otimes \mathrm{dlog}\ q(\alpha_i, \alpha_{t,j})$$

with certain elements $\check{\alpha}_{ij} \in \mathrm{Hom}(T_pA(k), \mathbb{Z}_p)$ depending upon α_t.

Passing to the associated graded, we obtain a formula

$$\mathrm{Kod}(\omega(\alpha_t)) = \sum_{i,j} L(\check{\alpha}_{ij}) \otimes \mathrm{dlog}\, q(\alpha_i, \alpha_{t,j}) .$$

Therefore for $\alpha \in T_pA(k)$, we have

$$\begin{aligned} \omega(\alpha).\mathrm{Kod}(\omega(\alpha_t)) &= \sum_{i,j} (\alpha.\check{\alpha}_{ij})\mathrm{dlog}\, q(\alpha_i, \alpha_{t,j}) \\ &= \mathrm{dlog}\Big(\prod_{i,j} (q(\alpha_i, \alpha_{t,j}))^{\alpha.\check{\alpha}_{ij}}\Big) . \quad \text{Q.E.D.} \end{aligned}$$

COROLLARY 4.4.2. <u>For</u> $\alpha \in T_pA(k)$, $\alpha_t \in T_pA^t(k)$, <u>and</u> $\ell \in \mathrm{Hom}(T_pA(k) \otimes T_pA^t(k), \mathbb{Z}_p)$, <u>we have</u>

$$\omega(\alpha).\mathrm{Kod}(D(\ell))(\omega(\alpha_t)) = \text{a constant in } \mathbb{Z}_p .$$

COROLLARY 4.4.3. <u>Suppose for every integer</u> $n \geq 1$ <u>we can find a homomorphism</u>

$$f_n : \mathcal{R} \to W_n = W_n(k)$$

<u>such that we have</u>

$$f_n(\omega(\alpha).\mathrm{Kod}(D(\ell))(\omega(\alpha_t))) = \ell(\alpha \otimes \alpha_t) \quad \text{in } W_n ,$$

<u>for every</u> $\alpha \in T_pA(k)$, $\alpha_t \in T_pA^t(k)$, <u>and</u> $\ell \in \mathrm{Hom}(T_pA(k) \otimes T_pA^t(k), \mathbb{Z}_p)$. <u>Then the Main Theorem</u> 3.7.4 <u>holds, i.e. we have</u>

$$\omega(\alpha).\mathrm{Kod}(D(\ell))(\omega(\alpha_t)) = \ell(\alpha \otimes \alpha_t) \quad \text{in } \mathcal{R} .$$

PROOF. This is obvious from 4.4.2, because the natural map $\mathbb{Z}_p \to \varprojlim W_n$ is injective !

4.5. In this section we will exploit 4.4.3 to give an infinitesimal formulation of the Main Theorem.

Let R be any artin local ring with residue field k (e.g. $R = W_n(k)$). By the Serre-Tate theorem, there is a unique abelian scheme A_{can}/R lifting A/k for which

$$q(A_{can}/R; \alpha, \alpha_t) = 1 \quad \text{for all } \alpha \in T_pA(k) , \alpha_t \in T_pA^t(k) .$$

This is the "canonical lifting", to R , of A/k . It's classifying homomorphism

$$f_{can} : \mathcal{R} \to R$$

is the unique W-linear homomorphism for which

$$f_{can}(q(\alpha, \alpha_t)) = 1 \ , \ \text{for all} \quad \alpha \in T_pA(k) \ , \ \alpha_t \in T_pA^t(k) \ .$$

Let D be any continuous derivation of $\mathcal{R}$ into itself. Then we can define a homomorphism

$$f_{can,D} : \mathcal{R} \to R[\varepsilon] \qquad (\varepsilon^2 = 0)$$

by defining, for, $r \in \mathcal{R}$,

$$f_{can,D}(r) \overset{\underline{\underline{dfn}}}{=} f_{can}(r) + f_{can}(D(r)) \ .$$

The corresponding abelian scheme over $R[\varepsilon]$

$$A_{can,D} \overset{\underline{\underline{dfn}}}{=} \mathcal{A} \underset{\mathcal{R}}{\otimes} R[\varepsilon]$$

is a first order deformation of A_{can}/R .

Consider its associated locally splittable short exact sequence on $A_{can,D}$:

$$0 \to \mathcal{O}_{A_{can,D}} \underset{R[\varepsilon]}{\otimes} \Omega^1_{R[\varepsilon]/R} \to \Omega^1_{A_{can,D}/R} \to \Omega^1_{A_{can,D}/R[\varepsilon]} \to 0 \ .$$

It's reduction modulo ε is a short exact sequence on A_{can} ,

$$\begin{array}{ccccccccc} 0 & \to & \mathcal{O}_{A_{can}} \underset{R}{\otimes} d\varepsilon & \to & \Omega^1_{A_{can,D}/R}\big|A_{can} & \to & \Omega^1_{A_{can}/R} & \to & 0 \\ & & \uparrow\wr & & \| & & \| & & \\ 0 & \to & \mathcal{O}_{A_{can}} & \xrightarrow{\times d\varepsilon} & \Omega^1_{A_{can,D}/R}\big|A_{can} & \to & \Omega^1_{A_{can}/R} & \to & 0 \end{array}$$

which sits in a commutative diagram

$$\begin{array}{ccccccccc} 0 & \to & \mathcal{O}_{\mathcal{A}} \underset{\mathcal{R}}{\otimes} \Omega^1_{\mathcal{R}/W} & \to & \Omega^1_{\mathcal{A}/W} & \to & \Omega^1_{\mathcal{A}/\mathcal{R}} & \to & 0 \\ & & \downarrow 1 \otimes D & & & & & & \\ & & \mathcal{O}_{\mathcal{A}} & & \downarrow f^*_{can,D} & & \downarrow f^*_{can} & & \\ & & \downarrow f^*_{can} & & & & & & \\ 0 & \to & \mathcal{O}_{A_{can}} & \xrightarrow{\times d\varepsilon} & \Omega^1_{A_{can,D}/R}\big|A_{can} & \to & \Omega^1_{A_{can}/R} & \to & 0 \ . \end{array}$$

Let us denote by ∂ the coboundary map in the associated long exact cohomology sequence

$$\begin{array}{ccc} H^0(A_{can},\Omega^1_{A_{can}/R}) & \longrightarrow & H^1(A_{can},\Theta_{A_{can}}) \\ \wr\| & & \wr\| \\ \underline{\omega}_{A_{can}/R} & \xrightarrow{\partial} & \mathrm{Lie}(A^t_{can}/R) . \end{array}$$

From the commutative diagram (4.5.1) above, we see that

LEMMA 4.5.2. <u>For</u> $\alpha \in T_pA(k)$ <u>and</u> $\alpha_t \in T_pA^t(k)$, <u>we have the formulas</u>

$$\begin{cases} f^*_{can}(\mathrm{Kod}(D)(\omega(\alpha_t)) = \partial(f^*_{can}(\omega(\alpha_t))) \\ f_{can}(\omega(\alpha).\mathrm{Kod}(D)(\omega(\alpha_t))) = f^*_{can}(\omega(\alpha)).\partial(f^*_{can}(\omega(\alpha_t)) . \end{cases}$$

MAIN THEOREM 4.5.3. <u>Hypotheses and notations as above, the</u> q-<u>parameters of</u> $A_{can,D}/R[\varepsilon]$ <u>are given by the formula</u>

$$q(A_{can,D}/R[\varepsilon];\alpha,\alpha_t) = 1+\varepsilon f^*_{can}(\omega(\alpha)).\partial(f^*_{can}(\omega(\alpha_t))) .$$

Let us explain why 4.5.3 is equivalent to 3.7.1-2-3-4 . Suppose first that 3.7.1 holds. Then

$$\omega(\alpha).\mathrm{Kod}(\omega(\alpha_t)) = \mathrm{dlog}(q(\alpha,\alpha_t)) .$$

Therefore we have

$$\omega(\alpha).\mathrm{Kod}(D)(\omega(\alpha t)) = \frac{D(q(\alpha,\alpha_t))}{q(\alpha,\alpha_t)} .$$

Applying the homomorphism

$$f_{can} : \mathcal{R} \to R ,$$

we obtain

$$f_{can}(\omega(\alpha).\mathrm{Kod}(D)(\omega(\alpha_t)) = \frac{f_{can}(D(q(\alpha,\alpha_t))}{f_{can}(q(\alpha,\alpha_t))} = f_{can}(D(q(\alpha,\alpha_t)) .$$

Because $A_{can,D}/R[\varepsilon]$ has classifying map $f_{can,D}$, we have

$$q(A_{can,D}/R[\varepsilon];\alpha,\alpha_t) = f_{can,D}(q(\alpha,\alpha_t))$$
$$= f_{can}(q(\alpha,\alpha_t)) + \varepsilon f_{can}(D(q(\alpha,\alpha_t))$$
$$= 1 + \varepsilon f_{can}(\omega(\alpha).\mathrm{Kod}(D)(\omega(\alpha_t)))$$
$$= 1 + \varepsilon f^*_{can}(\omega(\alpha)).\partial(f^*_{can}(\omega(\alpha_t))) \ .$$

Conversely, suppose that 4.5.3 holds.

Equating coefficients of ε , we obtain

$$\begin{array}{ccc} f_{can}(D(q(\alpha,\alpha_t)) & = & f^*_{can}(\omega(\alpha)).\partial(f^*_{can}(\omega(\alpha_t)) \\ \| & & \| \\ f_{can}(D\log q(\alpha,\alpha_t)) & = & f_{can}(\omega(\alpha).\mathrm{Kod}(D)(\omega(\alpha_t)) \ . \end{array}$$

Taking for D one of the derivations $D(\ell)$, $\ell \in \mathrm{Hom}(T_pA(k) \otimes T_pA^t(k), \mathbb{Z}_p)$, we obtain an equality

$$f_{can}(\ell(\alpha \otimes \alpha_t)) = f_{can}(\omega(\alpha).\mathrm{Kod}(D(\ell)(\omega(\alpha_t))) \ .$$

Taking for R the rings W_n , we thus fulfill the criteria of 4.4.3.

Q.E.D.

5. INTERLUDE : NORMALIZED COCYCLES AND THE e_N-PAIRING

5.0. Let S be a scheme, and $\pi : X \to S$ a proper and smooth S-scheme with geometrically connected fibres (i.e., $\pi_*\mathcal{O}_X = \mathcal{O}_S$), given together with a marked section $x : S \to X$:

$$\begin{array}{c} X \\ {\scriptstyle x}\nearrow \;\; \downarrow{\scriptstyle \pi} \\ S \end{array} .$$

As explained in ([11]), under these conditions we may view the relative Picard group $\mathrm{Pic}(X/S) \overset{\mathrm{dfn}}{=\!=} \mathrm{Pic}(X)/\mathrm{Pic}(S)$ as the subgroup of $\mathrm{Pic}(X)$ consisting of $\mathrm{Ker}(\mathrm{Pic}(X) \xrightarrow{x^*} \mathrm{Pic}(S))$. Intrinsically, this means that we view $\mathrm{Pic}(X/S)$ as the group of isomorphism classes of pairs $(\mathcal{L},\ell)$ consisting of an invertible $\mathcal{O}_X$-module $\mathcal{L}$ together with an $\mathcal{O}_S$-basis ℓ of the invertible $\mathcal{O}_S$-module $x^*(\mathcal{L})$. In terms of Cech cocycles, it is convenient to introduce the subsheaf $K^\times$ of $(\mathcal{O}_X)^\times$ consisting of "functions which take the value 1 along x" ; it which sits in the tautological exact sequence

$$0 \longrightarrow K^\times \longrightarrow (\mathcal{O}_X)^\times \longrightarrow x_*(\mathcal{O}_S^\times) \longrightarrow 0 .$$

Then we have a natural isomorphism

$$\mathrm{Pic}(X/S) \simeq H^1(X,K^\times) ,$$

while the assumption $\pi_*\mathcal{O}_X = \mathcal{O}_S$ (and consequently $\pi_*(\mathcal{O}_X)^\times = \mathcal{O}_S^\times$) guarentees that

$$H^0(X,K^\times) = \{1\} .$$

This means that if a normalized cocycle (i.e. one with values in $K^\times$),

$$f_{ij} \in \Gamma(\mathfrak{U}_i \cap \mathfrak{U}_j;K^\times)$$

represents the zero-element of $\mathrm{Pic}(X/S)$, then there exist <u>unique</u> functions

$$f_i \in \Gamma(\mathfrak{U}_i, K^\times)$$

such that $\{f_{ij}\}$ is the boundary of the normalized cochain $\{f_i\}$:

$$f_{ij} = f_i/f_j \ .$$

The functor $\mathrm{Pic}_{X/S}$ on the category of S-schemes is defined by

$$T \longmapsto \mathrm{Pic}(X \underset{S}{\times} T/T) \ .$$

It's Lie algebra

$$\mathrm{Lie}(\mathrm{Pic}_{X/S}) \overset{\mathrm{dfn}}{=\!=} \mathrm{Ker}(\mathrm{Pic}(X[\varepsilon]/S[\varepsilon]) \longrightarrow \mathrm{Pic}(X/S))$$

is easily described in terms of normalized additive cocycles as follows. Let K^+ be the subsheaf of $\mathcal{O}_X$ consisting of "functions which take the value zero along x", which sits in the exact sequences

$$0 \longrightarrow K^+ \longrightarrow \mathcal{O}_X \longrightarrow x_*(\mathcal{O}_S) \longrightarrow 0$$

$$0 \longrightarrow 1+\varepsilon K^+ \longrightarrow K^\times_{X[\varepsilon]/S[\varepsilon]} \longrightarrow K^\times_{X/S} \longrightarrow 0 \ .$$

Just as above we have a natural isomorphism

$$H^1(X, 1+\varepsilon K^+) \simeq \mathrm{Lie}(\mathrm{Pic}_{X/S})$$

while

$$H^0(X, 1+\varepsilon K^+) = \{1\} \ .$$

Although normalized cocycles are extremely convenient for certain calculations, as we shall see, they bring about no essential novelty over a local base.

LEMMA 5.0.1. _If_ $\mathrm{Pic}(S) = 0$ (_e.g. if_ S _is the spectrum of a local ring_) _the inclusion_ $K^\times \subset (\mathcal{O}_X)^\times$ _induces an isomorphism_

$$\mathrm{Pic}(X/S) = H^1(X, K^\times) \xrightarrow{\sim} H^1(X, \mathcal{O}_X^\times) = \mathrm{Pic}(X) \ .$$

_If_ S _is affine, the inclusion_ $K^+ \subset \mathcal{O}_X$ _induces an isomorphism_

$$\mathrm{Lie}(\mathrm{Pic}_{X/S}) = H^1(X, 1+\varepsilon K^+) \xrightarrow{\sim} H^1(X, 1+\varepsilon\mathcal{O}_X)$$

$$\| $$

$$\mathrm{Ker}(\mathrm{Pic}(X[\varepsilon]) \to \mathrm{Pic}(X)) \ .$$

Q.E.D.

PROOF. Obvious from the long cohomology sequences.

5.1. Suppose that X/S is an abelian scheme, with marked point $x=0$. The dual abelian scheme X^t/S is the subfunctor $\mathrm{Pic}^{o}_{X/S}$ of $\mathrm{Pic}_{X/S}$ which classifies those $(\mathcal{L},\ell)$ whose underlying $\mathcal{L}$ becomes algebraically equivalent to zero on each geometric fibre of X/S. Because abelian varieties "have no torsion", the <u>torsion</u> subgroup-functor of $\mathrm{Pic}_{X/S}$ lies in X^t, i.e. for any integer N and any S-scheme T, we have

$$X^t(T)[N] = \mathrm{Pic}_{X/S}(T)[N] .$$

According to a fundamental theorem, for any integer N the two endomorphisms

$$\mathrm{Pic}_{X/S} \xrightarrow{\;N\;} \mathrm{Pic}_{X/S}$$

$$\mathrm{Pic}_{X/S} \xrightarrow{\;[N_{X/S}]^*\;} \mathrm{Pic}_{X/S}$$

coincide on the subgroup X^t (cf. [12]).

5.2. The e_N-pairing as defined in Oda [13]

$$e_N : X[N] \times X^t[N] \longrightarrow \mu_N$$

may be described simply in terms of normalized cocycles. Thus suppose we are given points

$$Y \in X(S)[N] \quad , \quad \lambda \in \mathrm{Pic}(X/S)[N] .$$

Choose a normalized cocycle representing λ, say

$$f_{ij} \in \Gamma(\mathcal{U}_i \cap \mathcal{U}_j, K^\times)$$

with respect to some open covering $\mathcal{U}_i$ of X. Then as $[N_{X/S}]^*(\lambda)$ is the zero element in $\mathrm{Pic}(X/S)$, the normalized cocycle

$$[N_{X/S}]^*(f_{ij}) \in \Gamma([N]^*(\mathcal{U}_i) \cap [N]^*(\mathcal{U}_j), K^\times)$$

with respect to the covering $\{[N]^{-1}(\mathcal{U}_i)\}$ must be the boundary of a <u>unique</u> normalized cochain

$$f_i \in \Gamma([N]^{-1}(\mathcal{U}_i), K^\times) \ ;$$

thus we have

$$[N]^*(f_{ij}) = f_i/f_j \ .$$

Now view $Y \in X(S)[N]$ as a morphism

$$Y : S \to X \ .$$

The open sets $Y^{-1}([N]^{-1}(\mathcal{U}_i))$ form an open covering of S ; and the sections

$$f_i(Y) = Y^*(f_i) \in \Gamma(Y^{-1}([N]^{-1}(\mathcal{U}_i)), \mathcal{O}_S^\times)$$

patch together to give a <u>global section</u> over S of $\mathcal{O}_S^\times$; (because on overlaps we have

$$\frac{f_i(Y)}{f_j(Y)} = ([N]^*(f_{ij}))(Y) = f_{ij}(NY) = f_{ij}(0) = 1 \ ,$$

as the cocycle f_{ij} is normalized).

Oda's definition of the e_N-pairing (as the effect of translation by Y on a nowhere vanishing section of the <u>inverse</u> of $[N]^*(\mathcal{L})$, $\mathcal{L}$ a line bundle representing λ) means that we have the formula

$$e_N(Y,\lambda) = \text{the global section of } \mathcal{O}_S^\times \text{ given locally by } 1/f_i(Y) \ .$$

(Of course one can verify <u>directly</u> that this global section of $\mathcal{O}_S^\times$ is independent of the original choice of normalized cocycle representing λ , but this "independence of choice" is already a consequence of its interpretation via the e_N-pairing).

5.3. Suppose now that the scheme S is killed by an integer N . Here are <u>two</u> natural homomorphisms

$$\mathrm{Pic}(X/S)[N] \longrightarrow \underline{\omega}_{X/S} \ .$$

The first, which we will denote

$$\lambda \longmapsto \omega_N(\lambda) \in \underline{\omega}_{X/S} \ ,$$

is defined via the e_N-pairing and the observation that, because N

kills S , we have $\mathrm{Lie}(X/S) \subset X(S[\varepsilon])[N]$. We define $\omega(\lambda)$ as a linear form on $\mathrm{Lie}(X/S)$, by requiring

$$e_N(L,\lambda) = 1 + \varepsilon\omega_N(\lambda).L \ .$$

Given our "explicit formula" for the e_N-pairing, we can translate this in terms of normalized cocycles, as follows.

Begin with a normalized cocycle f_{ij} for λ , and write

$$[N]^*(f_{ij}) = f_i/f_j$$

for a unique normalized $\mathcal{O}$-cochain $\{f_i\}$; then we have

$$\omega_N(\lambda) = -df_i/f_i \quad \text{on} \quad [N]^{-1}(\mathcal{U}_i) \ .$$

(One can verify directly that this formula defines a global one-form on X , independently of the choice of normalized cocycle representing λ , but this independence follows from the e_N-interpretation).

The second, which we will denote

$$\lambda \longrightarrow \text{"dlog(N)"}(\lambda)$$

has nothing to do with the fact that X/S is an abelian scheme. Given $\lambda \in \mathrm{Pic}(X/S)[N]$, choose a normalized cocycle

$$f_{ij} \in \Gamma(\mathcal{U}_i \cap \mathcal{U}_j; K^\times)$$

representing it. Then $(f_{ij})^N$ is a normalized cocycle, for the same covering, which represents $N\lambda = 0$ in $\mathrm{Pic}(X/S)$. Therefore there exist unique functions

$$g_i \in \Gamma(\mathcal{U}_i, K^\times)$$

such that

$$(f_{ij})^N = g_i/g_j \ .$$

We define

$$\text{"dlog(N)"}(\lambda) = dg_i/g_i \quad \text{on} \quad \mathcal{U}_i \ .$$

Choice of a cohomologous normalized cocycle $f'_{ij} = f_{ij}(h_i/h_j)$ would lead (by uniqueness) to functions $g'_i = g_i(h_i)^N$; as N kills S , and hence

X , we have

$$\mathrm{dlog}(g_i)' = \mathrm{dlog}\ g_i + N\ \mathrm{dlog}\ h_i = \mathrm{dlog}\ g_i \ ,$$

so our construction is well-defined.

For any integer $M \geq 1$, S will also be killed by NM , and so we have homomorphisms

$$\omega_{NM}\ ,\ \text{"dlog(NM)"} : \mathrm{Pic}(X/S)[NM] \longrightarrow \underline{\omega}_{X/S} .$$

From their explicit descriptions via normalized cocycles, it is clear that they sit in a commutative diagram

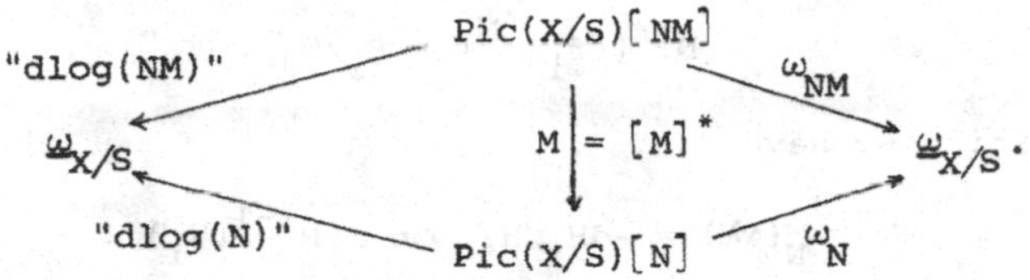

LEMMA 5.4. <u>If</u> N <u>kills</u> S , <u>then for any</u> $\lambda \in \mathrm{Pic}(X/S)[N^2]$ <u>we have</u>

$$\text{"dlog}(N^2)\text{"}(\lambda) = -\omega_{N^2}(\lambda) \quad \text{in} \quad \underline{\omega}_{X/S} .$$

PROOF. Let us begin with a normalized cocycle f_{ij} representing λ , with respect to some open covering $\{\mathcal{U}_i\}$. Then

$$\begin{cases} [N]^*(f_{ij}) & \text{represents } [N]^*(\lambda) = N\lambda \text{ , on the covering } [N]^{-1}(\mathcal{U}_i) \\ f_{ij}^N & \text{represents } N\lambda = [N]^*(\lambda) \text{ , on the covering } \mathcal{U}_i \ . \end{cases}$$

We compute "dlog(N^2)"(λ) = "dlog(N)"($N\lambda$) = "dlog(N)"($[N]^*(\lambda)$) by using the normalised cocycle for $[N]^*(\lambda)$ given by

$$[N]^*(f_{ij}) \text{ on the covering } [N]^{-1}(\mathcal{U}_i) \ .$$

There exist <u>unique</u> functions

$$f_{ij} \in \Gamma([N]^{-1}(\mathcal{U}_i), K^{\times})$$

such that

$$([N]^*(f_{ij}))^N = h_i/h_j \ ,$$

and by definition we have

$$\text{"dlog}(N)\text{"}([N]^*(\lambda)) = dh_i/h_i \quad \text{on} \quad [N]^{-1}(\mathcal{U}_i) .$$

Similarly, we compute $\omega_{N^2}(\lambda) = \omega_N([N]^*(\lambda)) = \omega_N(N\lambda)$ by using the normalized cocycle for $N\lambda$ given by

$$(f_{ij})^N \quad \text{on the covering} \quad \mathcal{U}_i .$$

There exist __unique__ functions

$$H_i \in \Gamma([N]^{-1}(\mathcal{U}_i), K^\times)$$

such that

$$[N]^*((f_{ij})^N) = H_i/H_j ,$$

and by definition we have

$$\omega_N(N\lambda) = -dH_i/H_i \quad \text{on} \quad [N]^{-1}(\mathcal{U}_i) .$$

By __uniqueness__, we must have $H_i = h_i$, and hence we find

$$\omega_{N^2}(\lambda) = \omega_N(N\lambda) = -\text{"dlog}(N)\text{"}([N]^*(\lambda)) = \text{"dlog}(N^2)\text{"}(\lambda) \quad \text{. Q.E.D.}$$

COROLLARY 5.5. __Let__ k __be an algebraically closed field of characteristic__ $p > 0$, A/k __an ordinary abelian variety__, R __an artin local ring with residue field__ k , __and__ X/R __an abelian scheme lifting__ A/k . __For any__ n __sufficiently large that__ p^n __kills__ R , __we have a commutative diagram__

$$\begin{array}{ccc}
T_pX^t(R) & \xrightarrow{\text{reduce mod.}\,\mathfrak{m}} & T_pA^t(k) \\
\downarrow & & \downarrow {\scriptstyle \alpha_t \mapsto \omega(\alpha_t)} \\
X^t(R)[p^n] & \xrightarrow[-\text{"dlog}(p^n)\text{"}]{} & \underline{\omega}_{X/R}
\end{array} .$$

PROOF. From the description (3.3) of the $\alpha_t \mapsto \omega(\alpha_t)$ construction in terms of the e_{p^n}-pairing, it is obvious that the diagram

$$
\begin{array}{ccccc}
\{(\lambda(n)\} & T_pX^t(R) & \longrightarrow & T_pA(k) \\
\downarrow & \downarrow & & \downarrow{\scriptstyle \omega} \\
\lambda(n) & X^t(R)[p^n] & \xrightarrow[\omega_{p^n}]{} & \underline{\omega}_{X/R}
\end{array}
$$

is commutative. By the previous lemma, we have

$$\omega_{p^n}(\lambda(n)) = \omega_{p^{2n}}(\lambda(2n)) = -\text{"dlog}(p^{2n})\text{"}(\lambda(2n)) = -\text{"dlog}(p^n)\text{"}(\lambda(n)) \ .$$

Q.E.D.

6. THE END OF THE PROOF

6.0. Let k be an algebraically closed field of characteristic $p>0$, and A/k an ordinary abelian variety over k. We fix an artin local ring R with residue field k. Having fixed R, we denote by X/R the canonical lifting of A/k to R.

We denote by

$$\begin{cases} \alpha_t \longrightarrow \omega(\alpha_t) \in \underline{\omega}_{X/R} \\ \alpha \longmapsto \omega(\alpha) \in \underline{\omega}_{X^t/R} \end{cases}$$

the homomorphisms

$$\begin{cases} T_pA^t(k) \longrightarrow \underline{\omega}_{X/R} \\ T_pA(k) \longrightarrow \underline{\omega}_{X^t/R} \end{cases} .$$

Let $R[\varepsilon]$ denote the dual numbers over R ($\varepsilon^2=0$). We fix an abelian scheme $\widetilde{X}/R[\varepsilon]$ which lifts X/R. We denote by

$$\partial : \underline{\omega}_{X/R} \longrightarrow H^1(X,\mathcal{O}_X) = \mathrm{Lie}(X^t/R)$$

the coboundary in the long exact cohomology sequence attached to the short exact sequence of sheaves on X

$$0 \longrightarrow \mathcal{O}_X \xrightarrow{d\varepsilon} \Omega^1_{\widetilde{X}/R}|X \longrightarrow \Omega^1_{X/R} \longrightarrow 0 .$$

As explained at the end of chapter 4, our Main Theorem in all it equivalent forms results from the following "intrinsic" form of 4.5.3.

THEOREM 6.0.1. <u>The Serre-Tate</u> q-<u>parameters</u> <u>of</u> $\widetilde{X}/R[\varepsilon]$ <u>are given by the formula</u>

$$q(\widetilde{X}/R[\varepsilon];\alpha,\alpha_t) = 1+\varepsilon\omega(\alpha).\partial(\omega(\alpha_t)) .$$

By the symmetry formula (2.1.4), it is equivalent to prove

THEOREM 6.0.2. <u>The Serre-Tate</u> q-<u>parameters</u> <u>of</u> $(\widetilde{X})^t/R[\varepsilon]$ <u>are given by the formula</u>

$$q((\widetilde{X})^t/R[\varepsilon];\alpha_t,\alpha) = 1+\varepsilon\omega(\alpha).\partial(\omega(\alpha_t)) .$$

We will deduce 5.0.2 from a sequence of lemmas.

LEMMA 6.1. <u>The natural maps</u> "<u>reduction modulo the maximal ideal</u> $\mathfrak{m}$ <u>of</u> R"

$$\begin{cases} T_pX(R) \longrightarrow T_pX(k) = T_pA(k) \\ T_pX^t(R) \longrightarrow T_pX^t(k) = T_pA^t(k) \end{cases}$$

<u>are bijective</u>.

PROOF. First of all, the maps are injective, for their kernels are the groups $T_p\hat{X}(R)$, $T_p\hat{X^t}(R)$; as the groups $\hat{X}(R)$ and $\hat{X^t}(R)$ are killed by p^n as soon as the maximal ideal $\mathfrak{m}$ of R satisfies $\mathfrak{m}^{n+1}=0$, their T_p's are reduced to zero.

For surjectivity, we must use the fact that X/R is canonical, i.e., has $q(X/R;\alpha,\alpha_t)=1$. This means that for all n sufficiently large, the map

$$\varphi_{X/R} : T_pA(k) \twoheadrightarrow A(k)[p^n] \longrightarrow \hat{X}(R)$$

$$\alpha \longrightarrow \alpha(n) \longrightarrow p^n\times(\text{any lifting of } \alpha(n) \text{ in } X(R))$$

vanishes, i.e. the "reduction mod $\mathfrak{m}$" map is surjective for $n \gg 0$:

$$X(R)[p^n] \twoheadrightarrow A(k)[p^n] .$$

In fact, this map is surjective for every n , for we have a commutative diagram

$$\begin{array}{ccc} X(R)[p^{n+m}] & \twoheadrightarrow & A(k)[p^{n+m}] \\ \downarrow p^n & & \downarrow p^n \\ X(R)[p^m] & \longrightarrow & A(k)[p^m] . \end{array}$$

Thus we obtain a short exact sequence of projective systems

$$0 \longrightarrow \{\hat{X}(R)[p^n]\}_n \longrightarrow \{X(R)[p^n]\}_n \longrightarrow \{A(k)[p^n]\}_n \longrightarrow 0 ,$$

the first of which is "essentially zero" (because $\hat{X}(R)$ is killed by p^n for $n \gg 0$), so in particular satisfies the Mittag-Leffler condition. Passing to inverse limits, we obtain the required isomorphism

$$T_pX(R) \xrightarrow{\sim} T_pA(k) .$$

For X^t/R, we simply note that by the symmetry formula (1.2.1.4) we have $q(X^t/R;\alpha_t,\alpha) = q(X/R;\alpha,\alpha_t) = 1$; then repeat the argument. Q.E.D.

LEMMA 6.2. <u>The deformation homomorphism</u>

$$\varphi_{(\tilde{X})^t/R[\varepsilon]} : T_pA^t(k) \longrightarrow (\hat{\tilde{X}})^t(R[\varepsilon])$$

<u>takes values in the subgroup</u> $\mathrm{Ker}(\tilde{X}^t(R[\varepsilon]) \longrightarrow X^t(R)) = \mathrm{Ker}(\mathrm{Pic}(\tilde{X}) \longrightarrow \mathrm{Pic}(X))$.

PROOF. Because X^t/R is canonical, i.e. $q(X^t/R;\alpha_t,\alpha) = 1$, by the symmetry formula, the homomorphism $\varphi_{X^t/R} : T_pA^t(k) \longrightarrow \hat{X}^t(R)$ vanishes. The result follows from the commutativity of the diagram

$$\begin{array}{ccc} T_pA^t(k) & \xrightarrow{\varphi_{(\tilde{X})^t/R}} & (\hat{\tilde{X}})^t(R[\varepsilon]) \\ & \searrow^{\varphi_{X^t/R}} & \downarrow \text{reduce mod } \varepsilon \\ & & \hat{X}^t(R) . \end{array}$$

Q.E.D.

6.3. The short exact sequence of sheaves on $\tilde{X}$

$$0 \longrightarrow 1+\varepsilon\mathcal{O}_X \longrightarrow (\mathcal{O}_{\tilde{X}})^{\times} \longrightarrow (\mathcal{O}_X)^{\times} \longrightarrow 0$$

leads to an isomorphism

$$H^1(X,1+\varepsilon\mathcal{O}_X) \xrightarrow{\sim} \mathrm{Ker}(\mathrm{Pic}(\tilde{X}) \longrightarrow \mathrm{Pic}(X)) = \mathrm{Ker}(\tilde{X}^t(R[\varepsilon]) \longrightarrow X^t(R)) .$$

If we replace $\tilde{X}$ by the trivial deformation $X[\varepsilon]$ of X/R, we obtain an isomorphism

$$H^1(X,1+\varepsilon\mathcal{O}_X) \xrightarrow{\sim} \mathrm{Ker}(\mathrm{Pic}(X[\varepsilon]) \longrightarrow \mathrm{Pic}(X)) \stackrel{\mathrm{dfn}}{=\!=} \mathrm{Lie}(X^t/R) .$$

LEMMA 6.3.1. <u>Let</u> $L \in H^1(X,1+\varepsilon\mathcal{O}_X)$, <u>and</u> $\alpha \in T_pA(k)$. <u>Under the canonical pairings</u>

$$E_{(\tilde{X})^t} : \widehat{(\tilde{X})^t} \times T_pA(k) \longrightarrow \hat{\mathbb{G}}_m$$

$$E_{X^t} : \widehat{(X^t)} \times T_pA(k) \longrightarrow \hat{\mathbb{G}}_m$$

we have

$$E_{(\tilde{X})^t}(L_1,\alpha) = E_{X^t}(L_2,\alpha) = 1+\varepsilon\omega(\alpha).L_3 ,$$

where

L_1 = "L viewed as lying in $\mathrm{Ker}(\tilde{X}^t(R[\varepsilon]) \longrightarrow X^t(R))$"

L_2 = "L viewed as lying in $\mathrm{Ker}(X^t(R[\varepsilon]) \longrightarrow X^t(R))$"

L_3 = "L viewed as lying in $\mathrm{Lie}(X^t/R)$".

PROOF. The second of the asserted equalities is the definition of $\omega(\alpha)$, cf. 3.3 ; we have restated it "pour memoire". We now turn to the first assertion. Fix an integer n such that $\mathfrak{m}^n = 0$ in R. Then the maximal ideal $(\mathfrak{m},\varepsilon)$ of $R[\varepsilon]$ satisfies $(\mathfrak{m},\varepsilon)^{n+1} = 0$. Also p^n kills R, hence we have $p^nL = 0$.

Choose a finite flat artin local $R[\varepsilon]$-algebra S, and a point

$$Y \in \tilde{X}(S)[p^n] \text{ lifting } \alpha(n) \text{ in } A(k)[p^n] .$$

Denote by S_o the finite flat artin local R-algebra defined as

$$S_o = S/\varepsilon S ,$$

and denote by $Y_o \in X(S_o)[p^n]$ the image of Y under the "reduction mod ε" map

$$\tilde{X}(S)[p^n] \longrightarrow X(S_o)[p^n]$$

$$Y \longmapsto Y_o .$$

By lemma (2.2), we have

$$E_{(\tilde{X})^t}(L_1,\alpha) = E_{(\tilde{X}^t);p^n}(L_1,\alpha(n)) = e_{(\tilde{X})^t;p^n}(L_1,Y) ,$$

and similarly

$$E_{X^t}(L_2,\alpha) = e_{X^t;p^n}(L_2,Y_o) .$$

By the skew-symettry of the e_{p^n}-pairing, it suffices to show that

$$e_{\tilde{X};p^n}(Y,L_1) = e_{X;p^n}(Y_o,L_2) .$$

In order to show this, we represent L by a normalized cocycle on some affine open covering $\mathfrak{U}_i$ of X :

$$1+\varepsilon f_{ij} \quad ; \quad f_{ij}(0)=0 \quad \text{if} \quad 0 \in \mathfrak{U}_i \cap \mathfrak{U}_j .$$

Because $p^n L = 0$, the "autoduality" of multiplication by integers on abelian schemes shows that

$$[p^n]^*_{\tilde{X}}(L_1) = 0 \quad , \quad [p^n]^*_X(L_2) = 0 .$$

Therefore the normalized cocycles for the covering $[p^n]^{-1}(\mathfrak{U}_i)$

$$[p^n]^*_{\tilde{X}}(1+\varepsilon f_{ij}) = 1+\varepsilon[p^n]^*_X(f_{ij}) = [p^n]^*_X(1+\varepsilon f_{ij})$$

may be written as the coboundary of a common normalized zero-cochain

$$1+\varepsilon[p^n]^*_X(f_{ij}) = \frac{1+\varepsilon f_i}{1+\varepsilon f_j} \quad , \quad f_i(0)=0 \quad \text{if} \quad 0 \in [p^n]^{-1}(\mathfrak{U}_i) .$$

By definition of the e_{p^n}-pairing, we have, for any index i such that $Y \in [p^n]^{-1}(\mathfrak{U}_i)$, the formulas

$$\begin{cases} e_{\tilde{X};p^n}(Y,L_1) = \dfrac{1}{(1+\varepsilon f_i)(Y)} = 1-(\varepsilon f_i)(Y) \\[2ex] e_{X;p^n}(Y_o,L_2) = \dfrac{1}{(1+\varepsilon f_i)(Y_o)} = 1-\varepsilon f_i(Y_o) . \end{cases}$$

The fact that Y_o is $Y \bmod \varepsilon$ makes it evident that

$$(\varepsilon f_i)(Y) = \varepsilon f_i(Y_o) \quad \text{in} \quad \varepsilon S . \quad \text{Q.E.D.}$$

COROLLARY 6.3.2. _If we interpret the deformation homomorphism as a map_

$$\varphi_{(\tilde{X})^t/R[\varepsilon]} : T_p A^t(k) \longrightarrow H^1(X,1+\varepsilon\mathcal{O}_X) \simeq \mathrm{Lie}(X^t/R) ,$$

we have the formula

$$q((\tilde{X})^t/R[\varepsilon];\alpha_t,\alpha) = 1+\varepsilon\omega(\alpha).\varphi_{(\tilde{X})^t/R[\varepsilon]}(\alpha_t) .$$

PROOF. This follows immediately from the <u>definition</u> of q in terms of φ and E, and lemmas 5.2 and 5.3.1.

6.4. In this section, we analyze the deformation homomorphism

$$\varphi_{(\tilde{X})^t/R[\varepsilon]} : T_pA^t(k) \longrightarrow H^1(X, 1+\varepsilon\mathcal{O}_X) .$$

Recall that this homomorphism is defined as the composite, for any n sufficiently large that $\mathfrak{m}^r = 0$,

$$T_pA^t(k) \twoheadrightarrow A^t(k)[p^n] \xrightarrow{p^n \times (\text{any lifting})} (\tilde{X}^t)(R[\varepsilon]) .$$
$$\underbrace{\qquad\qquad\qquad\qquad\qquad}_{\varphi}$$

Because X/R is canonical, we have an isomorphism (4.6.1)

$$T_pX^t(R) \xrightarrow{\sim} T_pA^t(k) ,$$

and this sits in a commutative diagram

$$\begin{array}{ccccc}
 & & \overset{\varphi}{\overbrace{\qquad\qquad\qquad\qquad\qquad\qquad\qquad}} & & \\
T_pA^t(k) & \twoheadrightarrow & A^t(k)[p^n] & \xrightarrow{p^n\times(\text{any lifting})} & (\tilde{X})^t(R[\varepsilon]) \\
\wr\uparrow & & \uparrow \text{reduce mod } \mathfrak{m} & & \uparrow \\
T_pX^t(R) & \longrightarrow & X^t(R)[p^n] & \xrightarrow[p^n\times(\text{any lifting})]{} & \mathrm{Ker}((\tilde{X})^t(R[\varepsilon]) \rightarrow X^t(R)) \\
 & & & & \wr\uparrow \\
 & & & & H^1(X, 1+\varepsilon\mathcal{O}_X) \simeq \mathrm{Lie}(X^t/R) .
\end{array}$$

In order to complete the proof of 6.0.2, it suffices in view of 6.3.2, to prove

THEOREM 6.4.1. <u>For</u> R <u>artin local with algebraically closed residue field</u> k <u>of characteristic</u> $p > 0$, X/R <u>the canonical lifting of an ordinary abelian variety</u> A/k, <u>and</u> $\tilde{X}/R[\varepsilon]$ <u>a deformation of</u> X/R, <u>we have the formula</u>

$$\partial(\omega(\alpha_t)) = \varphi_{(\tilde{X})^t/R[\varepsilon]}(\alpha_t) \qquad \text{in } \mathrm{Lie}(X^t/R)$$

<u>for every</u> $\alpha_t \in T_pA^t(k)$.

According to 5.5, the construction $\alpha_o \longmapsto \omega(\alpha_t)$ sits in a commutative diagram, for any n such that p^n kills R :

$$\begin{array}{ccc} T_pA^t(k) & \xrightarrow{\omega} & \underline{\omega}_{X/R} \\ \Uparrow & \nearrow{\scriptstyle -\text{"dlog}(p^n)\text{"}} & \\ T_pX^t(R) & \longrightarrow & X^t(R)[p^n] \ . \end{array}$$

Therefore 6.4.1 would follow from the more precise

THEOREM 6.4.2. Hypotheses as in 6.4.1, for any n such that p^n kills R, and any element $\lambda \in X^t(R)[p^n]$, we have the identity, in $\mathrm{Lie}(X^t/R)$

$$\partial(\text{"dlog}(p^n)\text{"}(\lambda)) = -p^n \times (\text{any lifting of } \lambda \text{ to an invertible sheaf on } \tilde{X}) \ .$$

6.5. In this section we will prove 6.4.2. Given any ring R killed by any integer N, and any proper smooth R-scheme X/R with geometrically connected fibres and a marked point $x \in X(R)$, there is a natural homomorphism

$$\mathrm{Pic}(X/R)[N] \longrightarrow H^0(X, (\mathcal{O}_X)^\times \underset{\mathbb{Z}}{\otimes} (\mathbb{Z}/N\mathbb{Z}))$$

defined as follows. Given $\lambda \in \mathrm{Pic}(X/R)[N]$, represent it by a normalized cocycle $\{f_{ij}\}$. Then there exists a unique normalized 0-chain $\{f_i\}$ such that

$$(f_{ij})^N = f_i/f_j \ .$$

A cohomologous normalized cocycle, say $g_{ij} = f_{ij} \times (h_i/h_j)$, leads to

$$(g_{ij})^N = f_i(h_i)^N/f_j(h_j)^N \ .$$

Therefore the $\{f_i\}$ "are" a well-defined global section of $(\mathcal{O}_X)^\times \underset{\mathbb{Z}}{\otimes} (\mathbb{Z}/N\mathbb{Z})$. This construction

$$\mathrm{Pic}(X/R)[N] \ni \lambda \longmapsto \{f_i\} \in H^0(X, (\mathcal{O}_X)^\times \underset{\mathbb{Z}}{\otimes} (\mathbb{Z}/N\mathbb{Z}))$$

defines our homomorphism.

Suppose we are in addition given a deformation $\tilde{X}/R[\varepsilon]$ of X/R, together with a marked point $\tilde{x} \in \tilde{X}(R[\varepsilon])$ which lifts x. We have an exact sequence of sheaves of units

$$0 \longrightarrow 1+\varepsilon\mathcal{O}_X \longrightarrow (\mathcal{O}_{\tilde{X}})^{\times} \longrightarrow (\mathcal{O}_X)^{\times} \longrightarrow 0 .$$

Because N kills R, it also kills $\mathcal{O}_X$, so kills $1+\varepsilon\mathcal{O}_X$; the serpent lemma, applied to this exact sequence and the endomorphism "N", therefore leads to a short exact sequence of "units mod N" :

$$0 \longrightarrow 1+\varepsilon\mathcal{O}_X \longrightarrow (\mathcal{O}_{\tilde{X}})^{\times} \underset{\mathbb{Z}}{\otimes} (\mathbb{Z}/N\mathbb{Z}) \longrightarrow (\mathcal{O}_X)^{\times} \otimes (\mathbb{Z}/N\mathbb{Z}) \longrightarrow 0 .$$

We will denote by

$$\Delta(N) : H^0(X,(\mathcal{O}_X)^{\times} \otimes (\mathbb{Z}/N\mathbb{Z})) \longrightarrow H^1(X, 1+\varepsilon\mathcal{O}_X)$$

the coboundary map in the associated long exact sequence of cohomology.

The "units mod N" exact sequence maps to the Kodaira-Spencer short exact sequence by "dlog", and gives a commutative diagram

$$\begin{array}{ccccccccc}
0 & \longrightarrow & 1+\varepsilon\mathcal{O}_X & \longrightarrow & (\mathcal{O}_{\tilde{X}})^{\times} \otimes (\mathbb{Z}/N\mathbb{Z}) & \longrightarrow & (\mathcal{O}_X)^{\times} \otimes (\mathbb{Z}/N\mathbb{Z}) & \longrightarrow & 0 \\
 & & \frac{1}{\varepsilon}\log \downarrow \wr & & \downarrow \text{dlog} & & \downarrow \text{dlog} & & \\
0 & \longrightarrow & \mathcal{O}_X & \xrightarrow{d\varepsilon} & \Omega^1_{\tilde{X}/R}|X & \longrightarrow & \Omega^1_{X/R} & \longrightarrow & 0 .
\end{array}$$

This diagram in turn gives a commutative diagram of coboundary maps in the long exact sequences of cohomology :

$$\begin{array}{ccc}
\text{Pic}(X/R)[N] & & \\
\downarrow & & \\
H^0(X,(\mathcal{O}_X)^{\times} \otimes (\mathbb{Z}/N\mathbb{Z})) & \xrightarrow{\Delta(N)} & H^1(X, 1+\varepsilon\mathcal{O}_X) \\
\downarrow \text{dlog} & & \wr\downarrow \frac{1}{\varepsilon}\log \\
H^0(X,\Omega^1_{X/R}) & \xrightarrow{\partial} & H^1(X,\mathcal{O}_X) .
\end{array}$$

$$\text{"dlog(N)"} : \text{Pic}(X/R)[N] \longrightarrow H^0(X,\Omega^1_{X/R})$$

LEMMA 6.5.1. *Hypotheses as in* 6.5 *above, suppose that every element of* $\mathrm{Pic}(X/R)[N]$ *lifts to an element of* $\mathrm{Pic}(\tilde{X}/R[\varepsilon])$ (*a condition automatically fulfulled if* $\mathrm{Pic}^{\tau}_{\tilde{X}/R[\varepsilon]}$ *is smooth, in particular when* X/R *is an abelian scheme*). *Then the diagram*

$$\begin{array}{ccc}
\mathrm{Pic}(X/R)[N] & & \\
\downarrow & \searrow{}^{\lambda \mapsto N \times (\text{any lifting of } \lambda \text{ to an invertible sheaf on } \tilde{X})} & \\
H^0(X, (\mathcal{O}_X)^{\times} \otimes_{\mathbb{Z}} (\mathbb{Z}/N\mathbb{Z})) & \xrightarrow{-\Delta(N)} & H^1(X, 1 + \varepsilon\mathcal{O}_X)
\end{array}$$

is commutative.

PROOF. Given $\lambda \in \mathrm{Pic}(X/R)[N]$, represent it by a normalized cocycle f_{ij} on some affine open covering $\mathcal{U}_i$ of X ; we may assume f_{ij} to be the reduction modulo ε of a normalized cocycle $\tilde{f}_{ij}$ on $\tilde{X}$ representing a lifting of λ to $\tilde{X}$. Because $\lambda \in \mathrm{Pic}(X/R)[N]$, we have

$$(f_{ij})^N = f_i/f_j$$

for a normalized 0-cochain $\{f_i\}$. Choose liftings

$$\tilde{f}_i \in \Gamma(\mathcal{U}_i, (\mathcal{O}_{\tilde{X}})^{\times})$$

of the functions $f_i \in \Gamma(\mathcal{U}_i, (\mathcal{O}_X)^{\times})$.

Then

$$\Delta_N \ (\text{the section } \{f_i\}) = \begin{cases} \text{the element of } H^1(X, 1+\varepsilon\mathcal{O}_X) \\ \text{represented by the 1-cocycle} \\ \qquad (\tilde{f}_i/\tilde{f}_j)(\tilde{f}_{ij})^{-N} , \end{cases}$$

while

$$N \times (\text{any lifting of } \lambda) = \begin{cases} \text{the element of } H^1(X, 1+\varepsilon\mathcal{O}_X) \\ \text{represented by the 1-cocycle} \\ \qquad (\tilde{f}_{ij})^N . (\tilde{f}_j/\tilde{f}_i) \ . \quad \text{Q.E.D.} \end{cases}$$

If we combine 6.5.1 with the commutative diagram immediately preceding it, we find a commutative diagram

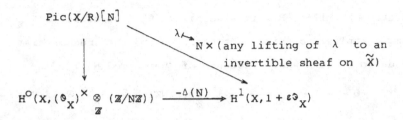

$$\begin{array}{ccc} \mathrm{Pic}(X/R)[N] & \xrightarrow{-(N\times(\text{any lifting}))} & H^1(X, 1+\varepsilon\mathcal{O}_X) \\ \Big\downarrow \text{"dlog(N)"} & & \wr\!\! \\ H^0(X, \Omega^1_{X/R}) & \xrightarrow{\ \partial\ } & H^0(X, \mathcal{O}_X)\ . \end{array}$$

In particular, this proves 6.4.2, (take $N = p^n$) and with it our "main theorem" in all its forms (3.7.1-2-3, 4.3.1-2, 4.5.3, 6.0.1-2).

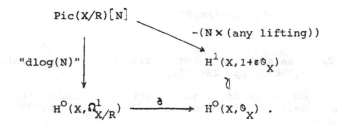

REFERENCES

[1] P. DELIGNE.- Variétés Abéliennes Ordinaires Sur un Corps Fini. Inv. Math. 8 (1969), pp. 238-243.

[2] V.G. DRINFEL'D.- Coverings of p-adic symmetric domains (Russian). Funkcional. Anal. i. Prilozen. 10 (1976), n° 2, pp. 29-40.

[3] B. DWORK.- P-adic Cycles. Pub. Math. I.H.E.S., n° 37 (1969), pp. 27-116.

[4] B. DWORK.- Normalized Period Matrices. Annals of Math. 94 (1971), pp. 337-388.

[5] L. ILLUSIE and P. DELIGNE.- Cristaux Ordinaires et Coordonnées Canoniques. Exposé V, this volume.

[6] N. KATZ.- Travaux de Dwork. Séminaire Bourbaki 1971/72. Springer Lecture Notes 317 (1973), pp. 167-200.

[7] N. KATZ.- P-adic L-functions, Serre-Tate Local Moduli, and Ration of Solutions of Differential Equations. Proceedings of the International Congress of Mathematicians, Helsinki, 1978. Academica Scientrarum Fennica, Hungary (1980), vol. I, pp. 365-371.

[8] N. KATZ.- Appendix to Expose Vbis, this volume.

[9] W. MESSING.- The Crystals Associated to Barsotti-Tate Groups : with Applications to Abelian Schemes. Springer Lecture Notes 264 (1972).

[10] W. MESSING.- q Serre-Tate = q Dwork, abstract, AMS Notices, 1976.

[11] D. MUMFORD.- Geometric Invariant Theory. Springer-Verlag, Berlin-Heidelberg-New York (1965).

[12] D. MUMFORD.- Abelian Varieties. Oxford University Press, London (1970).

[13] T. ODA.- The first De Rham cohomology group and Dieudonné modules. Ann. sci. Ec. Norm. Sup, 4e série, t. 2 (1969), pp. 63-135.

[14] J.-P. SERRE and J. TATE.- Numeographed notes from the 1964 A.M.S. Summer Institute in Algebraic Geometry at Woods Hole.

University of Princeton
Dept. Math.
08544 PRINCETON, N.J., U.S.A.

Exposé VI

LE THÉORÈME DE DUALITÉ PLATE POUR LES SURFACES

(d'après J.S. MILNE)

par P. BERTHELOT (*)

Soient X un schéma propre et lisse sur un corps k, de dimension m, $\pi : X \to S = \mathrm{Spec}(k)$. Habituellement, les ingrédients essentiels d'un théorème de dualité pour une théorie cohomologique sur X sont les suivants :

(i) une catégorie C_m de coefficients pour la cohomologie de X, munie d'une auto-dualité $G \mapsto G^D$ définie par un objet dualisant T^m ;

(ii) une catégorie analogue C_o sur S, munie d'une auto-dualité définie par un objet dualisant T^o, et un "foncteur image directe" $R\pi_* : C_m \to C_o$, donnant la théorie cohomologique considérée ;

(iii) un "morphisme trace" $R\pi_*(T^m) \to T^o$.

Le théorème de dualité s'énonce alors en disant que l'accouplement

$$R\pi_*(G) \times R\pi_*(G^D) \to R\pi_*(T^m) \to T^o$$

induit un isomorphisme

(*) Laboratoire associé au C.N.R.S. n° 305 .

$$R\pi_*(G^D) \xrightarrow{\sim} R\pi_*(G)^D .$$

Lorsque k est un corps parfait de caractéristique $p > 0$, et que la théorie cohomologique considérée est la cohomologie plate (cohomologie du topos fppf de X), la situation ne se présente pas, à l'heure actuelle, d'une manière aussi simple :

(i) La catégorie naturelle de coefficients pour la cohomologie plate est la catégorie des schémas en groupes commutatifs, finis localement libres sur X ; seule la partie de p-torsion présente des phénomènes spécifiques à la cohomologie plate, de sorte qu'on ne considère que les p-groupes. Lorsque X est une courbe, la dualité de Cartier fournit l'auto-dualité cherchée. Par contre, si X est une surface, on ne connaît actuellement de résultats que pour les groupes μ_{p^n}, qui doivent être considérés comme auto-duaux. Il est plausible que la théorie puisse s'étendre à la catégorie des groupes de type multiplicatif, en utilisant le cristal de Dieudonné associé à un tel groupe [4] ; l'auto-dualité serait alors celle qu'on déduit de la dualité de Pontryagin des groupes étales. En dimension supérieure, rien n'est connu ; certains résultats de Bloch [6] donnent néanmoins à penser que les faisceaux K_i sont éventuellement susceptibles de jouer un rôle de faisceaux dualisants.

(ii) Si G est un schéma en groupes fini localement libre, et $\pi : X \to S$ la projection, les $R^i\pi_*(G)$ ne sont pas en général représentables par des schémas en groupes finis localement libres. Un exemple classique est fourni par les courbes elliptiques supersingulières, pour lesquelles la résolution

$$0 \to \alpha_p \to \mathbb{G}_a \xrightarrow{F} \mathbb{G}_a \to 0$$

montre que $R^2\pi_*(\alpha_p) \simeq \mathbb{G}_a$. La catégorie C_o devrait donc contenir non seulement les p-groupes finis localement libres, mais aussi les groupes affines commutatifs unipotents connexes. Par ailleurs l'auto-dualité de C_o n'est pas comprise pour les groupes infinitésimaux. On simplifie donc la situation en négligeant la partie infinitésimale des groupes considérés, ce qui se fait techniquement en restreignant les faisceaux correspondants au site des S-schémas parfaits ; ceci revient à passer aux groupes quasi-algébriques associés, au sens de Serre [14, 1.2]. On dispose alors d'une bonne auto-dualité, définie par le foncteur $\underline{\mathrm{RHom}}(.,\mathbb{Q}_p/\mathbb{Z}_p)$, de sorte que le rôle de T^o est joué ici par le faisceau $\mathbb{Q}_p/\mathbb{Z}_p$.

(iii) Le faisceau dualisant T^m n'étant pas connu pour $m \geqslant 2$, la méthode utilisée pour définir le morphisme trace consiste à projeter le topos fppf sur le topos étale, et à introduire un faisceau étale, ou plus exactement un système à la fois projectif et inductif de faisceaux étales $\nu_n(m)$ jouant le rôle d'image directe sur le site étale du faisceau dualisant. Le morphisme trace consiste alors en la donnée d'un système transitif d'homomorphismes

$$\eta_n : R^m\pi_*(\nu_n(m)) \to \mathbb{Z}/p^n \hookrightarrow \mathbb{Q}_p/\mathbb{Z}_p .$$

Le premier paragraphe est consacré à la définition des faisceaux $\nu_n(q)$, et à la construction du morphisme trace, pour un schéma propre et lisse de dimension relative quelconque sur une base parfaite. Dans la seconde partie, on étudie, lorsque la base est le spectre d'un corps parfait, l'auto-dualité de la catégorie des schémas en groupes parfaits algébriques. On obtient ainsi une dualité "mixte", combinant la dualité de Pontryagin pour les groupes étales, et la dualité linéaire pour les groupes vectoriels ; l'outil essentiel permettant de relier les deux, via la suite d'Artin-Schreier, est fourni par un théorème de Breen [7] selon lequel, sur le site parfait, le dual de Pontryagin de $\mathbb{G}_a$ coïncide, à un décalage près, avec son dual linéaire. Enfin, dans la troisième partie, nous nous limitons essentiellement au cas des surfaces, renvoyant à [2] pour le cas des courbes. Nous montrons d'abord le théorème de dualité pour les images directes des groupes μ_{p^n} sous une forme générale (théorème 3.2), lorsque la base est un schéma parfait quelconque ; par dévissage, on se ramène pour cela à la dualité usuelle pour les faisceaux localement libres de rang fini. Les résultats de la deuxième partie permettent ensuite de préciser ce théorème lorsque la base est un corps parfait, en explicitant les dualités obtenues entre parties étales et entre parties connexes des images directes (corollaire 3.8). Lorsque la base est un corps fini, on obtient également une dualité de groupes finis entre les groupes de cohomologie plate à coefficients dans μ_{p^n}.

Ces résultats sont dûs à Milne [13], dont nous suivons l'exposé sans modifications essentielles. L'emploi du complexe de De Rham-Witt, au lieu de la construction initiale de Bloch en termes de K-théorie, permet de supprimer les conditions imposées dans [13] à la caractéristique et à la dimension de X pour la construction du morphisme trace ; de plus, une extension facile de la construction du morphisme trace en cohomologie cristalline au cas d'une base parfaite quelconque (proposition 1.6) permet dans la première section de construire le morphisme trace avec la généralité nécessaire pour valider les résultats de [13, §5].

Pour terminer, signalons que, pour toute surface propre et lisse X sur un corps algébriquement clos, et tout entier n, l'accouplement de dualité plate sur $H^2(X_{fppf},\mu_{p^n})$ induit bien, via l'homomorphisme déduit de la suite de Kummer, la forme d'intersection sur le groupe de Néron-Séveri de X modulo p^n ; ceci justifie les hypothèses d'Artin [1, §3]. Comme le morphisme trace en cohomologie plate se factorise par le morphisme trace en cohomologie cristalline, il suffit en fait de montrer la même propriété en cohomologie cristalline. On la déduit sans difficultés d'une compatibilité entre classe de Chern et classe de cycle pour un diviseur lisse (*), dont la démonstration est trop technique pour être incluse dans le présent exposé.

(*) Voir (IV §3) pour une démonstration plus directe.

I - LE MORPHISME TRACE

Soient S un schéma parfait, de caractéristique $p > 0$, X un schéma propre et lisse sur S, à fibres géométriquement connexes de dimension m. On se propose de définir une famille de faisceaux étales $\nu_n(q)$ sur X, et un morphisme trace sur la cohomologie de $\nu_n(m)$.

1.1. Rappelons d'abord les résultats de Bloch [5] et Illusie [11,12] sur le complexe de De Rham-Witt de X. Il existe un système projectif $(W_n\Omega^{\cdot}_X)_{n\geq 1}$ de complexes de faisceaux sur le petit site étale de X, vérifiant les propriétés qui suivent.

(1.1.1) Pour tout n, $W_n\Omega^{\cdot}_X$ est une algèbre différentielle graduée strictement anti-commutative, et les morphismes de transition $R : W_n\Omega^{\cdot}_X \to W_{n-1}\Omega^{\cdot}_X$ sont des homomorphismes surjectifs d'algèbres différentielles graduées.

(1.1.2) $W_n\Omega^0_X$ est le faisceau $W_n(\mathcal{O}_X)$ des vecteurs de Witt de longueur n à coefficients dans $\mathcal{O}_X$, et R est l'homomorphisme de restriction usuel ; $W_n\Omega^{\cdot}_X$ est engendré par $d(W_n(\mathcal{O}_X))$ comme $W_n(\mathcal{O}_X)$-algèbre.

(1.1.3) Pour tous n, i, il existe un homomorphisme additif $V : W_n\Omega^i_X \to W_{n+1}\Omega^i_X$ vérifiant les relations suivantes :

(i) $V\circ R = R\circ V$, et, pour $i = 0$, V est l'homomorphisme de décalage usuel ;

(ii) $\forall x \in W_n\Omega^i_X$, $\forall y \in W_n\Omega^j_X$,

$$V(xd(y)) = V(x)d(V(y)) ;$$

en particulier,

$$V\circ d = pd\circ V ;$$

(iii) $\forall x \in \mathcal{O}_X$, $\forall y \in W_n\Omega^j_X$,

$$d(\underline{x})V(y) = V((\underline{x}^{p-1}d\underline{x})y) ,$$

où $\underline{x} = (x,0,\ldots,0)$ est le représentant de Teichmüller de x dans $W_n(\mathcal{O}_X)$.

Si y est une section de $\mathcal{O}^*_X$, $\underline{y}$ est une section inversible de $W_n(\mathcal{O}_X)$, et on note $d\log(\underline{y})$ la section $d(\underline{y})/\underline{y}$ de $W_n\Omega^1_X$. Les relations précédentes entraînent alors :

(iv) $\forall x \in W_n\Omega^i_X$, $\forall y_1,\ldots,y_k \in \mathcal{O}^*_X$,

$$V(x\, d\log(\underline{y}_1)\ldots d\log(\underline{y}_k)) = V(x)d\log(\underline{y}_1)\ldots d\log(\underline{y}_k) .$$

(1.1.4) $W_n\Omega^i_X$ est engendré additivement par les sections de la forme

$$\begin{cases} V^r(\underline{x}).d\log(\underline{y}_1).\,\ldots\,.\,d\log(\underline{y}_i) \;, & x \in \mathcal{O}_X,\ y_j \in \mathcal{O}^*_X,\ 0 \leqslant r < n, \\ d(V^r(\underline{x})).d\log(\underline{y}_1).\,\ldots\,.\,d\log(\underline{y}_{i-1}) \;, & x \in \mathcal{O}_X,\ y_j \in \mathcal{O}^*_X,\ 0 \leqslant r < n. \end{cases}$$

Pour $n' \geqslant n$, les sections du type précédent avec $n \leqslant r < n'$ engendrent $\mathrm{Ker}(W_{n'}\Omega^i_X \to W_n\Omega^i_X)$.

(1.1.5) Le complexe $W_1\Omega^\cdot_X$ est isomorphe au complexe de De Rham $\Omega^\cdot_X$, la section $x\, d\log(y_1)\ldots d\log(y_i)$ de $W_1\Omega^i_X$ correspondant à la section $x\,\frac{dy_1}{y_1}\wedge\ldots\wedge\frac{dy_i}{y_i}$ de Ω^i_X.

(1.1.6) Il existe un homomorphisme d'algèbres graduées

$$F : W_n\Omega^\cdot_X \to W_{n-1}\Omega^\cdot_X ,$$

induisant l'homomorphisme de Frobenius usuel en degré 0 , et vérifiant les conditions suivantes :

(i) $F(V^r(\underline{x})d\log(\underline{y}_1)\ldots d\log(\underline{y}_i)) = V^r(\underline{x}^p)d\log(\underline{y}_1)\ldots d\log(\underline{y}_i)$;

$$\text{(ii)}\ F(dV^r(\underline{x})d\log(\underline{y}_1)\dots d\log(\underline{y}_{i-1})) = \begin{cases} dV^{r-1}(\underline{x})d\log(\underline{y}_1)\dots d\log(\underline{y}_{i-1}) \\ \qquad\qquad \text{si} \quad r \geqslant 1\ , \\ \underline{x}^{p-1}d\underline{x}\ d\log(\underline{y}_1)\dots d\log(\underline{y}_{i-1}) \\ \qquad\qquad \text{si} \quad r = 0\ ; \end{cases}$$

(iii) $\forall x \in W_n\Omega^i_X$, $\forall y \in W_{n-1}\Omega^j_X$,

$$xV(y) = V(F(x)y)\ ;$$

(iv) $F\circ V = V\circ F = p$;

(v) $F\circ d\circ V^r = d\circ V^{r-1}$; $d\circ F = pF\circ d$.

1.2. La description donnée en (1.1.4) de $\mathrm{Ker}(W_{n+1}\Omega^q_X \to W_n\Omega^q_X)$ montre que l'homomorphisme composé

$$W_{n+1}\Omega^q_X \xrightarrow{F} W_n\Omega^q_X \to W_n\Omega^q_X/d(W_n\Omega^{q-1}_X)$$

se factorise par $W_n\Omega^q_X$, définissant un homomorphisme encore noté F

$$F : W_n\Omega^q_X \to W_n\Omega^q_X/d(W_n\Omega^{q-1}_X)\ .$$

Notant 1 l'application de passage au quotient, on pose

$$\nu_n(q) = \mathrm{Ker}(W_n\Omega^q_X \xrightarrow{F-1} W_n\Omega^q_X/d(W_n\Omega^{q-1}_X))\ .$$

On obtient ainsi une famille de faisceaux étales sur X , munis d'un système transitif d'homomorphismes $\nu_{n'}(q) \to \nu_n(q)$ pour $n' \geqslant n$.

<u>Remarques</u>. (i) Pour $n = 1$, les relations (1.1.5) et (1.1.6)(i) et (ii) montrent que l'homomorphisme $F : W_1\Omega^q_X \to W_1\Omega^q_X/d(W_1\Omega^{q-1}_X)$ s'identifie à l'opérateur de Cartier inverse

$$C^{-1} : \Omega^q_X \to \Omega^q_X/d(\Omega^{q-1}_X)\ .$$

On en déduit le diagramme commutatif exact (pour la topologie étale)

$$
\begin{array}{ccccccccc}
 & & & & 0 & & 0 & & \\
 & & & & \downarrow & & \downarrow & & \\
 & & & & d(\Omega_X^{q-1}) & = & d(\Omega_X^{q-1}) & & \\
 & & & & \downarrow & & \downarrow & & \\
0 & \to & \nu_1(q) & \to & \Omega^q_{X,d=0} & \xrightarrow{1-C} & \Omega^q_X & \longrightarrow & 0 \\
 & & \| & & C\downarrow & & \downarrow & & \\
0 & \to & \nu_1(q) & \to & \Omega^q_X & \xrightarrow{C^{-1}-1} & \Omega^q_X/d(\Omega^{q-1}_X) & \to & 0 \\
 & & & & \downarrow & & \downarrow & & \\
 & & & & 0 & & 0 & &
\end{array}
.
$$

En particulier, $\nu_1(1)$ s'identifie au faisceau des différentielles logarithmiques sur X , soit encore à $\mathcal{O}_X^*/\mathcal{O}_X^{*p}$ ([1]).

(ii) Pour tout n et tout q , la suite

$$0 \to \nu_n(q) \to W_n\Omega^q_X \xrightarrow{F-1} W_n\Omega^q_X/d(W_n\Omega^{q-1}_X) \to 0$$

est exacte. En effet, $W_n\Omega^q_X/d(W_n\Omega^{q-1}_X)$ est engendré par les sections de la forme $V^r\underline{x}.\mathrm{dlog}\underline{y}_1\ldots\mathrm{dlog}\underline{y}_q$, avec $0 \leqslant r \leqslant n$. Il suffit alors de montrer que pour tout $a \in W_n(\mathcal{O}_X)$, et tout i , il existe localement pour la topologie étale $b \in \mathcal{O}_X$ tel que $V^i a \equiv V^i\underline{b}^p - V^i\underline{b}$ mod $V^{i+1}(W_n(\mathcal{O}_X))$, ce qui revient à résoudre l'équation $a_o = b^p - b$, correspondant à un revêtement étale de X .

De même :

PROPOSITION 1.3. L'homomorphisme $\nu_{n+1}(q) \to \nu_n(q)$ est un épimorphisme de faisceaux étales.

Posons $\Phi^q_n = \mathrm{Ker}(W_{n+1}\Omega^q_X \to W_n\Omega^q_X)$. Le diagramme commutatif exact

----

([1]) Comme l'a montré Illusie, il n'est par contre pas vrai en général que $\nu_n(1) \simeq \mathcal{O}_X^*/\mathcal{O}_X^{*p^n}$ pour $n > 1$, même en tant que pro-objets.

$$\begin{array}{ccccccccc}
 & & & & 0 & & 0 & & \\
 & & & & \downarrow & & \downarrow & & \\
 & & & & \Phi^q_n & \xrightarrow{F-1} & \Phi^q_n/\varphi^q_n & & \\
 & & & & \downarrow & & \downarrow & & \\
0 & \rightarrow & \nu_{n+1}(q) & \rightarrow & W_{n+1}\Omega^q_X & \xrightarrow{F-1} & W_{n+1}\Omega^q_X/d(W_{n+1}\Omega^{q-1}_X) & \rightarrow & 0 \\
 & & \downarrow & & \downarrow & & \downarrow & & \\
0 & \longrightarrow & \nu_n(q) & \longrightarrow & W_n\Omega^q_X & \xrightarrow{F-1} & W_n\Omega^q_X/d(W_n\Omega^{q-1}_X) & \longrightarrow & 0 \\
 & & & & \downarrow & & \downarrow & & \\
 & & & & 0 & & 0 & &
\end{array} ,$$

où $\varphi^q_n = \Phi^q_n \cap d(W_{n+1}\Omega^{q-1}_X)$, montre qu'il suffit de prouver la surjectivité de $\Phi^q_n \xrightarrow{F-1} \Phi^q_n/\varphi^q_n$. Or Φ^q_n est engendré par les sections de la forme $V^n(\underline{a}).d\log(\underline{y}_1)\ldots d\log(\underline{y}_q)$, et $d(V^n(\underline{a}))d\log(\underline{y}_1)\ldots d\log(\underline{y}_{q-1})$ avec $a \in \mathcal{O}_X$, $y_i \in \mathcal{O}^*_X$. Les sections du second type appartiennent à φ^q_n . Localement pour la topologie étale, on peut écrire $a = b^p - b$, donc dans $W_{n+1}\Omega^q_X$ on obtient

$$\begin{aligned} V^n(\underline{a})d\log(\underline{y}_1)\ldots d\log(\underline{y}_q) &= (V^n(\underline{b}^p) - V^n(\underline{b}))d\log(\underline{y}_1)\ldots d\log(\underline{y}_q) \\ &= F(V^n(\underline{b})d\log(\underline{y}_1)\ldots d\log(\underline{y}_q)) - V^n(b)d\log(\underline{y}_1)\ldots d\log(\underline{y}_q) , \end{aligned}$$

d'où l'assertion puisque $V^n(\underline{b})d\log(\underline{y}_1)\ldots d\log(\underline{y}_q) \in \Phi^q_n$.

1.4. On définit par récurrence des sous-faisceaux de Ω^q_X
$0 \subset B_o\Omega^q_X \subset \ldots \subset B_n\Omega^q_X \subset \ldots \subset Z_n\Omega^q_X \subset \ldots \subset Z_o\Omega^q_X = \Omega^q_X$ en posant :

$$B_1\Omega^q_X = d\Omega^{q-1}_X , \quad B_{n+1}\Omega^q_X/B_1\Omega^q_X = C^{-1}(B_n\Omega^q_X) ,$$
$$Z_{n+1}\Omega^q_X/B_1\Omega^q_X = C^{-1}(Z_n\Omega^q_X) ,$$

de sorte que $C^{-1} : \Omega^q_X \xrightarrow{\sim} Z_1\Omega^q_X/B_1\Omega^q_X$ induit une suite d'isomorphismes p-linéaires

$$C^{-1} : Z_n\Omega^q_X/B_n\Omega^q_X \xrightarrow{\sim} Z_{n+1}\Omega^q_X/B_{n+1}\Omega^q_X .$$

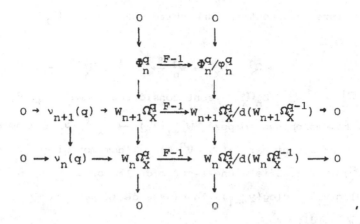

Il existe alors pour tout n une suite exacte $W_{n+1}(\mathcal{O}_X)$-linéaire [5, 11, 12]

(1.4.1) $$0 \longrightarrow \Omega_X^q/B_n\Omega_X^q \xrightarrow{\alpha} \Phi_n^q \xrightarrow{\beta} \Omega_X^{q-1}/Z_n\Omega_X^{q-1} \longrightarrow 0 ,$$

où $\Omega_X^q/B_n\Omega_X^q$ et $\Omega_X^{q-1}/Z_n\Omega_X^{q-1}$ sont considérés comme $W_{n+1}(\mathcal{O}_X)$-modules grâce à l'homomorphisme composé $W_{n+1}(\mathcal{O}_X) \longrightarrow \mathcal{O}_X \xrightarrow{F^n} \mathcal{O}_X$. L'homomorphisme α est défini par $\alpha(\omega) = V^n(\omega)$, l'homomorphisme β est nul sur $V^n(\Omega_X^q)$, et associe à une section de la forme $d(V^n(\underline{x}))d\log(\underline{y}_1)\ldots d\log(\underline{y}_{q-1})$ la classe de la section $x.d\log(y_1)\wedge\ldots\wedge d\log(y_{q-1})$.

Par conséquent, Φ_n^q est extension de $W_{n+1}(\mathcal{O}_X)$-modules quasi-cohérents, et $W_{n+1}\Omega_X^q$ possède une filtration telle que le gradué associé soit un $W_{n+1}(\mathcal{O}_X)$-module quasi-cohérent ; il est donc lui-même quasi-cohérent. D'autre part, si on munit le complexe $W_n\Omega_X^{\cdot}$ de la structure $W_n(\mathcal{O}_X)$-linéaire définie par $F^n : W_n(\mathcal{O}_X) \to W_n(\mathcal{O}_X)$, sa différentielle devient $W_n(\mathcal{O}_X)$-linéaire, grâce à la relation $d\circ F^n = p^nF^n\circ d$. Comme les $W_n\Omega_X^q$ sont encore quasi-cohérents pour cette structure, il en est de même pour $d(W_n\Omega_X^{q-1})$ et $W_n\Omega_X^q/d(W_n\Omega_X^{q-1})$. Par suite, si S est affine, et $i > m$,

(1.4.2) $$H^i(X,W_n\Omega_X^q) = H^i(X,d(W_n\Omega_X^{q-1})) = H^i(X,W_n\Omega_X^q/d(W_n\Omega_X^{q-1})) = 0 ;$$

pour $i \leqslant m$, ces groupes sont indépendants du choix de la topologie étale ou de Zariski.

1.5. On désigne par S_{parf} le topos des faisceaux sur le site parfait de S , dont les objets sont les S-schémas parfaits, et la topologie la topologie étale ; on désigne par $(X/S)_{parf}$ le topos des faisceaux sur le site ayant pour objets les couples (T,Y) , où T est un S-schéma parfait, et Y un schéma étale sur $X_T = X\times_S T$, la topologie étant encore la topologie étale. Il existe un morphisme de topos

$$\pi : (X/S)_{parf} \to S_{parf} ,$$

pour lequel l'image directe d'un faisceau F sur $(X/S)_{parf}$ est définie par

$$\Gamma(T,\pi_*(F)) = \Gamma((T,X_T),F) .$$

Il est facile de vérifier que pour tout faisceau abélien F, les faisceaux $R^i\pi_*(F)$ sont les faisceaux associés aux préfaisceaux

$$T \mapsto H^i_{et}(X_T,F) ,$$

où $H^i_{et}(X_T,F)$ est la cohomologie du petit site étale de X_T à coefficients dans la restriction de F à ce site.

On notera encore $W_n\Omega^\cdot_X$ le complexe de faisceaux de $(X/S)_{parf}$ défini par

$$\Gamma((T,Y),W_n\Omega^\cdot_X) = \Gamma(Y,W_n\Omega^\cdot_{Y/T}) .$$

D'après ce qui précède, on a donc, pour $i > m$,

(1.5.1) $$R^i\pi_*(W_n\Omega^q_X) = R^i\pi_*(d(W_n\Omega^{q-1}_X)) = R^i\pi_*(W_n\Omega^q_X/d(W_n\Omega^{q-1}_X)) = 0 .$$

Rappelons d'autre part qu'il existe pour tout i un isomorphisme canonique [11]

(1.5.2) $$H^i(X_T,W_n\Omega^\cdot_{X_T}) \xrightarrow{\sim} H^i(X_T/W_n(T),\mathcal{O}_{X_T/W_n(T)}) ,$$

où $W_n(T)$ est le schéma $(|T|,W_n(\mathcal{O}_T))$, et où le second membre désigne la cohomologie cristalline de X_T relativement à $W_n(T)$, à coefficients dans le faisceau structural. Comme $W_n\Omega^q_X = 0$ pour $q > m$, on en déduit en particulier, si T est affine,

(1.5.3) $$H^m(X_T,W_n\Omega^m_{X_T}/d(W_n\Omega^{m-1}_{X_T})) \xrightarrow{\sim} H^{2m}(X_T/W_n(T),\mathcal{O}_{X_T/W_n(T)}) .$$

PROPOSITION 1.6. <u>Soient</u> S <u>un schéma parfait</u>, X <u>un</u> S-<u>schéma propre et lisse</u>, <u>à fibres géométriquement connexes de dimension</u> m. <u>Soit</u> $f_{X/W_n(S)} : (X/W_n(S))_{cris} \to W_n(S)_{Zar}$ <u>le morphisme canonique du topos cristallin de</u> X <u>relativement à</u> $W_n(S)$, <u>dans le topos zaris-</u>

<u>kien de</u> $W_n(S)$. <u>Alors il existe un isomorphisme canonique</u> ("morphisme trace")

(1.6.1) $$R^{2m}f_{X/W_n(S)*}(\mathcal{O}_{X/W_n(S)}) \xrightarrow{\sim} W_n(\mathcal{O}_S) .$$

Supposons d'abord $S = \mathrm{Spec}(k)$, où k est un corps parfait. L'existence du morphisme trace est alors connue par [3, VII 1.4.6]. De plus, si $x \in X$ est un point rationnel sur k , la classe de cohomologie associée à x fournit un homomorphisme

(1.6.2) $$W_n(k) \rightarrow R^{2m}f_{X/W_n(k)*}(\mathcal{O}_{X/W_n(k)})$$

inverse du morphisme trace [3, VII 3.1.7], et en particulier indépendant du point x considéré.

Dans le cas général, observons d'abord que les $R^i f_{X/W_n(S)*}(\mathcal{O}_{X/W_n(S)})$ sont nuls pour $i > 2m$ [3, VII 1.1.3, où l'hypothèse noethérienne est inutile]. Par suite, d'après le théorème de changement de base en cohomologie cristalline, la formation du faisceau $R^{2m}f_{X/W_n*}(\mathcal{O}_{X/W_n})$ commute au changement de base. En particulier,

$$\begin{aligned} R^{2m}f_{X/W_n*}(\mathcal{O}_{X/W_n}) \otimes_{W_n(\mathcal{O}_S)} \mathcal{O}_S &\simeq R^{2m}f_{X/S*}(\mathcal{O}_{X/S}) \\ &\simeq R^{2m}f_*(\Omega^{\cdot}_{X/S}) , \end{aligned}$$

et, puisqu'il existe un morphisme trace

$$R^{2m}f_*(\Omega^{\cdot}_{X/S}) \xrightarrow{\sim} \mathcal{O}_S ,$$

$R^{2m}f_{X/W_n*}(\mathcal{O}_{X/W_n})$ est localement engendré par une section.

Supposons alors qu'il existe une section $x : S \rightarrow X$. La classe de cohomologie de cette section [3, VI 3.3.6] fournit un homomorphisme

(1.6.3) $$W_n(\mathcal{O}_S) \rightarrow R^{2m}f_{X/W_n*}(\mathcal{O}_{X/W_n}) ,$$

compatible aux changements de base [3, VI 4.3.13]. Si $s \in S$, $k(s)$ est un corps parfait, et le changement de base $W_n(\mathcal{O}_S) \rightarrow W_n(k(s))$ transforme (1.6.3) en l'isomorphisme (1.6.2)

$$W_n(k(s)) \xrightarrow{\sim} R^{2m} f_{X_s/W_n(k(s))*}(\mathcal{O}_{X_s/W_n(k(s))}) .$$

Il en résulte que (1.6.3) est surjectif, par Nakayama, et injectif, car S étant réduit,

$$\bigcap_{s \in S} \mathrm{Ker}(W_n(\mathcal{O}_S) \to W_n(k(s))) = 0 .$$

De plus, le même argument montre que l'isomorphisme (1.6.3) est indépendant du choix de x, puisqu'il en est ainsi sur chaque $k(s)$.

On se ramène au cas précédent en remarquant qu'il existe un morphisme $S' \to S$, étale surjectif, tel que $X_{S'} = X \times_S S' \to S'$ possède une section [EGA IV 17.16.3]. Comme S et S' sont parfaits, le noyau de $W_n(\mathcal{O}_S) \to \mathcal{O}_S$ (resp. $W_n(\mathcal{O}_{S'}) \to \mathcal{O}_{S'}$) est $pW_n(\mathcal{O}_S)$ (resp...), d'où les relations

$$S' \xrightarrow{\sim} S \times_{W_n(S)} W_n(S') , \quad \mathrm{Tor}_1^{W_n(\mathcal{O}_S)}(W_n(\mathcal{O}_{S'}), \mathcal{O}_S) = 0 ,$$

qui montrent que $W_n(S')$ est étale surjectif sur $W_n(S)$. Utilisant alors sur $W_n(S') \times_{W_n(S)} W_n(S') \simeq W_n(S' \times_S S')$ l'indépendance de (1.6.3) par rapport à la section x, l'isomorphisme (1.6.3) sur $W_n(S')$ se descend sur $W_n(S)$. Son inverse est le morphisme trace annoncé.

On observera que, pour n variable, on obtient ainsi un système projectif d'isomorphismes.

COROLLAIRE 1.7. _Si_ $\mathcal{O}_S$ _désigne le faisceau structural de_ S_{parf}, _il existe un système projectif d'isomorphismes_

$$R^m \pi_*(W_n\Omega^m_X / d(W_n\Omega^{m-1}_X)) \xrightarrow{\sim} W_n(\mathcal{O}_S) . \tag{1.7.1}$$

Prenant les sections sur T affine parfait de (1.6.1), on obtient

$$H^{2m}(X_T/W_n(T), \mathcal{O}_{X_T/W_n(T)}) \xrightarrow{\sim} W_n(\Gamma(T, \mathcal{O}_T)) ,$$

d'où (1.7.1) en passant aux faisceaux associés.

LEMME 1.8. <u>Pour tout</u> n , <u>le diagramme</u>

$$\begin{array}{ccc}
R^m\pi_*(W_n\Omega_X^m) & \xrightarrow{F-1} & R^m\pi_*(W_n\Omega_X^m/d(W_n\Omega_n^{m-1})) \\
\downarrow & & \wr\downarrow \\
W_n(\mathcal{O}_S) & \xrightarrow{\sigma-1} & W_n(\mathcal{O}_S)
\end{array} ,$$

<u>où</u> σ <u>est l'automorphisme de Frobenius de</u> $W_n(\mathcal{O}_S)$, <u>est commutatif</u>.

Dans l'isomorphisme (1.6.1), l'endomorphisme de Frobenius de la cohomologie cristalline correspond à $p^m\sigma$: d'après [3, VII 3.2.4] si la base est un corps, et par passage aux fibres dans le cas général. Dans l'isomorphisme (1.5.2), il correspond à l'endomorphisme défini par l'endomorphisme du complexe $W_n\Omega_X^{\cdot}$ donné par p^qF sur $W_n\Omega_X^q$. La relation $d\circ F = pF\circ d$ entraîne que l'homomorphisme

$$p^mF : W_n\Omega_X^m \to W_n\Omega_X^m/d(W_n\Omega_X^{m-1})$$

se factorise en

$$F' : W_n\Omega_X^m/d(W_n\Omega_X^{m-1}) \to W_n\Omega_X^m/d(W_n\Omega_X^{m-1}) .$$

On en déduit le diagramme commutatif, où la surjectivité résulte de (1.5.1),

$$\begin{array}{ccc}
R^m\pi_*(W_n\Omega_X^m) & \xrightarrow{p^mF} & R^m\pi_*(W_n\Omega_X^m/d(W_n\Omega_X^{m-1})) \\
\downarrow & \nearrow F' & \\
R^m\pi_*(W_n\Omega_X^m/d(W_n\Omega_X^{m-1})) & & \wr\downarrow \\
\wr\downarrow & & \\
W_n(\mathcal{O}_S) & \xrightarrow{p^m\sigma} & W_n(\mathcal{O}_S)
\end{array} .$$

Comme le pro-objet $"\varprojlim" W_n(\mathcal{O}_S)$ est sans p-torsion, le diagramme

$$\begin{array}{ccc}
R^m\pi_*(W_n\Omega_X^m) & \xrightarrow{F} & R^m\pi_*(W_n\Omega_X^m/d(W_n\Omega_X^{m-1})) \\
\downarrow & & \wr\downarrow \\
W_n(\mathcal{O}_S) & \xrightarrow{\sigma} & W_n(\mathcal{O}_S)
\end{array}$$

commute.

THÉORÈME 1.9. Soient X un schéma propre et lisse sur un schéma parfait S, à fibres géométriquement connexes de dimension m, $\pi : (X/S)_{parf} \to S_{parf}$.

(i) Pour tout $i > m$, et tout n,

$$R^i\pi_*(\nu_n(m)) = 0 . \tag{1.9.1}$$

(ii) Il existe un système projectif d'épimorphismes

$$\eta_n : R^m\pi_*(\nu_n(m)) \twoheadrightarrow \mathbb{Z}/p^n . \tag{1.9.2}$$

La suite exacte

$$0 \to \nu_n(m) \to W_n\Omega_X^m \xrightarrow{F-1} W_n\Omega_X^m/d(W_n\Omega_X^{m-1}) \to 0$$

et les relations (1.5.1) prouvent (1.9.1) pour $i > m+1$. Pour $i = m+1$, le diagramme du lemme 1.8 montre que $F-1$ est un épimorphisme, car $\sigma-1$ en est un pour la topologie étale, d'où l'assertion (i).

Le même diagramme nous fournit alors le diagramme exact

$$\begin{array}{ccccccc} & & R^m\pi_*(\nu_n(m)) & \to & R^m\pi_*(W_n\Omega_X^m) & \xrightarrow{F-1} & R^m\pi_*(W_n\Omega_X^m/d(W_n\Omega_X^{m-1})) \\ & & \downarrow \eta_n & & \downarrow & & \downarrow \wr \\ 0 & \longrightarrow & \mathbb{Z}/p^n & \longrightarrow & W_n(\mathcal{O}_S) & \xrightarrow{\sigma-1} & W_n(\mathcal{O}_S) \end{array}$$

qui définit η_n et montre sa surjectivité.

L'homomorphisme η_n jouera le rôle d'un morphisme trace en cohomologie fppf.

Remarques. (i) D'après (1.9.1), la donnée de η_n est équivalente à la donnée d'un morphisme dans la catégorie dérivée

$$\eta_n : R\pi_*(\nu_n(m)) \to \mathbb{Z}/p^n[-m] . \tag{1.9.3}$$

On observera que le diagramme

$$(1.9.4)\qquad \begin{array}{ccc} R\pi_*(W_n\Omega_X^m/d(W_n\Omega_X^{m-1})) & \xrightarrow{\ tr\ } & W_n(\mathcal{O}_S)[-m] \\ \downarrow & & \downarrow \\ R\pi_*(\nu_n(m))[1] & \xrightarrow{\ \eta_n\ } & \mathbb{Z}/p^n[-m+1] \end{array} ,$$

où les flèches verticales sont définies par les suites exactes

$$0 \to \nu_n(m) \to W_n\Omega_X^m \xrightarrow{F-1} W_n\Omega_X^m/d(W_n\Omega_X^{m-1}) \to 0 ,$$

$$0 \to \mathbb{Z}/p^n \to W_n(\mathcal{O}_S) \xrightarrow{\sigma-1} W_n(\mathcal{O}_S) \to 0 ,$$

est commutatif. En effet, le carré commutatif

$$\begin{array}{ccc} R\pi_*(W_n\Omega_X^m) & \longrightarrow & W_n(\mathcal{O}_S) \\ {\scriptstyle F-1}\downarrow & & \downarrow{\scriptstyle \sigma-1} \\ R\pi_*(W_n\Omega_X^m/d(W_n\Omega_X^{m-1})) & \longrightarrow & W_n(\mathcal{O}_S) \end{array}$$

étant donné, il existe entre les cônes des flèches verticales un morphisme η'_n donnant un morphisme de triangles

$$\begin{array}{ccccc} R\pi_*(W_n\Omega_X^m) & & \longrightarrow & & W_n(\mathcal{O}_S)[-m] \\ & \nwarrow{\scriptstyle +1} & & {\scriptstyle \sigma-1} & \nwarrow{\scriptstyle +1} \\ {\scriptstyle F-1}\downarrow & & R\pi_*(\nu_n(m))[1] \xrightarrow{\ \eta'_n\ } & \downarrow & \mathbb{Z}/p^n[-m+1] \\ & \nearrow & & & \nearrow \\ R\pi_*(W_n\Omega_X^m/d(W_n\Omega_X^{m-1})) & & \longrightarrow & & W_n(\mathcal{O}_S)[-m] \end{array} .$$

Comme le morphisme induit par η'_n sur $R^m\pi_*(\nu_n(m))$ détermine η'_n, et qu'il est nécessairement égal à η_n, on a $\eta'_n = \eta_n$.

(ii) La multiplication par p induit un homomorphisme $W_n\Omega_X^q \to W_{n+1}\Omega_X^q$, d'où un homomorphisme

$$p : \nu_n(q) \to \nu_{n+1}(q) .$$

Il est clair d'après la définition des η_n que le diagramme

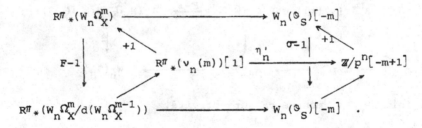

$$\begin{array}{ccc} R^m\pi_*(\nu_n(m)) & \xrightarrow{\eta_n} & \mathbb{Z}/p^n \\ p\downarrow & & \downarrow p \\ R^m\pi_*(\nu_{n+1}(m)) & \xrightarrow{\eta_{n+1}} & \mathbb{Z}/p^{n+1} \end{array}$$

est commutatif.

(iii) On peut montrer [13, lemme 3.8 (a)] que les homomorphismes

$$R^m\pi_*(\nu_n(m)) \to R^m\pi_*(\nu_{n-1}(m))$$

sont des épimorphismes.

II - LA CATÉGORIE DES SCHÉMAS EN GROUPES PARFAITS COMMUTATIFS

Il s'agit maintenant d'introduire une catégorie de faisceaux sur le site parfait de S , contenant les images directes supérieures des faisceaux μ_{p^n} , et possédant une autodualité naturelle. Cette catégorie nous est fournie par la notion de schéma en groupes parfait commutatif algébrique (groupe quasi-algébrique au sens de Serre [14, 1.2]).

2.1. Soient k un corps parfait, $S = \mathrm{Spec}(k)$, S_{parf} le topos parfait de S (défini en 1.5), S_{Et} le (gros) topos étale de S . Pour tout faisceau étale E sur S , on note E^{pf} la restriction de E à S_{parf} . Si E est représenté par un S-schéma X , E^{pf} est représenté par le S-schéma parfait X^{pf} associé à X ; rappelons que celui-ci est la limite projective du système

$$X_{\mathrm{red}} \xleftarrow{F} X_{\mathrm{red}}^{(p^{-1})} \xleftarrow{F} \cdots \xleftarrow{F} X_{\mathrm{red}}^{(p^{-n})} \xleftarrow{F} \cdots .$$

Le foncteur $E \mapsto E^{\mathrm{pf}}$ possède un adjoint à gauche $E' \mapsto \alpha_S^*(E')$, faisceau associé au préfaisceau $\alpha_S^{\cdot}(E')$ défini par

$$\alpha_S^{\cdot}(E')(V) = \varinjlim_{V \to U} E'(U) ,$$

la limite inductive étant indexée par l'ensemble des S-morphismes de V dans un S-schéma parfait U . Il est facile de vérifier que α_S^* commute aux limites projectives finies, de sorte que ce couple de foncteurs adjoints définit un morphisme de topos

$$\alpha_S : S_{\mathrm{Et}} \to S_{\mathrm{parf}}$$

pour lequel $E^{\mathrm{pf}} = \alpha_{S*}(E)$.

2.2. Un S-schéma parfait sera dit <u>algébrique</u> s'il est de la forme X^{pf}, où X est un schéma de type fini sur k. On obtient ainsi en particulier la notion de <u>schéma en groupes parfait algébrique</u> sur S. Comme F est un épimorphisme sur tout schéma réduit, on voit que tout morphisme $X^{pf} \to Y^{pf}$, où Y est algébrique sur k, provient par passage à la clôture parfaite d'un morphisme $X^{(p^{-n})} \to Y$ de k-schémas. On en déduit facilement les propriétés suivantes :

a) la catégorie des schémas en groupes parfaits algébriques commutatifs est abélienne ;

b) toute extension de schémas en groupes parfaits algébriques dans S_{parf} est un schéma en groupes parfait algébrique.

LEMME 2.3. <u>Soit</u> $\beta_S : S_{fppf} \to S_{Et}$ <u>le morphisme canonique du topos</u> fppf <u>de</u> S <u>vers le topos étale de</u> S. <u>Pour tout groupe algébrique affine commutatif</u> G <u>sur</u> k,

$$R(\alpha_S \circ \beta_S)_*(G) \simeq G^{pf} .$$

Par définition, $(\alpha_S \circ \beta_S)_*(G) = G^{pf}$. Pour calculer les images directes supérieures, observons d'abord que, tout recouvrement étale d'un schéma parfait étant parfait, α_{S*} est exact.

Si G est lisse, $R^i\beta_{S*}(G) = 0$ pour $i \geq 1$ d'après le théorème de Grothendieck [10, 11.7] ; le lemme est donc clair si $G = \mathbb{G}_m$, $\mathbb{G}_a$ ou $\mathbb{Z}/p$. Si $G = \mu_p$ ou α_p, on peut calculer $R(\alpha_S \circ \beta_S)_*(G)$ en utilisant les résolutions acycliques

$$0 \longrightarrow \mu_p \longrightarrow \mathbb{G}_m \xrightarrow{F} \mathbb{G}_m \longrightarrow 0 ,$$

$$0 \longrightarrow \alpha_p \longrightarrow \mathbb{G}_a \xrightarrow{F} \mathbb{G}_a \longrightarrow 0 .$$

Comme F est un isomorphisme sur $\mathbb{G}_m^{pf}$ et $\mathbb{G}_a^{pf}$, on a donc

$$R(\alpha_S \circ \beta_S)_*(\mu_p) = R(\alpha_S \circ \beta_S)_*(\alpha_p) = 0 .$$

Le cas général résulte alors de ce que, localement pour la topologie étale, G possède une suite de composition dont les quotients sont isomorphes à $\mathbb{G}_m$, $\mathbb{G}_a$, $\mathbb{Z}/p$, μ_p ou α_p [8, IV §3 1.1, IV §3 6.9, IV §1 1.4].

LEMME 2.4. <u>Soient</u> G <u>un schéma en groupes parfait algébrique affine, commutatif et annulé par une puissance de</u> p , U <u>sa composante connexe</u>, $D = G/U$. <u>Alors</u> U <u>possède une suite de composition dont les quotients sont isomorphes au groupe additif</u> $\mathbb{G}_a^{pf}$, <u>et</u> D <u>est un groupe étale</u>.

C'est une conséquence immédiate du théorème de structure des groupes algébriques affines, et de l'exactitude de $(\alpha_S \circ \beta_S)_*$, G ne pouvant posséder de facteur multiplicatif puisqu'annulé par une puissance de p .

Un tel groupe est donc en particulier unipotent.

On notera $\mathcal{G}(p^n)$ la catégorie des S-groupes parfaits algébriques affines, commutatifs et annulés par p^n, $\mathcal{G}(p^\infty) = \bigcup_n \mathcal{G}(p^n)$, $\mathcal{F}$ celle des faisceaux abéliens de S_{parf} , $\mathcal{F}(p^n)$ la sous-catégorie pleine des faisceaux annulés par p^n .

LEMME 2.5. <u>Soient</u> $G \in Ob(\mathcal{G}(p^\infty))$, U <u>sa composante connexe</u>, $D = G/U$. <u>Alors</u> :

(i) <u>Si</u> $G \in Ob(\mathcal{G}(p^n))$, <u>il existe un isomorphisme canonique</u>

$$\underline{RHom}_{\mathcal{F}(p^n)}(G, \mathbb{Z}/p^n) \xrightarrow{\sim} \underline{RHom}_{\mathcal{F}}(G, \mathbb{Q}_p/\mathbb{Z}_p) .$$

(ii) a) $\underline{Hom}_{\mathcal{F}}(G, \mathbb{Q}_p/\mathbb{Z}_p) \xrightarrow{\sim} \underline{Hom}_{\mathcal{F}}(D, \mathbb{Q}_p/\mathbb{Z}_p) = D^*$,

<u>dual de Pontryagin de</u> G ;

b) $\underline{Ext}^1_{\mathcal{F}}(G, \mathbb{Q}_p/\mathbb{Z}_p) \xrightarrow{\sim} \underline{Ext}^1_{\mathcal{F}}(U, \mathbb{Q}_p/\mathbb{Z}_p)$,

<u>et est un groupe algébrique parfait affine connexe</u> ; <u>si</u> U <u>est muni d'une structure de</u> $W_n(\mathcal{O}_S)$-<u>module</u>, <u>il existe un isomorphisme canonique de</u> $W_n(\mathcal{O}_S)$-<u>modules</u>

$$\underline{Ext}^1_{\mathcal{F}}(U, \mathbb{Q}_p/\mathbb{Z}_p) \xrightarrow{\sim} \underline{Hom}_{W_n(\mathcal{O}_S)}(U, W_n(\mathcal{O}_S)) ;$$

c) $\underline{\mathrm{Ext}}^{i}_{\mathfrak{I}}(G,\mathbb{Q}_p/\mathbb{Z}_p) = 0$ <u>si</u> $i \geq 2$.

Pour prouver la première assertion, on choisit une résolution injective $I^{\cdot}$ de $\mathbb{Q}_p/\mathbb{Z}_p$ dans $\mathfrak{I}$, et la suite exacte

$$0 \to K^{\cdot} \to I^{\cdot} \xrightarrow{p^n} I^{\cdot} \to 0$$

montre que $K^{\cdot}$ est une résolution injective de $\mathbb{Z}/p^n$ dans $\mathfrak{I}(p^n)$. On obtient alors

$$\underline{\mathrm{RHom}}^{\cdot}_{\mathfrak{I}(p^n)}(G,\mathbb{Z}/p^n) \simeq \underline{\mathrm{Hom}}^{\cdot}_{\mathfrak{I}(p^n)}(G,K^{\cdot}) \simeq \underline{\mathrm{Hom}}^{\cdot}_{\mathfrak{I}}(G,I^{\cdot}) \simeq \underline{\mathrm{RHom}}^{\cdot}_{\mathfrak{I}}(G,\mathbb{Q}_p/\mathbb{Z}_p) .$$

Si D est un groupe étale, D est localement extension de groupes $\mathbb{Z}/p$, et l'homomorphisme canonique

$$D^{*} = \underline{\mathrm{Hom}}_{\mathfrak{I}}(D,\mathbb{Q}_p/\mathbb{Z}_p) \to \underline{\mathrm{RHom}}_{\mathfrak{I}}(D,\mathbb{Q}_p/\mathbb{Z}_p)$$

est un isomorphisme, cette assertion étant triviale pour $\mathbb{Z}/p$ compte tenu de i). Si U est un groupe connexe, U est extension de groupes additifs ; d'après i), et le théorème de Breen [7, cor. 1.8]

$$\underline{\mathrm{RHom}}_{\mathfrak{I}}(\mathbb{G}_a^{pf},\mathbb{Q}_p/\mathbb{Z}_p) \simeq \mathbb{G}_a^{pf}[-1],$$

ce qui montre que $\underline{\mathrm{Ext}}^{i}_{\mathfrak{I}}(U,\mathbb{Q}_p/\mathbb{Z}_p)$ est nul pour $i \neq 1$, et que $\underline{\mathrm{Ext}}^{1}_{\mathfrak{I}}(U,\mathbb{Q}_p/\mathbb{Z}_p)$ est un groupe connexe. Enfin, supposons que U soit muni d'une structure de $W_n(\mathcal{O}_S)$-module ; la suite exacte d'Artin-Schreier

$$0 \to \mathbb{Z}/p^n \to W_n(\mathcal{O}_S) \xrightarrow{F-1} W_n(\mathcal{O}_S) \to 0$$

donne dans $D(\mathfrak{I}(p^n))$ un morphisme $W_n(\mathcal{O}_S) \to \mathbb{Z}/p^n[1]$, d'où un homomorphisme canonique, $W_n(\mathcal{O}_S)$-linéaire pour les structures venant de U,

$$\underline{\mathrm{Hom}}_{W_n(\mathcal{O}_S)}(U,W_n(\mathcal{O}_S)) \to \underline{\mathrm{RHom}}_{\mathfrak{I}(p^n)}(U,\mathbb{Z}/p^n)[1] .$$

On vérifie aisément que $\underline{\mathrm{Ext}}^{1}_{W_n(\mathcal{O}_S)}(\mathcal{O}_S,W_n(\mathcal{O}_S)) = 0$; comme U possède une filtration par des sous-$W_n(\mathcal{O}_S)$-modules telle que les quotients associés soient linéairement isomorphes à $\mathbb{G}_a^{pf}$, il suffit de montrer que cet homomorphisme est un isomorphisme pour $U = \mathbb{G}_a^{pf}$, ce qui est encore assuré par le théorème de Breen. L'assertion ii) résulte alors dans le cas général de la suite exacte

$$0 \to U \to G \to D \to 0 .$$

Par abus de notation, nous noterons, pour tout groupe parfait algébrique connexe U

$$U^{\vee} = \underline{\mathrm{Ext}}^1_{\mathfrak{J}}(U, \mathbb{Q}_p/\mathbb{Z}_p) .$$

THÉORÈME 2.6. <u>Soit</u> $D^b(\mathcal{G}(p^{\infty}))$ <u>la sous-catégorie pleine de la catégorie dérivée</u> $D(\mathfrak{J})$ <u>formée des complexes bornés dont la cohomologie est dans</u> $\mathcal{G}(p^{\infty})$. <u>Alors le foncteur</u>

$$G^{\cdot} \mapsto G^{\cdot t} = \underline{\mathrm{RHom}}_{\mathfrak{J}}(G^{\cdot}, \mathbb{Q}_p/\mathbb{Z}_p)$$

<u>induit une autodualité de</u> $D^b(\mathcal{G}(p^{\infty}))$, <u>et il existe des suites exactes canoniques</u>

$$0 \to U^{i+1}(G^{\cdot})^{\vee} \to H^{-i}(G^{\cdot t}) \to D^i(G^{\cdot})^* \to 0 ,$$

<u>où</u> $U^i(G^{\cdot})$ <u>est la composante connexe de</u> $H^i(G^{\cdot})$, <u>et</u> $D^i(G^{\cdot}) = H^i(G^{\cdot})/U^i(G^{\cdot})$.

Les faisceaux de cohomologie de $\underline{\mathrm{RHom}}_{\mathfrak{J}}(G^{\cdot}, \mathbb{Q}_p/\mathbb{Z}_p)$ sont l'aboutissement de la suite spectrale

$$E_2^{p,q} = \underline{\mathrm{Ext}}^p_{\mathfrak{J}}(H^{-q}(G^{\cdot}), \mathbb{Q}_p/\mathbb{Z}_p) \Longrightarrow \underline{\mathrm{Ext}}^n_{\mathfrak{J}}(G^{\cdot}, \mathbb{Q}_p/\mathbb{Z}_p) .$$

D'après 2.5, $E_2^{p,q} = 0$ pour $p \neq 0,1$, de sorte que l'on obtient les suites exactes courtes

$$0 \to \underline{\mathrm{Ext}}^1_{\mathfrak{J}}(H^{i+1}(G^{\cdot}), \mathbb{Q}_p/\mathbb{Z}_p) \to \underline{\mathrm{Ext}}^{-i}_{\mathfrak{J}}(G^{\cdot}, \mathbb{Q}_p/\mathbb{Z}_p) \to \underline{\mathrm{Hom}}_{\mathfrak{J}}(H^i(G^{\cdot}), \mathbb{Q}_p/\mathbb{Z}_p) \to 0 ,$$

qui sont les suites annoncées. Elles entraînent de plus que $G^{\cdot t} \in D(\mathcal{G}(p^{\infty}))$, puisque $\mathcal{G}(p^{\infty})$ est stable par extensions. Enfin, on vérifie que l'homomorphisme de bidualité

$$G^{\cdot} \to (G^{\cdot t})^t$$

est un isomorphisme en se ramenant par dévissage au cas de $\mathbb{Z}/p$ et de $\mathbb{G}_a$, qui est clair d'après 2.5.

2.7. Soit X un schéma propre et lisse sur S , et soit $(X/S)_{parf}$ le topos défini en 1.5. Pour tout faisceau E sur le gros topos étale de X , on note $\alpha_{X*}(E)$ la restriction de E à $(X/S)_{parf}$. Le foncteur α_{X*} possède un adjoint à gauche α_X^* , tel que $\alpha_X^*(E')$ soit le faisceau associé au préfaisceau $\alpha_X^{\cdot}(E')$ défini par

$$\alpha_X^{\cdot}(E')(X') = \varinjlim_{X' \to Y} F(T,Y) \ ,$$

où la limite inductive est indexée par l'ensemble des morphismes $X' \to Y$, où Y est étale sur $X \times_S T$, T étant un S-schéma parfait. Le foncteur α_X^* commute aux limites projectives finies, et définit un morphisme de topos

$$\alpha_X : X_{Et} \to (X/S)_{parf} \ .$$

Il est clair que le diagramme de morphismes de topos

$$\begin{array}{ccccc} X_{fppf} & \xrightarrow{\beta_X} & X_{Et} & \xrightarrow{\alpha_X} & (X/S)_{parf} \\ {\scriptstyle \pi_{fppf}} \downarrow & & \downarrow {\scriptstyle \pi_{Et}} & & \downarrow {\scriptstyle \pi} \\ S_{fppf} & \xrightarrow{\beta_S} & S_{Et} & \xrightarrow{\alpha_S} & S_{parf} \end{array}$$

est commutatif.

PROPOSITION 2.8 (i) _Pour tout_ n , _il existe un isomorphisme canonique_

$$R(\alpha_S \circ \beta_S)_* \circ R\pi_{fppf*}(\mu_{p^n}) \simeq R\pi_*(\mathcal{O}_X^*/\mathcal{O}_X^{*p^n})[-1] \ .$$

(ii) _Si_ k _est algébriquement clos, il existe pour tout_ n _et tout_ i _un isomorphisme canonique_

$$H^i(X_{fppf}, \mu_{p^n}) \simeq \Gamma(S_{parf}, R^{i-1}\pi_*(\mathcal{O}_X^*/\mathcal{O}_X^{*p^n})) \ .$$

Sur X_{fppf} , la suite exacte de Kümmer

$$0 \longrightarrow \mu_{p^n} \longrightarrow \mathbb{G}_m \xrightarrow{p^n} \mathbb{G}_m \longrightarrow 0$$

est une résolution de μ_{p^n} par des faisceaux β_{X*}-acycliques. Comme α_{X*} est exact d'après la définition des objets de $(X/S)_{parf}$, on obtient

$$R(\alpha_{X*} \circ \beta_{X*})(\mu_{p^n}) = \mathcal{O}_X^* \xrightarrow{p^n} \mathcal{O}_X^* .$$

Puisque, sur $(X/S)_{parf}$, $\mathcal{O}_X$ est réduit, on obtient donc

$$R(\alpha_{X*} \circ \beta_*)(\mu_{p^n}) \simeq \mathcal{O}_X^*/\mathcal{O}_X^{*p^n}[-1] ,$$

d'où l'assertion (i).

Si k est algébriquement clos, le foncteur $\Gamma(S_{parf},.)$ est exact, et (ii) résulte de (i) en prenant les sections.

Remarque. D'après un résultat d'Artin [1, théorème 3.1] les faisceaux $R^i\pi_{fppf*}(\mu_{p^n})$ sont représentables par des schémas en groupes commutatifs de type fini sur k . D'après 2.3 et 2.8 i), on peut donc interpréter les $R^i\pi_*(\mathcal{O}_X^*/\mathcal{O}_X^{*p^n})$ par

$$R^i\pi_*(\mathcal{O}_X^*/\mathcal{O}_X^{*p^n}) \simeq (R^{i+1}\pi_{fppf*}(\mu_{p^n}))^{pf} .$$

THÉORÈME 2.9. Pour tout n , le complexe $R\pi_*(\mathcal{O}_X^*/\mathcal{O}_X^{*p^n})$ appartient à $D^b(\mathcal{G}(p^\infty))$.

Comme $\mathcal{G}(p^\infty)$ est stable par extensions, il suffit de prouver ce résultat pour $n = 1$. La suite exacte

$$0 \rightarrow \mathcal{O}_X^*/\mathcal{O}_X^{*p} \rightarrow \Omega_X^1 \xrightarrow{C^{-1}-1} \Omega_X^1/d\mathcal{O}_X \rightarrow 0$$

donne une suite exacte longue

$$R^{i-1}\pi_*(\Omega_X^1) \rightarrow R^{i-1}\pi_*(\Omega_X^1/d\mathcal{O}_X) \rightarrow R^i\pi_*(\mathcal{O}_X^*/\mathcal{O}_X^{*p}) \rightarrow R^i\pi_*(\Omega_X^1) \rightarrow R^i\pi_*(\Omega_X^1/d\mathcal{O}_X) .$$

Comme Ω_X^1 et $\Omega_X^1/d\mathcal{O}_X$ sont cohérents, et que S est spectre d'un corps, le théorème de changement de base en cohomologie cohérente entraîne que les faisceaux $R^i\pi_*(\Omega^1_X)$ et $R^i\pi_*(\Omega^1_X/d\mathcal{O}_X)$ sont représentables par des groupes vectoriels, donc appartiennent à $\mathcal{G}(p)$, d'où l'énoncé.

COROLLAIRE 2.10. <u>Pour tout</u> n <u>et tout</u> i, <u>il existe un schéma en groupes parfait algébrique</u> $\underline{H}^i(X,\mu_{p^n})$ <u>tel que, pour toute extension algébriquement close</u> K <u>de</u> k, <u>il existe un isomorphisme</u>

$$H^i(X_K,\mu_{p^n}) \simeq \underline{H}^i(X,\mu_{p^n})(K) ,$$

<u>fonctoriel en</u> X <u>et</u> $Gal(K/k)$-<u>équivariant</u>.

<u>Remarque</u>. Comme $\underline{H}^i(X,\mu_{p^n})$ représente le faisceau $R^{i-1}\pi_*(\mathcal{O}^*_X/\mathcal{O}^{*p^n}_X)$ sa formation commute au changement de base.

III - LE THÉORÈME DE DUALITÉ POUR LES SURFACES

3.1. Soient S un schéma parfait, X un S-schéma propre et lisse, à fibres géométriquement connexes de dimension 2. On définit un accouplement de faisceaux de $(X/S)_{parf}$

$$\mathcal{O}_X^*/\mathcal{O}_X^{*p^n} \times \mathcal{O}_X^*/\mathcal{O}_X^{*p^n} \to W_n\Omega_X^2$$

par $(f,g) \mapsto d\log \underline{f} . d\log \underline{g}$. D'après (1.1.6), l'image de cet accouplement est contenue dans $\nu_n(2)$, et, pour n variable, on obtient le diagramme de compatibilité

$$(3.1.1)\qquad \begin{array}{ccccc} \mathcal{O}_X^*/\mathcal{O}_X^{*p^n} & \times & \mathcal{O}_X^*/\mathcal{O}_X^{*p^n} & \longrightarrow & \nu_n(2) \\ \downarrow p & & \uparrow & & \downarrow p \\ \mathcal{O}_X^*/\mathcal{O}_X^{*p^{n+1}} & \times & \mathcal{O}_X^*/\mathcal{O}_X^{*p^{n+1}} & \longrightarrow & \nu_{n+1}(2) \end{array} .$$

Projetant ces accouplements sur S_{parf} par le foncteur $R\pi_*$, on obtient un système compatible d'accouplements

$$R\pi_*(\mathcal{O}_X^*/\mathcal{O}_X^{*p^n}) \overset{\mathbb{L}}{\otimes}_{\mathbb{Z}/p^n} R\pi_*(\mathcal{O}_X^*/\mathcal{O}_X^{*p^n}) \to R\pi_*(\nu_n(2)) .$$

Par composition avec le morphisme trace (1.9.3), on obtient

$$R\pi_*(\mathcal{O}_X^*/\mathcal{O}_X^{*p^n}) \overset{\mathbb{L}}{\otimes}_{\mathbb{Z}/p^n} R\pi_*(\mathcal{O}_X^*/\mathcal{O}_X^{*p^n}) \to \mathbb{Z}/p^n[-2]$$

qu'on peut encore considérer comme un accouplement

$$(3.1.2)\qquad R\pi_*(\mathcal{O}_X^*/\mathcal{O}_X^{*p^n}) \overset{\mathbb{L}}{\otimes}_{\mathbb{Z}} R\pi_*(\mathcal{O}_X^*/\mathcal{O}_X^{*p^n}) \to \mathbb{Q}_p/\mathbb{Z}_p[-2] .$$

On se propose maintenant de démontrer :

THÉORÈME 3.2. <u>Les accouplements</u> (3.1.2) <u>induisent un système compatible d'isomorphismes</u>

$$(3.2.1)\qquad \epsilon_n : R\pi_*(\mathcal{O}_X^*/\mathcal{O}_X^{*p^n}) \xrightarrow{\sim} R\underline{Hom}_{\mathcal{J}}(R\pi_*(\mathcal{O}_X^*/\mathcal{O}_X^{*p^n}), \mathbb{Q}_p/\mathbb{Z}_p)[-2] .$$

Utilisant les suites exactes de la forme

$$0 \longrightarrow \mathcal{O}_X^*/\mathcal{O}_X^{*p^m} \xrightarrow{p^n} \mathcal{O}_X^*/\mathcal{O}_X^{*p^{m+n}} \longrightarrow \mathcal{O}_X^*/\mathcal{O}_X^{*p^n} \longrightarrow 0 ,$$

et le diagramme de compatibilité (3.1.1), on obtient le prisme commutatif

$$\begin{array}{ccccc}
 & & R\pi_*(\mathcal{O}_X^*/\mathcal{O}_X^{*p}) & & \\
 & \swarrow{\scriptstyle +1} & \Big\downarrow & \nwarrow & \\
R\pi_*(\mathcal{O}_X^*/\mathcal{O}_X^{*p^n}) & & \xrightarrow{\quad p \quad} & & R\pi_*(\mathcal{O}_X^*/\mathcal{O}_X^{*p^{n+1}}) \\
\Big\downarrow{\scriptstyle \varepsilon_n} & & \Big\downarrow{\scriptstyle \varepsilon_1} & & \Big\downarrow{\scriptstyle \varepsilon_{n+1}} \\
\underline{\mathrm{RHom}}_{\mathfrak{F}}(R\pi_*(\mathcal{O}_X^*/\mathcal{O}_X^{*p^n}),\mathbb{Q}_p/\mathbb{Z}_p)[-2] & & \longrightarrow & & \underline{\mathrm{RHom}}_{\mathfrak{F}}(R\pi_*(\mathcal{O}_X^*/\mathcal{O}_X^{*p^{n+1}}),\mathbb{Q}_p/\mathbb{Z}_p)[-2] \\
 & \nwarrow{\scriptstyle +1} & & \swarrow{\scriptstyle p^n} & \\
 & & \underline{\mathrm{RHom}}_{\mathfrak{F}}(R\pi_*(\mathcal{O}_X^*/\mathcal{O}_X^{*p}),\mathbb{Q}_p/\mathbb{Z}_p)[-2] & & .
\end{array}$$

Il suffit donc par récurrence de prouver le théorème pour $n = 1$.

Ceci résultera d'un énoncé plus général sur les images directes des faisceaux $\nu_1(q)$, le faisceau $\mathcal{O}_X^*/\mathcal{O}_X^{*p}$ n'étant autre que $\nu_1(1)$ (1.2 (i)).

Supposons maintenant X de dimension relative m sur S , et introduisons les complexes suivants :

$$X^{\cdot} = \Omega^q_{X,d=0} \xrightarrow{1-C} \Omega^q_X ,$$

$$Y^{\cdot} = \Omega^{m-q}_X \xrightarrow{C^{-1}-1} \Omega^{m-q}_X/d(\Omega^{m-q-1}_X) ,$$

$$Z^{\cdot} = \Omega^m_X \xrightarrow{1-C} \Omega^m_X .$$

LEMME 3.3. <u>Les accouplements</u>

$$\Omega^q_{X,d=0} \times \Omega^{m-q}_X \to \Omega^m_X , \qquad (\omega,\omega') \mapsto \omega\wedge\omega' ,$$

$$\Omega^q_X \times \Omega^{m-q}_X \to \Omega^m_X , \qquad (\omega,\omega') \mapsto \omega\wedge\omega' ,$$

$$\Omega^q_{X,d=0} \times \Omega^{m-q}_X/d\Omega^{m-q-1}_X \to \Omega^m_X , \quad (\omega,\omega') \mapsto C(\omega\wedge\omega') ,$$

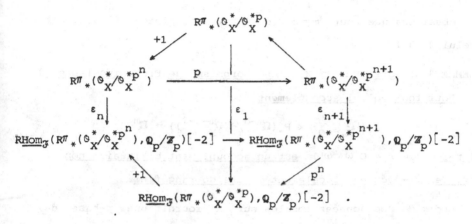

définissent un accouplement de complexes $X^{\cdot} \times Y^{\cdot} \to Z^{\cdot}$, *induisant un accouplement*

$$(3.3.1) \qquad \nu_1(q) \times \nu_1(m-q) \to \nu_1(m) .$$

La première assertion est claire, et la seconde résulte de 1.2 (i).

On observera que pour $m = 2$, $q = 1$, l'accouplement (3.3.1) est bien celui de 3.1.

LEMME 3.4. *Soit* $F : X \to X$ *l'endomorphisme de Frobenius (absolu) de* X . *Pour tout* q , *l'accouplement*

$$F_*(\Omega^q_{X,d=0}) \times F_*(\Omega^{m-q}_X / d(\Omega^{m-q-1}_X)) \to \Omega^m_X$$

défini par $\langle \omega, \omega' \rangle = C(\omega \wedge \omega')$ *est un accouplement bilinéaire non dégénéré de* $\mathcal{O}_X$*-modules localement libres de rang fini*.

Le choix de coordonnées locales sur X fournit une p-base de $\mathcal{O}_X$, et permet d'écrire localement le complexe linéaire $F_*(\Omega^{\cdot}_X)$ sous la forme $\mathcal{O}_X \otimes_{\mathbb{F}_p} K^{\cdot}$, où $K^{\cdot}$ est un complexe de $\mathbb{F}_p$-vectoriels de rang fini ; par suite, $F_*(\Omega^q_{X,d=0})$ et $F_*(\Omega^{m-q}_X / d(\Omega^{m-q-1}_X))$ sont localement libres de rang fini sur $\mathcal{O}_X$.

Le diagramme d'accouplements

$$\begin{array}{ccccc}
F_*(\Omega^q_X) & \times & F_*(\Omega^{m-q}_X) & \xrightarrow{C(.n.)} & \\
d \downarrow & & \uparrow (-1)^{q-1} d & & \Omega^m_X \\
F_*(\Omega^{q+1}_X) & \times & F_*(\Omega^{m-q-1}_X) & \xrightarrow{C(.n.)} &
\end{array}$$

est $\mathcal{O}_X$-linéaire, et commutatif grâce à la relation

$$C(\omega \wedge (-1)^{q-1} d\omega') - C(d\omega \wedge \omega') = -C(d(\omega \wedge \omega')) = 0 .$$

Comme on vérifie aisément que l'accouplement

$$F_*(\Omega^q_X) \times F_*(\Omega^{m-q}_X) \to \Omega^m_X$$

est non dégénéré pour tout q , le lemme en résulte.

THÉORÈME 3.5. Pour tout q, l'accouplement

(3.5.1) $$R\pi_*(\nu_1(q)) \overset{\mathbb{L}}{\otimes}_{\mathbb{Z}} R\pi_*(\nu_1(m-q)) \to R\pi_*(\nu_1(m)) \to \mathbb{Z}/p[-m] ,$$

obtenu à partir de (3.3.1) et du morphisme trace, induit un isomorphisme

$$\begin{array}{c} R\pi_*(\nu_1(q)) \xrightarrow{\sim} R\underline{\mathrm{Hom}}_{\mathcal{F}(p)}(R\pi_*(\nu_1(m-q)),\mathbb{Z}/p[-m] \\ \wr \\ R\underline{\mathrm{Hom}}_{\mathcal{F}}(R\pi_*(\nu_1(m-q)),\mathbb{Q}_p/\mathbb{Z}_p)[-m] . \end{array}$$

Le dernier isomorphisme résulte de 2.5 (i).

L'accouplement (3.5.1) peut être réalisé par l'accouplement entre complexes $X^\bullet \times Y^\bullet \to Z^\bullet$ défini en 3.3, ces complexes étant des résolutions respectivement de $\nu_1(q)$, $\nu_1(m-q)$ et $\nu_1(m)$. Il nous suffit alors de prouver que les accouplements

$$R\pi_*(\Omega^q_X) \overset{\mathbb{L}}{\otimes}_{\mathbb{Z}/p} R\pi_*(\Omega^{m-q}_X) \to R\pi_*(Z^\bullet) \to \mathbb{Z}/p[-m] ,$$

$$R\pi_*(\Omega^q_{X,d=0}) \otimes_{\mathbb{Z}/p} R\pi_*(\Omega^{m-q}_X/d(\Omega^{m-q-1}_X)) \to R\pi_*(Z^\bullet) \to \mathbb{Z}/p[-m] ,$$

sont des dualités parfaites dans $D(\mathcal{F}(p))$. Compte tenu de 3.4, cela résulte du lemme suivant :

LEMME 3.6. Soient $\mathcal{L}$ un $\mathcal{O}_X$-module localement libre de rang fini, $\mathcal{L}^\vee = \underline{\mathrm{Hom}}_{\mathcal{O}_X}(\mathcal{L},\mathcal{O}_X)$. L'accouplement naturel

$$\mathcal{L} \times (\mathcal{L}^\vee \otimes_{\mathcal{O}_X} \Omega^m_X) \to (\Omega^m_X \xrightarrow{1-C} \Omega^m_X)[1] \simeq \nu_1(m)[1]$$

et le morphisme trace η_1 donnent un isomorphisme

$$R\pi_*(\mathcal{L}) \to R\underline{\mathrm{Hom}}_{\mathcal{F}(p)}(R\pi_*(\mathcal{L}^\vee \otimes \Omega^m_X),\mathbb{Z}/p)[-m+1] .$$

L'accouplement considéré est

$$R\pi_*(\mathcal{L}) \overset{\mathbb{L}}{\otimes} R\pi_*(\mathcal{L}^\vee \otimes \Omega^m_X) \to R\pi_*\Omega^m_X \to R\pi_*(\nu_1(m))[1] \xrightarrow{\eta_1} \mathbb{Z}/p[-m+1] .$$

Utilisant les deux résolutions de $\nu_1(m)$ considérées en 1.2 (i), et le diagramme commutatif (1.9.4), on voit que cet accouplement s'écrit encore

$$R\pi_*(\mathcal{L}) \overset{\mathbb{L}}{\otimes} R\pi_*(\mathcal{L}^\vee \otimes \Omega_X^m) \to R\pi_*(\Omega_X^m) \xrightarrow{tr} \mathcal{O}_S[-m] \to \mathbb{Z}/p[-m+1] ,$$

où le dernier morphisme est fourni par la suite exacte d'Artin Schreier. La dualité de Serre-Grothendieck donne alors l'isomorphisme

$$R\pi_*(\mathcal{L}) \to \underline{RHom}_{\mathcal{O}_S}(R\pi_*(\mathcal{L}^\vee \otimes \Omega_X^m), \mathcal{O}_S)[-m] ,$$

tandis que, le complexe $R\pi_*(\mathcal{L}^\vee \otimes \Omega_X^m)$ étant parfait, le théorème de Breen [7, 1.8] montre que le morphisme

$$\underline{RHom}_{\mathcal{O}_S}(R\pi_*(\mathcal{L}^\vee \otimes \Omega_X^m), \mathcal{O}_S)[-m] \to \underline{RHom}_{\mathfrak{F}(p)}(R\pi_*(\mathcal{L}^\vee \otimes \Omega_X^m), \mathbb{Z}/p)[-m+1]$$

est un isomorphisme.

<u>Cas où la base est un corps parfait</u>.

3.7. Si S est spectre d'un corps parfait k, les résultats de la section précédente permettent de préciser le théorème de dualité au niveau des faisceaux de cohomologie. Compte tenu de 2.8, nous noterons $\underline{H}^i(\mu_{p^n})$ le k-schéma en groupes parfait algébrique représentant $R^{i-1}\pi_*(\mathcal{O}_X^*/\mathcal{O}_X^{*p^n})$; nous noterons $\underline{U}^i(\mu_{p^n})$ sa composante connexe, et $\underline{D}^i(\mu_{p^n})$ le groupe étale $\underline{H}^i(\mu_{p^n})/\underline{U}^i(\mu_{p^n})$.

COROLLAIRE 3.8. <u>Si</u> X <u>est une surface sur un corps parfait</u> k, <u>le groupe</u> $\underline{U}^i(\mu_{p^n})$ <u>s'identifie au "dual linéaire" de</u> $\underline{U}^{5-i}(\mu_{p^n})$, <u>et</u> $\underline{D}^i(\mu_{p^n})$ <u>au dual de Pontryagin de</u> $\underline{D}^{4-i}(\mu_{p^n})$.

Le théorème de dualité donne un isomorphisme

$$\underline{H}^i(\mu_{p^n}) \simeq \underline{\mathrm{Ext}}_{\mathfrak{F}}^{i-4}(R\pi_*(\mathcal{O}_X^*/\mathcal{O}_X^{*p^n})[-1], \mathbb{Q}_p/\mathbb{Z}_p) .$$

D'après 2.6, il existe une suite exacte

$$0 \to \underline{U}^{5-i}(\mu_{p^n})^\vee \to \underline{\mathrm{Ext}}_{\mathfrak{F}}^{i-4}(R\pi_*(\mathcal{O}_X^*/\mathcal{O}_X^{*p^n})[-1], \mathbb{Q}_p/\mathbb{Z}_p) \to \underline{D}^{4-i}(\mu_{p^n})^* \to 0 ,$$

d'où le corollaire.

En particulier, si k est algébriquement clos, $\underline{D}^i(\mu_{p^n})(k)$ et $\underline{D}^{4-i}(\mu_{p^n})(k)$ sont des groupes finis duaux.

<u>Exemple</u> 3.9. Soit X une surface K_3 . Alors :

(i) $\underline{H}^i(\mu_{p^n}) = 0$ pour $i = 0,1,4$;

(ii) si X est supersingulière, $\underline{U}^2(\mu_{p^n}) = \underline{H}^3(\mu_{p^n}) = \mathbb{G}_a^{pf}$; sinon, $\underline{U}^2(\mu_{p^n}) = \underline{H}^3(\mu_{p^n}) = 0$;

(iii) $\underline{D}^2(\mu_{p^n})$ est muni d'un accouplement parfait

$$\underline{D}^2(\mu_{p^n}) \times \underline{D}^2(\mu_{p^n}) \to \mathbb{Z}/p^n .$$

On a $\pi_{fppf*}(\mathbb{G}_{m,X}) = \mathcal{O}_S^*$, et $R^1\pi_{fppf*}(\mathbb{G}_{m,X})$ est représenté par $\underline{Pic}_{X/k}$, qui est discret sans torsion. Par suite,

$$\pi_{fppf*}(\mu_{p^n,X}) = \mu_{p^n,S} \ , \ R^1\pi_{fppf*}(\mu_{p^n,X}) = 0 . \tag{3.9.1}$$

D'après 2.8 (i), on en déduit

$$\underline{H}^0(\mu_{p^n}) = \underline{H}^1(\mu_{p^n}) = 0 .$$

Comme $\underline{D}^4(\mu_{p^n}) = \underline{D}^0(\mu_{p^n})^*$, et $\underline{U}^4(\mu_{p^n}) = \underline{U}^1(\mu_{p^n})^v$, il en résulte que $\underline{H}^4(\mu_{p^n}) = 0$. De même, $\underline{D}^3(\mu_{p^n}) = \underline{D}^1(\mu_{p^n})^* = 0$, de sorte que

$$\underline{H}^3(\mu_{p^n}) = \underline{U}^3(\mu_{p^n}) = \underline{U}^2(\mu_{p^n})^v .$$

Enfin, l'accouplement induit sur $\underline{D}^2(\mu_{p^n})$ est une dualité parfaite d'après 3.8.

Pour prouver (ii), on peut supposer k algébriquement clos. Si A est une k-algèbre artinienne de corps résiduel k , considérons le diagramme commutatif fourni par la suite de Kümmer

$$\begin{array}{ccccccc}
 & & 0 & & 0 & & 0 \\
 & & \downarrow & & \downarrow & & \downarrow \\
0 & \longrightarrow & N & \longrightarrow & \hat{Br}(X)(A) & \xrightarrow{p^n} & \hat{Br}(X)(A) \\
\downarrow & & \downarrow & & \downarrow & & \downarrow \\
0 \to H^1(X_A,\mathbb{G}_m)/p^nH^1(X_A,\mathbb{G}_m) & \to & H^2(X_A,\mu_{p^n}) & \to & H^2(X_A,\mathbb{G}_m) & \xrightarrow{p^n} & H^2(X_A,\mathbb{G}_m) \\
\wr\!\downarrow & & \downarrow & & \downarrow & & \downarrow \\
0 \longrightarrow H^1(X,\mathbb{G}_m)/p^nH^1(X,\mathbb{G}_m) & \longrightarrow & H^2(X,\mu_{p^n}) & \longrightarrow & H^2(X,\mathbb{G}_m) & \xrightarrow{p^n} & H^2(X,\mathbb{G}_m) .
\end{array}$$

On a $H^1(X_A,\mathbb{G}_m) = \underline{\mathrm{Pic}}_{X/k}(A) = \underline{\mathrm{Pic}}_{X/k}(k)$ car $\underline{\mathrm{Pic}}_{X/k}$ est étale, d'où l'isomorphisme de gauche, et l'exactitude du diagramme. Par ailleurs, la suite spectrale $H^p(A,R^q\pi_{\mathrm{fppf}*}(\mu_{p^n})) \Longrightarrow H^n(X_A,\mu_{p^n})$ fournit un isomorphisme

$$H^2(X_A,\mu_{p^n}) \simeq H^o(A,R^2\pi_{\mathrm{fppf}*}(\mu_{p^n})) ,$$

compte tenu de (3.9.1), et de ce que la cohomologie de $\mathbb{G}_m$ est triviale sur A . D'où finalement

$$\mathrm{Ker}(H^o(A,R^2\pi_{\mathrm{fppf}*}(\mu_{p^n})) \to H^o(k,R^2\pi_{\mathrm{fppf}*}(\mu_{p^n}))) \simeq {}_{p^n}\hat{\mathrm{B}}\mathrm{r}(X)(A) .$$

Rappelons que d'après le théorème d'Artin, $R^2\pi_{\mathrm{fppf}*}(\mu_{p^n})$ est représentable par un k-groupe algébrique commutatif $\underline{G}^2$. Si X est supersingulière, $\hat{\mathrm{B}}\mathrm{r}(X) = \hat{\mathbb{G}}_a$, de sorte que la composante unipotente connexe réduite de $\underline{G}^2$ est elle-même isomorphe à $\mathbb{G}_a$, d'où $\underline{U}^2 = \mathbb{G}_a^{pf}$. Sinon, $\hat{\mathrm{B}}\mathrm{r}(X)$ est un groupe p-divisible, et la composante unipotente connexe réduite de $\underline{G}^2$ est nulle, d'où $\underline{U}^2 = 0$.

<u>Cas où la base est un corps fini</u>.

3.10. Lorsque $S = \mathrm{Spec}(k)$, k étant un corps fini, le théorème de dualité 3.2 entraîne un théorème de dualité sur la cohomologie. En effet, en utilisant la résolution acyclique fournie par la suite d'Artin-Schreier

$$0 \to \mathbb{Z}/p^n \to W_n(\mathcal{O}_S) \xrightarrow{F-1} W_n(\mathcal{O}_S) \to 0 ,$$

ou le calcul de la cohomologie de $\mathrm{Gal}(\bar{k}/k) = \hat{\mathbb{Z}}$, on voit que

$$H^o(S_{\mathrm{parf}},\mathbb{Z}/p^n) \simeq \mathbb{Z}/p^n , \quad H^1(S_{\mathrm{parf}},\mathbb{Z}/p^n) \simeq \mathbb{Z}/p^n ,$$

$$H^i(S_{\mathrm{parf}},\mathbb{Z}/p^n) = 0 \quad \text{pour} \quad i \geqslant 2 .$$

On en déduit un "morphisme trace"

$$\theta_n : R\Gamma(S_{\mathrm{parf}},\mathbb{Z}/p^n) \to \mathbb{Z}/p^n[-1] . \tag{3.10.1}$$

Ces morphismes sont compatibles pour n variable, et on a par construction le diagramme commutatif

$$(3.10.2)\qquad \begin{array}{ccc} R\Gamma(S_{parf}, W_n(\mathcal{O}_S)) & \xrightarrow{\sim} & W_n(k) \\ \downarrow & & \downarrow tr \\ R\Gamma(S_{parf}, \mathbb{Z}/p^n)[1] & \xrightarrow{\theta} & \mathbb{Z}/p^n \end{array} ,$$

où la flèche de gauche est donnée par Artin-Schreier, et celle de droite par la trace de $W_n(k)$ comme $\mathbb{Z}/p^n$-algèbre finie.

LEMME 3.11. Si $G^\cdot \in D^b(\mathcal{G}(p^n))$, l'accouplement

$$\begin{array}{ccc} R\Gamma(S_{parf}, G^\cdot) \times RHom_{\mathfrak{Z}(p^n)}(G^\cdot, \mathbb{Z}/p^n) \to R\Gamma(S_{parf}, \mathbb{Z}/p^n) & \xrightarrow{\theta_n} & \mathbb{Z}/p^n[-1] \\ \wr\| & & \downarrow \\ R\Gamma(S_{parf}, G^\cdot) \times RHom_{\mathfrak{Z}}(G^\cdot, \mathbb{Q}_p/\mathbb{Z}_p) & \longrightarrow & \mathbb{Q}_p/\mathbb{Z}_p[-1] \end{array}$$

induit un isomorphisme

$$(3.11.1)\qquad RHom_{\mathfrak{Z}}(G^\cdot, \mathbb{Q}_p/\mathbb{Z}_p) \xrightarrow{\sim} RHom_{\mathbb{Z}}(R\Gamma(S_{parf}, G^\cdot), \mathbb{Q}_p/\mathbb{Z}_p)[-1] .$$

Il suffit de regarder le cas où $G^\cdot$ est réduit à un groupe $G \in \mathcal{G}(p^n)$, et par dévissage on peut supposer que G est étale ou que $G = \mathbb{G}_a^{pf}$. Si G est étale,

$$RHom_{\mathfrak{Z}}(G, \mathbb{Q}_p/\mathbb{Z}_p) \simeq R\Gamma(S_{parf}, G^*) ,$$

et l'assertion est classique ; si $G = \mathbb{G}_a^{pf} = \mathcal{O}_S$, le diagramme (3.10.2) donne un diagramme commutatif

$$\begin{array}{ccc} RHom_{\mathcal{O}_S}(\mathcal{O}_S, \mathcal{O}_S) & \xrightarrow{\sim} & RHom_k(R\Gamma(S_{parf}, \mathcal{O}_S), k) \\ \downarrow\wr & & \downarrow\wr \\ RHom_{\mathfrak{Z}}(\mathcal{O}_S, \mathbb{Z}/p)[1] & \xrightarrow{(3.11.1)} & RHom_{\mathbb{Z}/p}(R\Gamma(S_{parf}, \mathcal{O}_S), \mathbb{Z}/p) \end{array} ,$$

où l'isomorphisme de gauche est dû au théorème de Breen, et celui de droite défini par $Tr_{k/\mathbb{F}_p}$.

THÉORÈME 3.12. Soit X une surface propre et lisse sur un corps fini k . Alors :

(i) <u>les groupes de cohomologie</u> $H^i(X_{fppf}, \mu_{p^n})$ <u>sont des groupes finis</u>, <u>nuls pour</u> $i > 5$;

(ii) <u>l'accouplement</u>

$$R\Gamma(X_{fppf}, \mu_{p^n}) \overset{\mathbb{L}}{\otimes} R\Gamma(X_{fppf}, \mu_{p^n}) \to R\Gamma(S_{parf}, \mathbb{Z}/p^n)[-4] \xrightarrow{\theta_n} \mathbb{Z}/p^n[-5] ,$$

<u>défini par</u> 2.8 (i), (3.1.2) <u>et</u> (3.10.1), <u>est une dualité parfaite</u>, <u>donnant des isomorphismes de groupes finis</u>

$$H^{5-i}(X_{fppf}, \mu_{p^n}) \xrightarrow{\sim} \mathrm{Hom}_{\mathbb{Z}}(H^i(X_{fppf}, \mu_{p^n}), \mathbb{Q}_p/\mathbb{Z}_p) .$$

On vérifie la première assertion grâce à 2.8 (i) et à la suite exacte de cohomologie résultant de la suite

$$0 \to \mathcal{O}_X^*/\mathcal{O}_X^{*p} \to \Omega_X^1 \xrightarrow{C^{-1}-1} \Omega_X^1/d(\mathcal{O}_X) \to 0 ,$$

les groupes de cohomologie de Ω_X^1 et $\Omega_X^1/d(\mathcal{O}_X)$ étant finis.

Pour prouver la seconde, on déduit de l'isomorphisme (3.2.1)

$$R\pi_*(\mathcal{O}_X^*/\mathcal{O}_X^{*p^n}) \xrightarrow{\sim} R\underline{\mathrm{Hom}}_{\mathfrak{Z}}(R\pi_*(\mathcal{O}_X^*/\mathcal{O}_X^{*p^n}), \mathbb{Q}_p/\mathbb{Z}_p)[-2]$$

l'isomorphisme

$$R\Gamma(X_{fppf}, \mu_{p^n}) \xrightarrow{\sim} R\mathrm{Hom}_{\mathfrak{Z}}(R\pi_*(\mathcal{O}_X^*/\mathcal{O}_X^{*p^n}), \mathbb{Q}_p/\mathbb{Z}_p)[-3]$$

en prenant les sections sur S . Appliquant 3.11 au complexe $R\pi_*(\mathcal{O}_X^*/\mathcal{O}_X^{*p^n})$ on obtient

$$R\Gamma(X_{fppf}, \mu_{p^n}) \xrightarrow{\sim} R\mathrm{Hom}_{\mathbb{Z}}(R\Gamma(X_{fppf}, \mu_{p^n}), \mathbb{Q}_p/\mathbb{Z}_p)[-5] ,$$

d'où l'énoncé.

BIBLIOGRAPHIE

[1] M. ARTIN.- Supersingular K3 surfaces. Ann. Scient. Ec. Norm. Sup., 4e série, t. 7, 543-568 (1974).

[2] M. ARTIN, J.S. MILNE.- Duality in the flat cohomology of curves. Inventiones math. 35, p. 111-129 (1976).

[3] P. BERTHELOT.- Cohomologie cristalline des schémas de caractéristique $p > 0$. Lecture Notes in Math. 407, Springer Verlag (1974).

[4] P. BERTHELOT, W. MESSING.- Théorie de Dieudonné cristalline I. Journées de Géométrie Algébrique de Rennes (1978), Astérisque n° 63.

[5] S. BLOCH.- Algebraic K-theory and crystalline cohomology. Publ. Math. I.H.E.S. 47, p. 187-268 (1978).

[6] S. BLOCH.- Some formulas pertaining to the K-theory of commutative group schemes. Journal of Algebra 53, 304-326 (1978).

[7] L. BREEN.- Extensions du groupe additif sur le site parfait, Exp. VII de ce séminaire.

[8] M. DEMAZURE, P. GABRIEL.- Groupes Algébriques. North-Holland (1970).

[9] A. GROTHENDIECK.- Eléments de Géométrie Algébrique. Publ. Math. I.H.E.S. 32 (1967).

[10] A. GROTHENDIECK.- Le groupe de Brauer III, dans Dix exposés sur la cohomologie des schémas. North-Holland (1968).

[11] L. ILLUSIE.- Complexe de De Rham-Witt. Journées de Géométrie Algébrique de Rennes (1978), Astérisque n° 63.

[12] L. ILLUSIE.- Complexe de De Rham-Witt et cohomologie cristalline. Ann. Scient. Ec. Norm. Sup. 4e série, t. 12 (1979), p. 501-661.

[13] J.S. MILNE.- Duality in the flat cohomology of a surface. Ann. Scient. Ec. Norm. Sup., 4e série, t. 9, 171-202 (1976).

[14] J.-P. SERRE.- Groupes pro-algébriques. Publ. Math. I.H.E.S. 7, 1-67 (1960).

Université de Rennes I
Département de Mathématique
B.P. 25 A
35031 RENNES CEDEX (France)

EXTENSIONS DU GROUPE ADDITIF SUR LE SITE PARFAIT

Exposé VII

Par Lawrence BREEN *

0. Introduction

Les travaux de M. Artin et J. S. Milne sur le théorème de dualité en cohomologie plate ([3], [16], et exp. VI) font intervenir de manière essentielle un théorème d'annulation des groupes d'extensions de schémas en groupe unipotents, dont on donnera ici une démonstration.

Avant d'énoncer ce théorème, introduisons la notation suivante : soit R un anneau parfait de caractéristique $p > 0$, et S_{parf} le site sur $S = \mathrm{Spec}\,(R)$ dont la catégorie sous-jacente est celle des S-schémas parfaits, munis de la topologie étale. On note Ab^p (resp. V^p) la catégorie des faisceaux en groupes abéliens (resp. en $\mathbb{F}_p$ - vectoriels) sur S_{parf} (l'indice supérieur p dans Ab^p et V^p désignant la perfection). On écrira indifféremment G_a pour l'objet de V^p ou l'objet de Ab^p représenté par le groupe additif. On a donc :

(0.1) $\qquad G_a(T) = \Gamma(T, O_T)$

pour tout objet T de $S_{parf.}$ On se propose de démontrer le théorème suivant :

Théorème 0.1. (cf [3] théorème 4.1 , [16] lemme 2.2, exp. VI 2.5) :

pour tout $i > 0$, $\mathrm{Ext}^i_{V^p}(G_a, G_a) = 0$.

On verra que l'on commence la démonstration en se ramenant aux extensions correspondantes du groupe additif dans la catégorie V des faisceaux en $\mathbb{F}_p$-vectoriels sur le grand site étale de tous les S-schémas (et non plus des S-schémas parfaits). A la différence de ce qui se passe dans V^p, il n'est pas vrai que $\mathrm{Ext}^i_V(G_a, G_a) = 0$ pour tout $i > 0$ (G_a étant ici l'objet de V défini par (0.1)). On sait cependant que $\mathrm{Hom}_V(G_a, G_a)$ s'identifie à l'anneau des polynômes non commutatifs $R[F]$ en une variable F qui correspond à l'endomorphis-

---

* Laboratoire associé au C.N.R.S. n° 305.

me de Frobenius. Ainsi le produit de Yoneda de $\mathrm{Ext}^i(G_a,G_a)$ par $\mathrm{Hom}(G_a,G_a)$ (agissant à droite) définit une structure de $R[F]$-module à gauche sur $\mathrm{Ext}^i(G_a,G_a)$. La forme faible suivante du théorème d'annulation est tout ce qui reste valable dans V :

Proposition 0.2. *Soit* $i > 0$. *Le* $R[F]$*-module* $\mathrm{Ext}^i_V(G_a,G_a)$ *est annulé par une puissance de* F.

En fait, la structure de $R[F]$-module de $\mathrm{Ext}^i_V(G_a,G_a)$ est entièrement élucidée dans [5] théorème 1.7 et la proposition 0.2 en résulte par inspection. Malheureusement, il est nécéssaire, pour obtenir ce résultat, d'employer des méthodes topologiques assez délicates. Il s'avère cependant que le premier calcul effectué dans [5] (§ 4) est de nature plus conceptuelle que les calculs ultérieurs : il consiste en l'étude de certaines opérations cohomologiques dans un topos, et en la description d'une généralisation naturelle de l'algèbre de Steenrod, mieux adaptée que celle-ci au cadre des topos. Cette étude équivaut, au langage près, au calcul dû à S. Priddy [18] des foncteurs dérivés droits de l'algèbre symétrique. On trouve par ailleurs dans divers contextes des opérations de Steenrod en cohomologie à valeurs dans un faisceau (voir notamment [9], [4]). Ainsi est-il légitime de considérer ce sujet comme étant relativement bien connu, et en tout cas de nature plus classique que la suite de [5'], où l'on s'écarte de l'intuition topologique.

Ces considérations permettent de décrire de manière plus précise le but de cet exposé; il s'agit de donner une démonstration directe de la proposition 0.2, qui ne fasse appel à aucune autre partie de [5] qu'à celle à laquelle on vient de faire allusion. Après un premier paragraphe, consacré à la réduction du théorème 0.1 à la proposition 0.2 et à divers corollaires, on a rassemblé pour la commodité du lecteur dans un second paragraphe, en général sans démonstration, les résultats de [5] sur lesquels repose la démonstration de la proposition 0.2. Celle-ci fait l'objet du dernier paragraphe.

L'énoncé de ce théorème m'a été suggéré par J. S. Milne. Je lui suis reconnaissant, ainsi qu'à P. Berthelot, pour l'aide qu'ils m'ont fournie lors de sa démonstration.

1. Réduction et corollaires.

Soit T un schéma parfait de caractéristique $p > 0$, que l'on suppose quasi-compact et quasi-séparé. On note $\underline{T}$ (resp. $\underline{T}^p$) le topos des faisceaux d'ensembles sur le site des schémas sur T (resp. des schémas parfaits sur T), pour la topologie étale. On définit un morphisme de topos

$$i = (i_*, i^*) : \underline{T}^p \to \underline{T}$$

en prenant pour $i^* : \underline{T} \to \underline{T}^p$ le foncteur "restriction au site des T-schémas parfaits" et pour i_* son adjoint à droite défini, pour tout $G \in \underline{T}^p$, pour la formule suivante :

$$(1.1) \qquad (i_*G)(U) = G(U^{parf})$$

où U^{parf} désigne la perfection du T-schéma U. Par définition

$$(1.2) \qquad U^{parf} = \varprojlim \{U_i\}$$

où (U_i) désigne le système projectif de schémas tous égaux à U, avec le morphisme de Frobenius absolu comme morphisme de transition.
On a donc pour tout T-schéma affine $U = \mathrm{Spec}(B)$, la formule

$$(1.3) \qquad U^{parf} = \mathrm{Spec}\,(B^{parf})$$

avec $B^{parf} = \varinjlim B$ la perfection du R-module B. U^{parf} est de manière naturelle un schéma sur T^{parf}, c'est donc un T-schéma une fois identifiés T et T^{parf} (puisque T est parfait). On vérifie aisément que la formule (1.1) définit un objet de $\underline{T}$, et que (i_*, i^*) définissent bien un morphisme de topos.

Si on se limite aux objets en groupes abéliens Ab (resp. Ab^p) de $\underline{T}$ (resp. de $\underline{T}^p$) on obtient ainsi une paire de foncteurs adjoints

(i_*, i^*) entre Ab et Ab^p. Il en est de même si l'on considère les foncteurs correspondants (i_*, i^*) entre V et V^p.

Lemme 1.1. Le foncteur $i_* : Ab^p \to Ab$ (resp. $V^p \to V$) est exact.

Preuve : Soit $p : G \to H$ un épimorphisme dans Ab^p. Une section $x \in i_*H(U) = H(U^{parf})$ peut donc se relever à G après une extension étale $\phi : V' \to U^{parf}$. En vertu de [10] IV, théorème 8.8.2, il existe donc une extension étale V de U dont ϕ se déduit par le changement de base, et $V' = V^{parf}$. Ainsi x se relève à i_*G après une extension étale $V \to U$ et $i_*p : i_*G \to i_*H$ est donc un épimorphisme dans Ab.

Comme dans l'introduction, on utilisera la même notation pour l'objet G_a de Ab (resp. de V) et pour son image par i^* dans Ab^p (resp. V^p).

Lemme 1.2. Soit $\{G_a\}$ le système inductif des objets G_a de Ab (resp. de V), chaque morphisme de transition étant l'endomorphisme de Frobenius de G_a. Alors $i_*G_a \simeq \varinjlim G_a$.

Preuve : En vertu de (0.1), (1.1), (1.3) on a pour tout T-schéma affine $U = Spec(B)$

$$(i_*G_a)(U) = G_a(U^{parf}) = B^{parf} = \varinjlim (G_a(U)).$$

Or $(\varinjlim G_a)(U)$ est la valeur en U du faisceau associé au préfaisceau $U \longmapsto \varinjlim (G_a(U))$, d'où le résultat.

Le théorème 0.1 est conséquence immédiate de la proposition 0.2 et du lemme suivant

Lemme 1.3. Pour tout $i \geq 0$,

$$\mathrm{Ext}^i_{V^p}(G_a, G_a) = \varinjlim \mathrm{Ext}^i_V(G_a, G_a),$$

chaque morphisme de transition sur le système inductif des $\mathrm{Ext}^i_V(G_a, G_a)$ étant l'endomorphisme induit par l'endomorphisme de Frobenius agissant sur le second terme G_a.

Preuve : On considère la suite spectrale de Leray relative au morphisme de topos $i : V^p \longrightarrow V$.

$$E_2^{r,s} = \mathrm{Ext}^r_V(G_a, R^s i_* G_a) \Rightarrow \mathrm{Ext}^{r+s}_{V^p}(G_a, G_a).$$

Les lemmes 1.1 et 1.2 impliquent que cette suite spectrale dégénère en un isomorphisme

(1.4) $$\mathrm{Ext}^i_{V^p}(G_a, G_a) \simeq \mathrm{Ext}^i_V(G_a, \varinjlim G_a).$$

On sait d'autre part qu'il existe une résolution canonique $M(G_a) \to G_a$ de G_a dans V dont chaque composante $M(G_a)_n$ est de la forme $\mathbb{Z}/p^{(X_n)}$ avec X_n un produit fini d'exemplaires de G_a et de l'objet constant $\mathbb{Z}/p$ (voir [14], [12] VI 11.4). Il est donc possible, par un argument de dévissage, de ramener le calcul des groupes $\mathrm{Ext}^i(G_a, F)$ à celui des groupes de cohomologie $H^q(X_p, F)$ correspondants. Or on sait que pour tout objet cohérent X d'un topos $\underline{T}$, les foncteurs $H^i(X, \ )$ commutent aux limites inductives. De plus chacun des X_p est cohérent, puisque G_a et $\mathbb{Z}/p$ le sont, et l'on peut donc conclure que le foncteur $\mathrm{Ext}^i(G_a, \ )$ commute aux limites inductives. En particulier :

(1.5) $\quad \operatorname{Ext}^i_V(G_a, \varinjlim G_a) \simeq \varinjlim \operatorname{Ext}^i(G_a, G_a)$.

Le lemme est conséquence immédiate de (1.4), (1.5).

1.4. Le lemme 1.3 nous permet également de caculer $\operatorname{Hom}_{V^p}(G_a, G_a)$, lorsque la base est le schéma affine parfait $S = \operatorname{Spec}(R)$. On a :

$$\operatorname{Hom}_{V^p}(G_a, G_a) \simeq \varinjlim R[F]$$

chacun des morphisme de transition dans le système inductif étant la multiplication à gauche par F. Cette limite s'identife à l'anneau $R[F, F^{-1}]$ des polynômes de Laurent non commutatifs en une variable F, satisfaisant aux relations

$$Fa = a^{\sigma} F$$

$$F^{-1} a = a^{\sigma^{-1}} F$$

pour $\sigma : R \to R$ l'automorphisme de Frobenius.

1.5. La globalisation du théorème 0.1 est immédiate :

<u>Corollaire</u> 1.6. <u>Soit S un schéma parfait (non nécessairement affine) de caractéristique $p > 0$. Alors $\operatorname{Ext}^i_{V^p}(G_a, G_a) = 0$ pour $i > 0$.</u>

D'autre part, les énoncés dans V^p ont pour corollaires des énoncés dans Ab^p.

<u>Corollaire</u> 1.7. <u>Sous les mêmes hypothèses qu'en 0.1</u> (resp. 1.6) $\operatorname{Ext}^i_{Ab^p}(G_a, G_a) = 0$ (<u>resp.</u> $\operatorname{Ext}^i_{Ab^p}(G_a, G_a) = 0$) <u>pour tout</u> $i > 1$.

En effet, on sait comparer les groupes $\operatorname{Ext}^i_{V^p}(\ ,\ )$ et $\operatorname{Ext}^i_{Ab^p}(\ ,\ )$ au moyen de la formule dite de dualité triviale :

$$\mathrm{RHom}_{Ab^p}(G_a,G_a) \simeq \mathrm{RHom}_{V^p}(\mathbb{Z}/p \overset{L}{\underset{\mathbb{Z}}{\otimes}} G_a, G_a).$$

En utilisant le dévissage $0 \to \mathbb{Z} \to \mathbb{Z} \to \mathbb{Z}/p \to 0$ pour interpréter le terme de droite on obtient donc la suite exacte infinie

$$\ldots \to \mathrm{Ext}^{i-1}_{V^p}(G_a,G_a) \to \mathrm{Ext}^{i-1}_{Ab^p}(G_a,G_a) \to \mathrm{Ext}^{i-2}_{V^p}(G_a,G_a) \to \mathrm{Ext}^{i}_{V^p}(G_a,G_a) \to \ldots$$

d'où le résultat.

1.8. Notons également que le théorème 0.1 et ses variantes ont des généralisations immédiates à des théorèmes d'annulation d'extensions de groupes unipotents. Il suffit en effet de dévisser ces groupes en des G_a et des $\mathbb{Z}/p$ pour pouvoir conclure, compte tenu de la suite d'Artin-Schreier

$$0 \to \mathbb{Z}/p \to G_a \xrightarrow{1-F} G_a \to 0$$

En particulier, on obtient de cette manière l'énoncé suivant, qui est la forme sous laquelle Milne utilise le théorème 0.1.

Corollaire 1.8. ([16] proposition 2.1). Soit S un schéma parfait de caractéristique $p > 0$. Pour tout complexe $L^{\cdot}$ borné supérieurement de O_S-modules localement libres de type fini, on a un isomorphisme canonique

$$L^{\cdot *} \xrightarrow{\sim} \mathrm{RHom}_{V^p}(L^{\cdot}, \mathbb{Z}/p)[1]$$

dans la catégorie dérivée de V^p, $L^{\cdot}$ (resp $L^{\cdot *} = \mathrm{Hom}_{O_S}(L^{\cdot}, O_S)$) étant considéré comme complexe dans V^p par oubli de la structure de O_S-module.

Preuve : On se ramène de manière standard au cas d'une base affine $S = \mathrm{Spec}(R)$, et au calcul particulier suivant :

(1.6) $$\mathrm{Ext}^i_{V^p}(G_a,\mathbb{Z}/p) = \begin{cases} 0 & i \neq 1 \\ R & i = 1 \end{cases}$$

En utilisant la suite d'Artin-Schreier, on déduit (1.6) du théorème 0.1, de 1.4 et de la suite exacte suivante

$$0 \to R[F,F^{-1}] \xrightarrow{1-F} R[F,F^{-1}] \xrightarrow{\pi} R \to 0$$

où la multiplication par 1-F s'effectue à gauche et où l'on définit la flèche π par $\pi(\sum_{-m}^{+n} a_i F^i) = \Sigma a_i^{\sigma^{-i}}$.

2. Homologie et cohomologie des objets d'Eilenberg-Mac Lane.

2.1. Soit A un groupe abélien d'un topos T. Pour tout $n \geq 0$, une construction due à Dold-Kan (voir [15] 23.7) permet de définir un objet d'Eilenberg-Mac Lane K(A,n). C'est un groupe abélien simplicial de T dont chaque composante est un produit fini d'exemplaires de A, et il satisfait à la propriété caractéristique des objets d'Eilenberg-Mac Lane.

(2.1) $$\pi_i(K(A,n)) = \begin{cases} 0 & i \neq n \\ A & i = n \end{cases}$$

(pour la définition des faisceaux d'homotopie associés à un objet simplicial de T, voir [12] I 2.12). De plus K(A,n) représente, comme dans le cas ponctuel, le nième foncteur d'hypercohomologie $\mathbb{H}^n(-,A)$ sur la catégorie homotopique des objets simpliciaux de T : pour tout objet simplicial X de T, on a (voir [12] I 3.2.1.16)

(2.2) $$[X,K(A,n)] \simeq \mathbb{H}^n(X,A)$$ [1)]

---

1) Pour une définition des groupes d'hypercohomologie d'un objet simplicial de T voir [7] 5.2.2 et 5.1.11.

où $[\ ,\ ]$ désigne l'ensemble des applications dans la catégorie dérivée des objets simpliciaux de T. De même, lorsque X est pointé par une section $s : e \to X$ (avec e l'objet simplicial constant final, on définit des groupes d'hypercohomologie réduite $\tilde{\mathbb{H}}^n(X,A)$ par la formule

$$\tilde{\mathbb{H}}^n(X,A) = \ker(\mathbb{H}^n(X,A) \xrightarrow{s^*} \mathbb{H}^n(e,A))$$

et l'on a un théorème de représentabilité analogue à (2.2)

$$(2.3) \qquad [X,K(A,n)]_{pt} \simeq \tilde{\mathbb{H}}^n(X,A)$$

$[\ ,\ ]_{pt}$ désignant les applications dans la catégorie dérivée des ensembles simpliciaux pointés de T (K(A,n) est pointé par l'élément neutre). En particulier, le groupe des transformations naturelles $\Phi : \mathbb{H}^n(-,A) \to \mathbb{H}^m(-,B)$, que l'on appelle également groupe des opérations cohomologiques de type (A,n; B,n) et que l'on note Op(A,n;B,m), est isomorphe (vu le lemme de Yoneda) au groupe d'hypercohomologie $\mathbb{H}^m(K(A,n),B)$. Explicitement, on définit un tel isomorphisme

$$(2.4) \qquad Op(A,n;B,m) \xrightarrow{\approx} \mathbb{H}^m(K(A,n),B)$$

en associant à l'opération Φ la classe de cohomologie $\Phi(i_n)$, où $i_n \in \mathbb{H}^n(K(A,n),A)$ désigne la classe fondamentale, correspondant via (2.3) à l'application identique sur K(A,n).

<u>Remarque</u> 2.2. Soit t un point du topos T. A toute application $f : X \to Y$ dans la catégorie dérivée des objets simpliciaux de T correspond par passage à la fibre un morphisme $f_t : X_t \to Y_t$ dans la catégorie homotopique usuelle. En particulier, compte tenu de (2.2) on définit de cette manière pour tout groupe abélien A de T et tout $n \geq 0$ un homomorphisme de passage à la fibre

(2.5) $\theta_t : \mathbb{H}^n(X,A) \longrightarrow H^n(X_t,A_t)$.

De même, soit Λ un anneau de T et A,B des Λ-modules de T. On sait bien que pour tout n, on a l'isomorphisme

(2.6) $\mathrm{Hom}_{D(\Lambda)}(B,A[n]) \approx \mathrm{Ext}^n_\Lambda(B,A)$

qui est l'analogue dans la catégorie dérivée des Λ-modules $D(\Lambda)$ de l'isomorphisme (2.2) . Ceci permet de définir comme en (2.5) un homomorphisme de passage à la fibre

(2.7) $\theta_t : \mathrm{Ext}^n_\Lambda(B,A) \longrightarrow \mathrm{Ext}^n_{\Lambda_t}(B_t,A_t)$.

2.3. Il résulte du théorème de représentabilité de la cohomologie (2.3) qu'à tout accouplement, $\mu : B \otimes C \longrightarrow D$ de groupes abéliens, et à toute paire d'entiers $m, n \geq 0$, correspond une application simpliciale

(2.8) $\mu_{m,n} : K(B,m) \wedge K(C,m) \longrightarrow K(D,m+n)$[2)]

qui représente en cohomologie réduite l'accouplement du cup-produit $\tilde{\mathbb{H}}^m(-,B) \otimes \tilde{\mathbb{H}}^n(\ ,C) \longrightarrow \tilde{\mathbb{H}}^{m+n}(\ ,D)$. En particulier, soit $S^1 = K(\mathbb{Z},1)$ la 1-sphère simpliciale, considérée comme objet constant de T. A la classe $i_1 \otimes i_n \in \tilde{H}^1(S^1,\mathbb{Z}) \otimes \tilde{\mathbb{H}}^n(K(A,n),A) \approx \tilde{\mathbb{H}}^{n+1}(S^1 \wedge K(A,n),A)$ correspond par (2.8) un morphisme de suspension (que l'on peut en fait choisir canoniquement dans sa classe d'homotopie)

$$\sigma : S^1 \wedge K(A,n) \longrightarrow K(A,n+1),$$

---

2) Rappelons que pour toute paire d'ensembles pointés (X,x) et (Y,y), $X \wedge Y$ désigne le quotient $X\times Y/(\{x\}\times Y) \cup (X\times\{y\})$.

d'où par Künneth (puisque $\tilde{H}_1(S^1;R) \approx R$ pour tout anneau de coefficients R) un morphisme de suspension sur l'homologie réduite à coefficients dans un anneau quelconque R

$$(2.9)\qquad S:\tilde{H}_j(K(A,n)) \longrightarrow \tilde{H}_{j+1}(K(A,n+1)).$$

En fait, le système inductif de ces groupes d'homologie (avec la suspension comme morphisme de transition) est essentiellement constant. Il est commode du point de vue de la notation de définir des groupes d'homologie stables en posant

$$(2.10)\qquad H_i(K(A)) = \varinjlim_n \tilde{H}_{n+i}(K(A,n)) = \tilde{H}_{n_o+i}(K(A,n_o))$$

pour $n_o > i$ quelconque, sans même avoir à définir le spectre d'Eilenberg-Mac Lane K(A) dont (2.10) calcule l'homologie (voir cependant [14], [12] VI 9.5.12 pour diverses définitions du complexe de chaines sur K(A)). Le lecteur disposé à consulter [1, 11, 20] pour une définition en forme de K(A) verra que l'accouplement (2.8) induit un accouplement de spectres d'Eilenberg- Mac Lane

$$(2.11)\qquad K(B) \wedge K(C) \longrightarrow K(D)$$

d'où par passage à l'homologie des morphismes

$$(2.12)\qquad H_i(K(B)) \otimes H_j(K(C)) \longrightarrow H_{i+j}(K(D)).$$

Quant au lecteur moins ambitieux, il lui suffira de noter que les applications

$$\tilde{H}_{n+i}(K(B,n)) \otimes \tilde{H}_{m+j}(K(C,m)) \longrightarrow \tilde{H}_{m+m+i+j}(K(D,m+n))$$

induites par (2.9) en homologie sont compatibles, au signe près, avec les applications diverses de suspension (2.10), et qu'elles induisent dont par passage à la limite l'application (2.12) cherchée. On définit pareillement des groupes $\mathbb{H}^n(K(A),B)$ d'hypercohomologie stable en passant à la limite projective sur les groupes d'hypercohomologie $\mathbb{H}^{m+n}(K(A,m),B)$.

2.4. Soit Π un $\mathbb{F}_p$-vectoriel de T. L'accouplement canonique $\mu : \Lambda \otimes \Pi \to \Pi$ (pour éviter toute confusion on désignera dorénavant par Λ le groupe abélien constant de T associé à $\mathbb{Z}/p$) induit donc par (2.11) un morphisme

(2.13) $$\mu : K(\Lambda) \wedge K(\Pi) \to K(\Pi)$$

et donc en homologie modulo p un accouplement

(2.14) $$H_*(K(\Lambda) \otimes H_*(K(\Pi)) \longrightarrow H_*(K(\Pi)) .$$

Par le théorème de Hurewicz on a, compte tenu de (2.1),

(2.15) $$H_o(K(\Pi)) \simeq \Pi$$

Voici une description complète de l'homologie stable modulo p des $K(\Pi,n)$;

<u>Lemme</u> 2.5. <u>Soit Π un $\mathbb{F}_p$-vectoriel d'un topos T qui possède assez de points. Pour tout $i \geq 0$, le morphisme</u>

(2.16) $$H_i(K(\Lambda)) \otimes H_o(K(\Pi)) \longrightarrow H_i(K(\Pi))$$

est un isomorphisme.

<u>Preuve</u> : Puisque T possède assez de points, on est immédiatement ramené au cas ensembliste. Le lemme est trivialement vrai pour $M = \mathbb{Z}/p$, compte tenu de (2.15). Une propriété fondamentale des groupes $H_i(K(\Pi))$ est

leur additivité en Π, d'où le résultat pour Π de type fini. Le cas général s'en déduit par passage à limite inductive.

2.6. L'isomorphisme (2.4) permet, après stabilisation, d'identifier les opérations cohomologiques stables (au sens classique) avec les éléments correspondants de $\mathbb{H}^*(K(A),B)$. En particulier, pour T le topos ponctuel, on identifie de cette manière le groupe gradué sous-jacent à l'algèbre de Steenrod A des opérateurs stables de type $(\mathbb{Z}/p, \mathbb{Z}/p)$ au groupe $H^*(K(\mathbb{Z}/p), \mathbb{Z}/p)$:

$$\psi : A \longrightarrow H^*(K(\mathbb{Z}/p),\mathbb{Z}/p). \tag{2.17}$$

Dualement, on a un isomorphisme d'algèbres

$$\psi_* : A_* \xrightarrow{\sim} H_*(K(\mathbb{Z}/p)) \tag{2.18}$$

entre l'algèbre duale de l'algèbre de Steenrod (munie d'une multiplication que l'on précisera plus loin) et l'homologie stable modulo p de $K(\mathbb{Z}/p,n)$, sur laquelle la multiplication est celle associée par (2.12) à la loi d'anneau de $\mathbb{Z}/p$. Ainsi le lemme 2.5 peut se récrire

$$A_* \otimes \Pi \xrightarrow{\sim} H_*(K(\Pi)) \tag{2.19}$$

Or, A_* (dont on trouvera une description complète dans [17]) est de type fini sur $\mathbb{F}_p$ en chaque degré. Ainsi $H_i(K(\Pi))$ est la somme d'un nombre fini d'exemplaires de Π.

2.7. Il n'existe pas de description semblable de la cohomologie stable de $K(\Pi,n)$, valable en toute généralité dans un topos. Cependant, dans le topos T, on sait calculer les groupes $\mathbb{H}^*(K(G_a),G_a)$ de manière similaire au calcul classique (auquel il a été fait allusion en 2.6) qui permet d'identifier $H^*(K(\mathbb{Z}/p),\mathbb{Z}/p)$ à l'algèbre de Steenrod.

De manière plus précise, il est assez facile de construire pour $i \geq 0$ des puissances réduites de Steenrod P^i (resp. des carrés de Steenrod Sq^i en caractéristique $p = 2$). Ce sont des opérations cohomologiques de type $(G_a, m; G_a, n)$ obtenues en recopiant la construction classiquement effectuée dans le cas ensembliste. Ces opérateurs satisfont aux mêmes relations d' Adem que dans le cas classique, à la seule différence que la relation classique $P^o = 1$ (resp. $Sq^o = 1$ lorsque $p = 2$) est remplacée par la relation suivante.

Lemme 2.8. L'opération de degré 0 P^o (resp. Sq^o lorsque $p = 2$) est, pour tout n, la transformation naturelle du groupe d'hypercohomologie $\mathbb{H}^n(\ ,G_a)$ dans lui-même induite par l'endomorphisme de Frobenius du coefficient G_a.

Ainsi convient-il, par analogie avec le cas classique, de définir pour $p \neq 2$ une algèbre de Steenrod étendue $\mathcal{a}$ comme quotient de l'algèbre associative graduée engendrée par des éléments P^i et Q^i pour tout $i \geq 0$ (ces derniers correspondant aux opérations classiques βP^i avec β l'opérateur de Bockstein), par les relations d'Adem (pour la définition desquelles on renvoie à [18], [5], où l'on trouvera également le cas $p = 2$). L'algèbre de Steenrod classique A est le quotient de $\mathcal{a}$ par la relation supplémentaire $P^o = 1$.

Munissons $H^*(K(G_a), G_a)$ de la structure multiplicative induite via (2.4) par la composition des opérations cohomologiques correspondantes. Alors, compte tenu des remarques précédentes, on peut définir un homomorphisme d'algèbres graduées

(2.20) $\psi : \mathcal{A} \longrightarrow \mathbb{H}^*(K(G_a),G_a)$

en associant à un générateur P^j (resp. Q^j) de $\mathcal{A}$ l'élément $P^j i$ (resp. $Q^j i$) de $\mathbb{H}^*(K(G_a),G_a)$, $i = \varprojlim i_n \in \mathbb{H}^o(K(G_a),G_a) = \varprojlim \mathbb{H}^n(K(G_a,n),G_a)$ désignant la classe fondamentale.

Ces définitions permettent de décrire explicitement les groupes $\mathbb{H}^*(K(G_a),G_a)$. Voici l'énoncé dans le cas où la base est le corps parfait $S = \mathrm{Spec}\,(\mathbb{F}_p)$; on renvoie à [5] pour le cas d'une base plus générale.

Proposition 2.9. L'homomorphisme Ψ (2.20) est un isomorphisme lorsque T est le topos des faisceaux sur le grand site de tous les schémas sur $S = \mathrm{Spec}(\mathbb{F}_p)$, pour l'une des topologies suivantes : f.p.p.f., étale, Zariski, chaotique.

Remarque 2.10. L'indépendance de ce résultat de la topologie considérée s'explique aisément : considérons la suite spectrale qui relie l'hypercohomologie d'un objet simplicial X de T à la cohomologie de chacune de ses composantes

$$E_1^{p,q} = H^q(X_p,F) \Rightarrow \mathbb{H}^{p+q}(X,F)$$

pour $X = K(G_a,n)$, $F = G_a$. Dans ce cas X_p est un produit d'un nombre fini d'exemplaires de G_a et l'on a $E_1^{p,q} = 0$ pour $q > 0$ dans chacun des topos considérés. De plus, les termes $E_1^{p,0}$ sont les mêmes pour toutes ces topologies. Il en est donc de même de l'aboutissement.

Ceci nous permet d'effectuer le calcul là où c'est le plus commode c'est à dire dans le topos chaotique. Dans ce cas, chaque S-schéma U du site définit un point t du topos (puisque le foncteur fibre $\Gamma(U, \ )$ correspondant est exact dans la catégorie des préfaisceaux). Le morphisme (2.5) se récrit donc, pour $X = K(G_a,m)$, $A = G_a$, $R = \Gamma(U,G_a)$

(2.21) $$\theta_t : \mathbb{H}^n(K(G_a,m),G_a) \to H^n(K(R,n),R)$$

2.11. Pour une démonstration de la proposition 2.9, on peut se référer à [5] où, au langage près, à [18]. Celle qui se trouve dans [5] est inspirée du calcul par M. Lazard ([13] théorème 12.1) de ce qu'il appelle la cohomologie de l'analyseur classique, et qui n'est autre, en nos termes, que le groupe de cohomologie $\mathbb{H}^*(K(G_a,1),G_a)$. Bornons nous ici à mentionner le lemme-clé suivant. On en trouvera une démonstration dans le cas tout à fait similaire de $\mathbb{H}^*(K(G_a,1),G_a)$ dans le cours de la démonstration de M. Lazard déjà citée; dans le cas de la cohomologie stable qui nous concerne ici, c'est la généralisation au cas de degré quelconque de la proposition 2 de [6]. La démonstration est la même en toute généralité que dans le cas particulier qui y est considéré (on prendra cependant garde qu'en degré $\geq 2p-2$, la formule (3.1) de loc. cit. cesse d'être valable; ainsi c'est bien l'énoncé suivant, et non un incorrect théorème d'annulation de tous les groupes $\mathrm{Ext}^i_{Ab}(G_a,G_a)$, qui est la généralisation de cette proposition au cas d'un degré quelconque).

Lemme 2.12. Sous les hypothèses de la proposition 2.8, soit $x \in \mathbb{H}^*(K(G_a),G_a)$ une classe d'hypercohomologie. Supposons que, pour tout S-schéma $U = \mathrm{Spec}(F)$ (F un corps fini), la classe correspondante $\theta_t x \in \mathbb{H}^*(K(F),F)$, au sens de (2.21), soit nulle. Alors $x = 0$.

2.13. Mentionnons pour terminer le fait que les opérations de Steenrod pour l'hypercohomologie à valeurs dans G_a, dont on a signalé l'existence en 2.7 , satisfont aux mêmes formules de Cartan que les opérations classiques correspondantes. Précisément, pour toute paire de classes d'hypercohomologie $x,y \in \mathbb{H}^*(X,G_a)$, on a la relation suivante (avec $\ell = \deg x$, $m = \deg P^{i-j}$) :

(2.22) $$P^i(x \cup y) = \sum_j (-1)^{\ell m} P^j(x) \cup P^{i-j}(y)$$

et des formules similaires pour Q^i (resp. Sq^i lorsque $p = 2$). On a vu que les accouplements (2.11) et, plus particulièrement (2.13) pour $\Pi = G_a$, représentent le cup-produit des classes d'hypercohomologie correspondantes. On en déduit, compte tenu de la formule de Cartan (2.22) et des formules similaires pour Q^i et Sq^i, que l'application

$$\mu^* : \mathbb{H}^*(K(G_a),G_a) \to \mathbb{H}^*(K(\mathbb{Z}/p),\mathbb{Z}/p) \otimes \mathbb{H}^*(K(G_a),G_a)$$

induite par μ correspond via l'isomorphisme ψ (2.20) à la commultiplication sur le A-comodule $\mathfrak{A}$

(2.23) $$\mu^* : \mathfrak{A} \to A \otimes \mathfrak{A}$$

définie sur les générateurs par les formules

(2.24) $$\mu^*(P^i) = \sum_j P^j \otimes P^{i-j}$$

$$\mu^*(Q^i) = \sum_j Q^j \otimes P^{i-j} + P^j \otimes Q^{i-j}$$

(resp.)

$$\mu^*(Sq^i) = \sum_j Sq^j \otimes Sq^{i-j}$$

lorsque $p = 2$).

En particulier, lorsque l'on quotiente $\mathfrak{A}$ par la relation $P^\circ = 1$, (2.23) induit la comultiplication bien connue $\mu^* : A \to A \otimes A$ sur A.

La multiplication induite sur l'algèbre duale A_* est celle à laquelle on a fait allusion en (2.9).

3. Démonstration de la proposition 0.2.

Soient A,B deux $\mathbb{F}_p$-vectoriels du topos $\underline{T}$ (§1). On considère la suite spectrale du coefficient universel qui relie l'homologie mod p et la cohomologie de l'objet simplicial K(A,n) de $\underline{T}$. Avec la notation adoptée en 2.3, celle-ci s'écrit après stabilisation

$$(3.1)\qquad E_2^{p,q} = \mathrm{Ext}_V^p(H_q(K(A)),B) \Rightarrow \mathbb{H}^{p+q}(K(A),B).$$

Cette suite spectrale est en général non-dégénérée, à la différence du cas du topos ponctuel où (3.1) se réduit au théorème du coefficient universel usuel. On la considère pour $A = B = G_a$. L'anneau des endomorphismes de $B = G_a$ agit sur la suite spectrale (3.1) toute entière, et celle-ci est donc une suite spectrale de $R[F]$-modules à gauche. Dans la catégorie des $R[F]$-modules, on considère la classe $\mathcal{C}$ des $R[F]$-modules annulés par une puissance de F. C'est une classe au sens de Serre (voir par exemple [19] 9 § 6 pour la définition de ces classes).

On raisonnera "modulo $\mathcal{C}$" sur la suite spectrale (3.1); compte tenu de (2.15), la proposition 0.2 équivaut à montrer que, pour tout $p > 0$, $E_2^{p,0} = 0$ mod. $\mathcal{C}$: On vérifie immédiatement que $E_2^{1,0} = 0$. En effet, on sait que tous les éléments de $\mathrm{Ext}^1_{Ab}(G_a,G_a)$ sont engendrés par l'extension $0 \to G_a \to W_2 \to G_a \to 0$ et donc qu'aucun n'est élément de $\mathrm{Ext}^1_V(G_a,G_a)$ puisque W_2 est d'ordre p^2. Supposons, par récurrence, que

$E_2^{n',0} = 0 \bmod \mathcal{C}$ pour $0 < n' \leq n$. On a vu en 2.6 que $H_q(K(G_a))$ est isomorphe à une somme finie d'exemplaires de G_a; l'additivité du foncteur Ext et l'hypothèse de récurrence entrainent donc que $E_2^{n',q} = 0 \bmod \mathcal{C}$ pour tout $q \geq 0$. La suite spectrale (3.1) dégénère donc modulo $\mathcal{C}$ en bas degrés en une suite exacte

(3.2)

$$0 \to \mathbb{H}^n(K(G_a),G_a) \xrightarrow{\alpha} \operatorname{Hom}(H_n(K(G_a)),G_a) \xrightarrow{d_{n+1}} \operatorname{Ext}^{n+1}(G_a,G_a) \xrightarrow{\beta}$$

$$\xrightarrow{\beta} \mathbb{H}^{n+1}(K(G_a),G_a) \to \operatorname{Hom}(H_{n+1}(K(G_a)),G_a).$$

Il convient donc de décrire les homomorphismes-bord α et β, ce qui fera l'objet des lemmes 3.2 et 3.4.

Remarque 3.1. On peut supposer que la base est $S = \operatorname{Spec}(\mathbb{F}_p)$. En effet, le calcul des groupes $\operatorname{Ext}^{n+1}(G_a,G_a)$ au moyen de la résolution canonique $M(G_a) \to G_a$, mentionné dans la preuve du lemme 1.3, montre qu'ils commutent au changement de base plat. Si l'on veut éviter ce nouveau recours aux résolutions canoniques, et que l'on est prêt à se contenter de l'assertion modulo $\mathcal{C}$ correspondante (ce qui est adéquat pour ce qui nous concerne), il suffira de remarquer que les quatre autres termes de la suite exacte (3.2) commutent au changement de base plat, et d'utiliser le lemme des cinq pour conclure.

Lemme 3.2. $\beta = 0$.

Preuve : La suite spectrale du coefficient universel est compatible avec le passage aux fibres au sens de la remarque 2.2. En particulier, compte tenu de la remarque 2.10, pour toute $\mathbb{F}_p$- algèbre R, l'homomorphisme bord β commute au passage à la fibre. On a donc, un diagramme commutatif:

$$\begin{array}{ccc} \mathrm{Ext}_V^{n+1}(G_a,G_a) & \xrightarrow{\beta} & \mathbb{H}^{n+1}(K(G_a),G_a) \\ \downarrow \theta_t & & \downarrow \theta_t \\ \mathrm{Ext}_{\mathbb{F}_p}^{n+1}(R,R) & \xrightarrow{\theta_t(\beta)} & \mathbb{H}^{n+1}(K(R),R) \end{array}$$

les flèches verticales étant (2.21) et soh analogue pour les Ext mentionnés en 2.7. Or les groupes $\mathrm{Ext}^i_{\mathbb{F}_p}(R,R)$ d'extensions de $\mathbb{F}_p$- vectoriels abstraits sont évidemment nuls pour tout $i > 0$. Il suffit donc, pour pouvoir conclure, de prendre $R = F$ un corps fini quelconque et d'appliquer le lemme 2.12.

3.3. Le lemme 2.5 et le théorème du coefficient universel permettent de récrire le but de α :

$$(3.3)\qquad \begin{aligned} \mathrm{Hom}(H_n(K(G_a)),G_a) &\simeq \mathrm{Hom}(H_n(K(\mathbb{F}_p))\otimes H_o(K(G_a)),G_a) \\ &\simeq \mathrm{Hom}(H_n(K(\mathbb{F}_p)),\mathbb{F}_p)\otimes \mathrm{Hom}(H_o(K(G_a)),G_a) \\ &\simeq H^n(K(\mathbb{F}_p),\mathbb{F}_p)\otimes \mathbb{H}^o(K(G_a),G_a). \end{aligned}$$

Les identifications Ψ (2.20) et ψ (2.17) permettent maintenant de décrire α. On définit pour tout $n \geq 0$ un homomorphisme $\alpha' : \mathcal{O}\!\iota^n \longrightarrow A^n \otimes \mathcal{O}\!\iota^o$ de la manière suivante : c'est l'homomorphisme composé

$$(3.4)\qquad \mathcal{O}\!\iota^n \xrightarrow{\mu^n} (A\otimes \mathcal{O}\!\iota)^n \xrightarrow{\pi} A^n \otimes \mathcal{O}\!\iota^o$$

où μ^n est la nième composante de l'homomorphisme μ^* (2.23) et π la projection sur la composante de bidegré $(n,0)$.

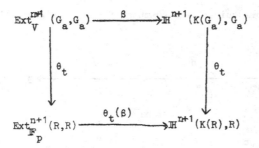

Lemme 3.4: Le diagramme suivant est commutatif (γ désignant l'isomorphisme composé (3.3)).

$$\begin{array}{ccc}
\mathcal{O}\!\iota^{n} & \xrightarrow[\approx]{\psi^{n}} & \mathbb{H}^{n}(K(G_a),G_a) \\
\downarrow \alpha' & & \downarrow \alpha \\
A^{n}\otimes\mathcal{O}\!\iota^{o} \xrightarrow[\approx]{\psi^{n}\otimes\psi^{o}} & H^{n}(K(\mathbb{F}_p),\mathbb{F}_p)\otimes \mathbb{H}^{o}(K(G_a),G_a) & \xrightarrow[\approx]{\gamma} \mathrm{Hom}(H_n(K(G_a)),G_a)
\end{array}$$

Remarque 3.5. Voici une description explicite de α, qui résulte des formules (2.24) et du lemme précédent. A toute suite $I = (\varepsilon_1, s_1, \varepsilon_2, s_2 \ldots, s_k, \varepsilon_{k+1})$ d'entiers satisfaisant aux conditions

$$\varepsilon_i = 0,1$$

$$s_i \geqslant 0$$

On associe le monôme en les P^i et les Q^j qui s'écrit symboliquement

$$P^I = \beta^{\varepsilon_1} P^{s_1} \beta^{\varepsilon_2} \ldots\ldots P^{s_k} \beta^{\varepsilon_{k+1}}$$

avec, par convention, $\beta^1 P^i = Q^i$, $\beta^o P^i = P^i$, $\beta^o = 1$. On définit la longueur $\ell(P^I)$ de P^I par la formule

$$\ell(P^I) = \begin{cases} k & \text{lorsque } \varepsilon_{k+1} = 0 \\ k+1 & \text{lorsque } \varepsilon_{k+1} = 1 \end{cases}$$

Alors, on a la formule

$$(3.5\ ) \qquad \alpha(P^I) = \overline{P}^I \otimes F^{\ell(I)}$$

avec $\overline{P}^I$ l'image de P^I par la projection canonique $\mathcal{O}\!\iota \longrightarrow A$.

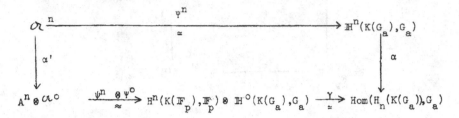

3.6. Avant de donner la démonstration du lemme 3.4 , achevons la démonstration de la proposition 0.2. On vérifie que l'action considérée de F sur $\mathrm{Hom}(H_n(K(G_a)),G_a)$ correspond via l'identification (3.3) à la multiplication par $1 \otimes F$ dans $A^n \otimes \mathbb{F}_p[F]$. La formule (3.5) montre donc que le conoyau de α est nul modulo $\mathcal{C}$. Puisque $\beta = 0$, la nullité de $\mathrm{Ext}^{n+1}(G_a,G_a)$ résulte de l'exactitude modulo $\mathcal{C}$ de (3.2).

Remarque 3.7. On prendra garde que ni la source ni le but de α ne sont nuls modulo $\mathcal{C}$.

Démonstration du lemme 3.4.

On considère le diagramme commutatif suivant. Les flèches horizontales sont dans chaque cas les homomorphismes bord α dans la suite spectrale (3.1) et ses variantes. Les flèches verticales de droite et de gauche sont successivement les flèches induites par l'application (2.13) (pour $\Pi = G_a$), par la formule de Künneth et par la projection sur la composante de bidegré $(n,0)$, en cohomologie et en homologie respectivement.

$$
\begin{array}{ccc}
\mathbb{H}^n(K(G_a),G_a) & \xrightarrow{\ \alpha\ } & \mathrm{Hom}(H_n(K(G_a)),G_a) \\
\downarrow \mu^* & & \downarrow \\
\mathbb{H}^n(K(\mathbb{F}_p)\wedge K(G_a),G_a) & \longrightarrow & \mathrm{Hom}(H_n(K(\mathbb{F}_p)\wedge K(G_a)),G_a) \\
\downarrow & & \downarrow \\
\sum_{i+j=n} H^i(K(\mathbb{F}_p),\mathbb{F}_p)\otimes \mathbb{H}^j(K(G_a),G_a) & \longrightarrow & \mathrm{Hom}(\bigoplus_{i+j} H_i(K(\mathbb{F}_p)\otimes H_j(K(G_a)),G_a) \\
\downarrow & & \downarrow \\
H^n(K(\mathbb{F}_p),\mathbb{F}_p)\otimes \mathbb{H}^0(K(G_a),G_a) & \longrightarrow & \mathrm{Hom}(H_p(K(\mathbb{F}_p)),\mathbb{F}_p)\otimes \mathrm{Hom}(H_0(K(G_a)),G_a)
\end{array}
$$

Or l'identification effectuée en (3.3) du but de α avec le coin inférieur gauche de ce diagramme s'est effectuée par composition de l'isomorphisme vertical droit avec l'inverse de l'isomorphisme horizontal inférieur. Il ne reste donc qu'à vérifier la commutativité du diagramme

$$\begin{array}{ccc} \mathfrak{A}^n & \xrightarrow{\psi^n} & \mathbb{H}^n(K(G_a),G_a) \\ \downarrow{\scriptstyle \alpha'} & & \downarrow{\scriptstyle \alpha''} \\ A^n \otimes \mathfrak{A}^o & \xrightarrow{\psi^n \otimes \psi^o} & H^n(K(\mathbb{F}_p),\mathbb{F}_p) \otimes \mathbb{H}^o(K(G_a),G_a) \end{array}$$

où α'' désigne la flèche composée verticale gauche du diagramme précédent. C'est une conséquence immédiate des définitions.

B I B L I O G R A P H I E

1 ADAMS, J.F. Stable homotopy and generalised homology; Chicago-London : The University of Chicago Press (1974).

2 ARTIN M., A. GROTHENDIECK, J.L. VERDIER : Théorie des topos et cohomologie étale des schémas (SGA4), Lecture Notes in Mathematics 269, 270, 305, Berlin-Heidelberg New-York. Springer (1972-73).

3 ARTIN M. et MILNE J.S. : Duality in the flat cohomology of curves. Invent. Math. 35, 111-130, (1976).

4 BREDON G. : Sheaf theory. New York. Mc-Graw-Hill (1967).

5 BREEN L. Extensions du groupe additif. Publ. Math. IHES 48, 39-125 (1978).

6 BREEN L. Un théorème d'annulation pour certains Ext^i de faisceaux abéliens, Ann. Scient. Ec. Norm. Sup. 8, 339-352 (1975)

7 DELIGNE P. Théorie de Hodge III. Publications Math. IHES 44, 5-77 (1975).

8 DEMAZURE M. et GABRIEL P. Groupes algébriques (t. 1) Amsterdam. North-Holland Publishing Co. (1970).

9 EPSTEIN D.B.A. Steenrod operations in homological algebra, Invent. Math. 1, 152-208 (1966).

10 GROTHENDIECK A et DIEUDONNE J. Eléments de Géométrie algébrique IV. Etude locale des schémas et des morphismes de schémas (Troisième partie). Publ . Math. I.H.E.S. 28 (1966).

11 KAN D. et WHITEHEAD G.W. The reduced join of two spectra Topology 3, suppl. 2, 239-261 (1965).

12 ILLUSIE L. Complexe cotangent et déformations. Lectures Notes in Mathematics 239-283. Berlin, Heidelberg, New-York. Springer (1972).

13 LAZARD M. Lois de groupes et analyseurs. Annales Scient. Ec. Norm. Sup. 72, 299-400 (1955).

14 MAC LANE S. Homologie des anneaux et des modules, C.B.R.M. Louvain, 55-80 (1956).

15 MAY J.P. : Simplicial objects in algebraic topology. Van Nostrand Mathematical Studies 11, Princeton : Van Nostrand (1967).

16 MILNE J. Duality in the flat cohomology of a surface . Ann. Scient. ENS 4e série, t.9, p. 171-202 (1976).

17 MILNOR J. The Steenrod algebra and its dual, Ann. of Math. 67, 150-171 (1958).

18 PRIDDY S. Mod p right derived functor algebras of the symmetric algebra functor J. Pure and Applied Algebra 3, 337-356 (1973).

19 SPANIER E.H. Algebraic Topology, New-York Mc Graw-Hill (1966)

20 WHITEHEAD G.W. : Generalized homology theories, Trans. Amer. Math. Soc. 102,227-283 (1962).

Université de Rennes I
Département de Mathématique
B.P. 25 A
35031 RENNES CEDEX

INSTABILITÉ DANS LES ESPACES VECTORIELS

par G. ROUSSEAU

§1. INSTABILITÉ

Pour des détails sur les résultats non démontrés de ce paragraphe on consultera Mumford [5], [6] et Seshadri [7], [8], [9].

Soient k un corps, $\bar{k}$ sa clôture algébrique et G un k-groupe algébrique affine. Un G-*schéma* est un schéma muni d'une action de G ; un G-*morphisme* est un morphisme entre deux G-schémas compatible aux actions de G ; un morphisme G-invariant est un G-morphisme dans un G-schéma muni de l'action triviale de G .

DEFINITIONS 1.1. *Soit* X *un* G-*schéma*.

1) *Un quotient de* X *par* G *est un morphisme* G-*invariant* $\varphi : X \to Y$ *universel pour cette propriété*.

2) *Un bon quotient de* X *par* G *est un morphisme affine*, *surjectif*, G-*invariant* $\varphi : X \to Y$ *tel que* :

i) $\mathcal{O}_Y = \varphi_*(\mathcal{O}_X)^G$.

ii) *Si* Z *est une partie fermée* (*resp. ouverte*) G-*stable de* X , *alors* $\varphi(Z)$ *est fermée* (*resp. ouverte*).

iii) *Si* $(Z_i)_{i\in I}$ *est une famille finie de parties fermées* G-*stables disjointes* (i.e. $\cap Z_i = \emptyset$) *alors les* $\varphi(Z_i)$ *sont disjointes* (i.e $\cap\varphi(Z_i) = \emptyset$).

3) Un quotient géométrique de X est un bon quotient dont les fibres géométriques sont les orbites géométriques de G dans X.

PROPOSITION 1.2. 1) Un bon quotient est un quotient.

2) Si $\varphi : X \to Y$ est un bon quotient, toute fibre géométrique de φ contient une unique orbite fermée.

3) Un bon quotient de X est un quotient géométrique si et seulement si l'action de G sur X est fermée.

Pour construire de tels quotients on se limite au cas d'un groupe G réductif [4]. En caractéristique 0 on utilise le fait qu'alors toutes les représentations de G sont semi-simples ; en caractéristique p, c'est beaucoup plus technique [3], [7], [8], [9].

THÉORÈME 1.3. Soient G un groupe réductif et $X = \mathrm{Spec}(R)$ un G-schéma affine. Notons $Y = \mathrm{Spec}(R^G)$; alors $\varphi : X \to Y$ est un bon quotient et si X est noethérien (resp. algébrique) il en est de même de Y.

On veut maintenant traiter le cas projectif : on considère une variété projective X plongée dans un espace projectif $\mathbb{P}(V)$ et un groupe réductif G agissant linéairement sur V de façon que l'action induite sur $\mathbb{P}(V)$ stabilise X.

On note P l'ensemble des polynômes G-invariants homogènes, non constants sur V et, pour $p \in P$, X_p l'ouvert affine $\{\xi \in X / p(\xi) \neq 0\}$.

DÉFINITION 1.4. Soit $\xi \in X(\bar{k})$.

ξ semi-stable $\Longleftrightarrow \exists p \in P$, $x \in X_p$.

ξ instable $\Longleftrightarrow \xi$ non semi-stable $\Longleftrightarrow \forall p \in P$ $x \notin X_p$.

ξ stable $\Longleftrightarrow \exists p \in P$ tel que $x \in X_p$, l'action de G sur X_p est fermée et le stabilisateur de x (noté $\mathrm{stab}(x)$) est fini.

REMARQUES. 1) Ces notions sont relatives au plongement de X dans $\mathbb{P}(V)$. On peut les définir de manière plus générale [5] mais les théorèmes importants se situent dans ce cadre.

2) L'ensemble des points semi-stables (resp. stables) est la trace sur $X(\bar{k})$ d'un ouvert X^{ss} (resp. X^s) de X.

PROPOSITION 1.5. *Sous les conditions ci-dessus, notons* $X = \mathrm{Proj}(R)$, *alors* G *agit de manière homogène sur l'algèbre graduée* R *et si on note* $Y = \mathrm{Proj}(R^G)$ *alors l'application naturelle* $\varphi : X^{ss} \to Y$ *est un bon quotient. Il existe un ouvert* Y' *de* Y *tel que* $X^s = \varphi^{-1}(Y')$ *et que* $\varphi : X^s \to Y'$ *soit un quotient géométrique.*

THÉORÈME 1.6. *Gardons les conditions ci-dessus et supposons de plus* k *algébriquement clos. Soient* $\xi \in X(k)$ *et* $x \in V - \{0\}$ *au-dessus de* ξ. *Les notions de stabilité et d'instabilité ont des caractérisations résumées dans le tableau ci-dessous.*

ξ instable	ξ semi-stable	ξ stable
$\forall p \in P \quad p(x) = 0$	$\exists p \in P \quad p(x) \neq 0$	1) $\forall y \in V - O(x)$ $\exists p \in P \quad p(x) \neq p(y)$ 2) $\mathrm{deg.tr.}_k\, k(V)^G = \dim V - \dim(G)$
$0 \in \overline{O(x)}$	$0 \notin \overline{O(x)}$	1) $O(x)$ fermée 2) $\mathrm{Stab}(x)$ fini
$x \in \psi^{-1}(\psi(0))$	$\psi \notin \psi^{-1}(\psi(0))$	1) $O(x) = \psi^{-1}(\psi(x))$ 2) $\mathrm{Stab}(x)$ fini
$\exists \lambda \in Y(G)$ tel que les poids de x par rapport à λ sont tous > 0	$\forall \lambda \in Y(G)$ il existe des poids de x par rapport à λ qui sont $\leqslant 0$	$\forall \lambda \in Y(G)$ non trivial x a des poids < 0 et > 0 par rapport à λ
$\exists \lambda \in Y(G) \quad \mu(x,\lambda) < 0$	$\forall \lambda \in Y(G) \quad \mu(x,\lambda) \geqslant 0$	$\forall \lambda \in Y(G)$ non trivial $\mu(x,\lambda) > 0$
$\exists \lambda \in Y(G)$ tel que x soit instable pour l'action de $\lambda(\mathbb{G}_m)$	$\forall \lambda \in Y(G)$ x est semi-stable pour l'action de $\lambda(\mathbb{G}_m)$	$\forall \lambda \in Y(G)$ x est stable pour l'action de $\lambda(\mathbb{G}_m)$
		$G \to V$, $g \mapsto g.x$ propre

NOTATIONS. $O(x) = \mathbb{G}.x$ est l'orbite de x sous G, $\psi : V \to Z$ est le bon quotient de V défini en 1.3. Un <u>sous-groupe à un paramètre</u> de G est un homomorphisme de groupes algébriques λ du groupe multiplicatif $\mathbb{G}_m$ dans G. On note $Y(G)$ l'ensemble de ces λ. A $\lambda \in Y(G)$ correspond une représentation $\rho : \mathbb{G}_m \to GL(V)$ qui est diagonalisable : $V = \bigoplus_{n \in \mathbb{Z}} V_n$, $V_n = \{x \in V / \rho(a)x = a^n x\}$.

Si $x \in V$, il s'écrit $x = \sum_n x_n$ avec $x_n \in V_n$. Les $n \in \mathbb{Z}$ tels que $x_n \neq 0$ sont les <u>poids</u> de x par rapport à λ.

On note $\mu(x,\lambda) = \mathrm{Max}\{-n, x_n \neq 0\}$.

REMARQUES 1.7. 1) On constate que les définitions envisagées ne dépendent pas de la sous-variété X de $R(V)$ et valent pour $x \in V-\{0\}$. Le point 0 est dit instable.

2) Il y a plusieurs variantes (moins restrictives) de la définition de stable :

S') $\exists p \in P$, $\xi \in X_p$ et l'action de G sur X est fermée (c'est la définition naturelle pour la proposition 1.5 mais elle dépend de X).

S") x semi-stable et $O(x)$ de dimension maximale parmi les orbites (si $V^s \neq \emptyset$ alors $V^{s''} = V^s$).

Pour toutes ces définitions, stable implique semi-stable et (sous réserve que $X = \mathbb{P}(V)$ pour S') $O(x) = \psi^{-1}(\psi(x))$. La définition adoptée se justifie par sa caractérisation par les sous-groupes à un paramètre.

EXEMPLE 1.8. GL_2 agit sur k^2 donc sur l'espace vectoriel $V = S^n(k^2)$ de base $(X^i Y^{n-i})_{i=0,n}$. Il est facile de voir que tout point est instable pour cette action. Etudions la restriction de cette action à SL_2. Le sous-groupe à un paramètre canonique λ_o de SL_2 (canonique car $\forall \lambda \in Y(SL_2)$, λ est conjugué à une puissance de λ_o) est défini par $\lambda_o(a) = \begin{pmatrix} a & 0 \\ 0 & a^{-1} \end{pmatrix}$; les espaces de poids correspondants sont les $k.X^i Y^{n-i}$ de poids $2i-n$.

Comme les définitions de 1.4 sont invariantes par extension algébrique du corps, le théorème 1.6 se traduit par : ($x \in V$).

x instable (resp. non stable) pour l'action de SL_2

$\Longleftrightarrow$ quitte à changer λ_o par conjugaison dans $SL_2(\bar{k})$ (i.e. quitte à changer la base (X,Y) de $\bar{k}^2$) x est instable (resp. non stable) pour l'action de $\lambda(\mathbb{G}_m)$.

$\Longleftrightarrow$ Il existe une base X,Y de $\bar{k}^2$ telle que $x = \sum_{i=0}^{n} a_i X^i Y^{n-i}$ avec $a_i = 0$ $\forall i \leqslant \frac{n}{2}$ (resp. $\forall i < \frac{n}{2}$).

$\Longleftrightarrow$ x interprété comme polynôme homogène de degré n en 2 variables a dans $\mathbb{P}_1(\bar{k})$ une racine de multiplicité $> \frac{n}{2}$ (resp. $\geqslant \frac{n}{2}$).

1.9 EXTENSION DE 1.6. Si le critère d'instabilité ou de stabilité par des sous-groupes à un paramètre du théorème 1.6 était valable sur un corps quelconque on pourrait supposer que la racine ci-dessus est dans $\mathbb{P}_1(k)$.

Or cette racine est bien déterminée par x dans le cas de l'instabilité et il peut y avoir ambiguïté (2 racines) dans le cas de la non-stabilité.

Ceci suggère que le critère d'instabilité est valable sur un corps parfait ; par contre on voit facilement que ces critères sont faux sur un corps non parfait et que le critère de stabilité est faux sur un corps non algébriquement clos.

THÉORÈME 1.10 [10]. <u>Soient</u> $\rho : G \to GL(V)$ <u>une représentation d'un groupe réductif sur un corps</u> k <u>parfait et</u> $v \in V$ <u>; alors</u>,

v <u>instable pour</u> $G \Longleftrightarrow \exists \lambda \in Y(G)$ <u>tel que</u> $\mu(v,\lambda) < 0$.

Pour démontrer ce critère d'instabilité, il reste, d'après 1.6, à montrer que :

$$\exists \lambda \in Y(E \otimes \bar{k}), \mu(x,\lambda) < 0 \Longrightarrow \exists \lambda \in Y(G), \mu(x,\lambda) < 0 \ .$$

Cela sera fait en 2.22 après une grosse parenthèse.

§2. IMMEUBLE VECTORIEL D'UN GROUPE RÉDUCTIF

Soit G un groupe réductif sur un corps k. On fait dans la suite appel à des résultats de [1], résumés en [4, §34]. Pour la seule démonstration de 1.10 on pourrait dans la suite supposer k algébriquement clos.

2.0. Soit $\lambda \in Y(G)$; il existe un tore k-déployé maximal S de G contenant l'image de λ et un tore maximal T défini sur k contenant S. Soit k' une extension galoisienne qui déploie T. Alors $G \otimes k'$ est engendré par $T \otimes k'$ et des sous-groupes fermés $(U_\alpha)_{\alpha \in \Phi(T)}$, normalisés par T, isomorphes au groupe additif $\mathbb{G}_a$ par une application φ_α telle que : $t.\varphi_\alpha(u).t^{-1} = \varphi_\alpha(\alpha(t).u)$ pour tous $t \in T(\bar{k})$ et $u \in \bar{k}$. Les $\alpha \in \Phi(T)$ sont des caractères de T (c'est-à-dire des homomorphismes de T dans $\mathbb{G}_m$) : les racines de G par rapport à T.

Pour tout caractère $\chi \in X(T)$ (ou $\chi \in X(S)$), $\chi \circ \lambda$ est un caractère du groupe multiplicatif i.e. un entier de $\mathbb{Z}$.

On définit $P(\lambda)$ comme le sous-groupe parabolique de $G \otimes k'$ engendré par $T \otimes k'$ et les U_α tels que $\alpha \circ \lambda \geqslant 0$'.

PROPOSITION 2.1. <u>$P(\lambda)$ ne dépend que de λ ; il est défini sur k.</u>

DÉMONSTRATION. Si la première assertion est vraie, $P(\lambda)$ est défini sur une extension galoisienne de k et invariant par le groupe de Galois, il est donc défini sur k.

Soit P' le sous-groupe de G formé des g tels que le morphisme de schémas $\mathbb{G}_m \to G : x \mapsto \lambda(x).g.\lambda(x^{-1})$ se prolonge en un morphisme de $\mathbb{A}^1 = \mathbb{G}_m \cup \{0\}$ dans G. Il contient T et les U_α pour $\alpha \circ \lambda \geqslant 0$ (et seulement ceux-ci car $\lambda(x).\varphi_\alpha(u).\lambda(x^{-1}) = \varphi_\alpha(x^{\alpha(\lambda)}.u)$). Ainsi P' contient $P(\lambda)$ et est parabolique ; il est donc déterminé par les U_α qu'il contient et $P(\lambda) = P'$ est bien déterminé par λ.

PROPOSITION 2.2. <u>Soient $\rho : G \to GL(V)$ une représentation de G et $V = \oplus V_\chi$ la décomposition de V selon les poids de T (i.e. $\forall v \in V$ $v = \Sigma v_\chi$ $v_\chi \in V_\chi$ et $\rho(t).v_\chi = \chi(t).v_\chi$ pour tous $t \in T$ et</u>

$\chi \in X(T)$). On rappelle que $\lambda \in Y(S) \subset Y(T)$. Alors

1) $\mu(v,\lambda) = \mathrm{Max}\{-\chi\circ\lambda, v_\chi \neq 0\}$

2) $\mu(v,\lambda^n) = n.\mu(v,\lambda) \quad \forall n \in \mathbb{Z}$

3) $\forall \gamma \in P(\lambda)(\bar{k}) : \mu(v,\lambda) = \mu(v,\gamma^{-1}\lambda.\gamma)$.

DÉMONSTRATION. Pour les deux premières assertions c'est clair. Pour la troisième, comme $\mu(v,\gamma^{-1}\lambda\gamma) = \mu(\gamma v,\lambda)$ elle résulte de la définition de $P(\lambda)$ et du lemme 2.3 :

LEMME 2.3 [4;27.2]. Soient $\chi \in X(T)$, $v \in V_\chi$, $\alpha \in \Phi(T)$ et $g \in U_\alpha(\bar{k})$ alors $\rho(g).v - v \in \sum_{\ell \geq 1} V_{\chi+\ell\alpha}$.

DÉFINITION 2.4. On note $I_{\mathbb{Q}}(G)$ le quotient de $Y(G) \times \mathbb{N}^*$ par : $(\lambda,n) \sim (\lambda',n') \Longleftrightarrow \exists \gamma \in P(\lambda)(k)/\lambda'^{n} = \gamma\,\lambda^{n'}\,\gamma^{-1}$.

C'est l'immeuble vectoriel rationnel de G sur k .

REMARQUES 2.5. 1) On note λ/n la classe de (λ,n).

2) Les notations $P(\lambda/n) = P(\lambda)$ et $\mu(v,\lambda/n) = \mu(v,\lambda)/n$ ne sont pas ambigües.

3) Soit P un parabolique de G défini sur k , on note $\Delta_{\mathbb{Q}}(P) = \{\lambda/n \in I_{\mathbb{Q}}(G)/P(\lambda/n) \supset P\}$ c'est une facette de l'immeuble ; si P est un parabolique défini sur k minimal, $\Delta_{\mathbb{Q}}(P)$ est une chambre.

4) Si G est anisotrope, $\Delta_{\mathbb{Q}}(G)$ est réduit au point $0/n$ (où 0 est le sous-groupe à un paramètre trivial) noté 0 .

EXEMPLE 2.6. Si G est un tore déployé $S : G \simeq \mathbb{G}_m^r$. Le groupe Y(S) est un $\mathbb{Z}$-module libre de rang r , dual du $\mathbb{Z}$-module libre de rang r X(S). Comme S est commutatif on voit que $I_{\mathbb{Q}}(T) = Y(T)\otimes_{\mathbb{Z}}\mathbb{Q}$ est un $\mathbb{Q}$-espace vectoriel de dimension r .

PROPOSITION 2.7. Soit S un tore k-déployé maximal de G .

1) $\forall g \in G(k)$, $\forall \lambda \in Y(T)$ si $g.\lambda.g^{-1} \in Y(T)$, alors $\exists h \in N_G(T)(k)$ tel que $g.\lambda.g^{-1} = h.\lambda.h^{-1}$.

2) L'application évidente de $I_{\mathbb{Q}}(S)$ dans $I_{\mathbb{Q}}(G)$ est injective.

DÉFINITION. L'image de $I_{\mathbb{Q}}(S)$ est l'appartement $A_{\mathbb{Q}}(S)$ de S dans $I_{\mathbb{Q}}(G)$.

DÉMONSTRATION. 1) Soit $Z = Z_G(g\lambda g^{-1})$ alors S et gSg^{-1} sont deux tores k-déployés maximaux de Z. Donc il existe $g' \in Z(k)$ tel que $g'gSg^{-1}g'^{-1} = S$ et ainsi $h = g'g$ convient.

2) Si $\lambda, \lambda' \in Y(S)$ et $g \in P(\lambda)(k)$ sont tels que $\lambda' = g\lambda g^{-1}$ il faut montrer que $\lambda = \lambda'$. Mais on peut supposer d'après 1) que $g \in N_{P(\lambda)}(S)(k)$. Alors g agit sur $Y(S)$, par son image w dans le groupe de Weyl $W(S) = N_G(S)/C_G(S)$. Or $W(S)$ agit par des réflexions sur $Y(S) \otimes \mathbb{R}$ et w fixe $P(\lambda)$, il stabilise donc la facette de $Y(S) \otimes \mathbb{R}$ déterminée par λ. Mais une chambre de Weyl est un domaine fondamental pour $W(S)$, donc w fixe cette facette et en particulier λ ; ainsi $\lambda = \lambda'$.

PROPOSITION 2.8. Soient $\mu \in I_{\mathbb{Q}}(G)$ et S un tore k-déployé maximal alors : $S \subset P(\mu) \Longleftrightarrow \mu \in A(S)$

$$\Longleftrightarrow \exists \lambda \in Y(S),\ n \in \mathbb{N}^* \quad \mu = \frac{\lambda}{n} .$$

DÉMONSTRATION. Soit $\mu = \lambda_1/n$, $\lambda_1 \in Y(S_1)$ tel que $S \subset P(\mu)$ alors S et S_1 sont deux tores k-déployés maximaux de $P(\mu)$ et en conjuguant dans $P(\mu)$ on peut supposer $\lambda_1 \in Y(S)$. Les autres implications sont claires.

2.9 FORME DES FACETTES. Elle découle de la définition de $P(\lambda)$ et des propositions 2.7, 2.8 :

Si P est un parabolique contenant le tore k-déployé maximal S, il est déterminé par l'ensemble $\Phi(P,S)$ des racines $\alpha \in \Phi(S)$ telles que $U_\alpha \subset P$. Alors

$$\Delta_{\mathbb{Q}}(P) = \{\mu \in Y(S) \otimes \mathbb{Q}, \alpha(\mu) \geqslant 0 \quad \forall \alpha \in \Phi(P,S)\} .$$

Les facettes de $I_{\mathbb{Q}}(G)$ contenues dans $A(S)$ sont les facettes (fermées) de l'ensemble des hyperplans appelés murs d'équation $\alpha(\mu) = 0$, pour $\alpha \in \Phi(G,S)$, dans $A_{\mathbb{Q}}(S) = Y(S) \otimes \mathbb{Q}$. Ce sont des cônes de sommet 0.

EXEMPLE 2.10. L'immeuble de GL_2

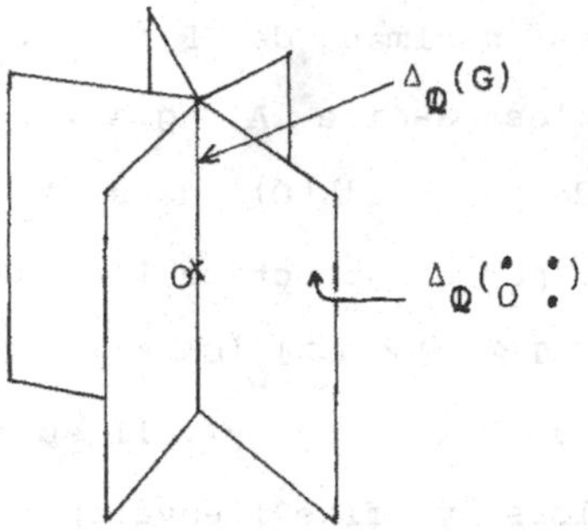

2.11 ACTION DE G. $G(k)$ agit par automorphismes intérieurs sur les sous-groupes à un paramètre de G donc sur $I_{\mathbb{Q}}(G)$.

Par définition le fixateur de la facette $\Delta_{\mathbb{Q}}(P)$ est $P(k)$, donc son stabilisateur est $N_G(P)(k) = P(k)$. Ainsi le fixateur de l'appartement $A_{\mathbb{Q}}(S)$ est l'intersection des $P(k)$ pour $P \supset S$, c'est-à-dire le centralisateur $C_G(S)(k)$ de S et donc son stabilisateur est $N_G(S)(k)$.

PROPOSITION 2.12. <u>Soient</u> F_1, F_2 <u>des parties de</u> $I_{\mathbb{Q}}(G)$ <u>contenues dans des chambres</u> ; <u>alors</u> :

1) <u>Il existe un appartement</u> A <u>contenant</u> $F_1 \cup F_2 \cup \{0\}$.

2) <u>L'enveloppe convexe de</u> $F_1 \cup F_2 \cup \{0\}$ <u>dans</u> $A \subset I_{\mathbb{Q}}(G)$ <u>ne dépend pas de</u> A. <u>En particulier si</u> x <u>et</u> y <u>sont des points de</u> $I_{\mathbb{Q}}(G)$, <u>on peut définir un segment</u> $[x,y]_{\mathbb{Q}}$ <u>dans</u> $I_{\mathbb{Q}}(G)$.

3) <u>Si</u> A <u>et</u> A' <u>sont des appartements contenant</u> F_1 <u>et</u> F_2, <u>il existe</u> $g \in G(k)$ <u>fixant l'enveloppe convexe de</u> $F_1 \cup F_2 \cup \{0\}$ <u>tel que</u> $g.A = A'$.

DÉMONSTRATION. 1) Soit P_i un k-parabolique tel que la facette $\Delta_{\mathbb{Q}}(P_i)$ contienne F_i. D'après la décomposition de Bruhat on sait qu'il existe un tore k-déployé maximal S de G dans $P_1 \cap P_2$; et alors $\Delta_{\mathbb{Q}}(P_1) \cup \Delta_{\mathbb{Q}}(P_2) \cup \{0\} \subset A_{\mathbb{Q}}(S)$.

3) Supposons les paraboliques P_i ci-dessus choisis maximaux pour leur propriété ; alors le fixateur de F_i est $P_i(k)$. Notons $A = A_{\mathbb{Q}}(S)$,

$A' = A_{\mathbb{Q}}(S')$; $S(k)$ et $S'(k)$ fixent F_1 et F_2, donc S et S' sont deux tores k-déployés maximaux de $P_1 \cap P_2$: il existe $g \in P_1(k) \cap P_2(k)$ tel que $S' = gSg^{-1}$ c'est-à-dire $A' = g.A$. Il reste à voir que g fixe l'enveloppe convexe de $F_1 \cup F_2 \cup \{0\}$ dans $A_{\mathbb{Q}}(S) = Y(S) \otimes \mathbb{Q}$. Reprenons les notations de 2.0, par construction le fixateur dans $G(k)$ du point $y \in Y(S) \otimes \mathbb{Q} \subset I_{\mathbb{Q}}(G) \cap Y(T \otimes k') \otimes \mathbb{Q} \subset I_{\mathbb{Q}}(G \otimes k')$, est l'intersection avec $G(k)$ du fixateur dans $G(k')$ de y. Il suffit donc de montrer que si $g \in P_1(k') \cap P_2(k')$ alors y fixe l'enveloppe convexe de $F_1 \cup F_2 \cup \{0\}$ dans $Y(T \otimes k') \otimes \mathbb{Q} = B$. Mais le fixateur d'un point de B est un parabolique contenant T donc le fixateur G_H d'une partie H de B fixe une partie $H' \supset H$ de B qui est déterminée par les sous-groupes U_α ($\alpha \in \Phi(T)$) que contient G_H. Or par définition U_α fixe H si et seulement si $\alpha(H) \geqslant 0$ et les applications α sont linéaires ; donc H' contient l'enveloppe convexe de $H \cup \{0\}$. Ainsi g fixe ce qu'il faut.
2) L'élément g construit au début du 3) induit un isomorphisme linéaire de $A = Y(S) \otimes \mathbb{Q}$ sur $A' = Y(S') \otimes \mathbb{Q}$ qui fixe F_1, F_2 et 0. Il échange donc les enveloppes convexes de $F_1 \cup F_2 \cup \{0\}$ dans A et A' ; d'où 2) d'après 3).

2.13 RÉTRACTIONS. Soient A un appartement et C une chambre de A. Si $x \in I_{\mathbb{Q}}(G)$, x est contenu dans une chambre C' et il existe un appartement A' contenant C' et C. Alors il existe g fixant C tel que $gA' = A$. On pose alors $\rho_{A,C}(x) = g.x$. On a ainsi défini la <u>rétraction sur</u> A <u>de centre</u> C sous réserve de montrer que $g.x$ ne dépend pas des choix faits.

Soient (C_1', A_1', g_1) et (C_2', A_2', g_2) deux choix ; d'après 2.12 3) quitte à changer g_2 on peut supposer $A_1' = A_2'$. Mais alors $h = g_2^{-1}.g_1$ fixe C et stabilise A_1' ; si on a $A_1' = A_{\mathbb{Q}}(S)$ et $C = \Delta_{\mathbb{Q}}(P)$ où P est un parabolique minimal alors $h \in N_G(S)(k) \cap P(k) = N_P(S)(k) = C_P(S)(k)$. Donc h fixe tous les points de A_1' et $g_1.x = g_2.x$.

2.14 DISTANCE. Soit S un tore k-déployé maximal, on choisit sur $Y(S)\otimes\mathbb{Q} = A_{\mathbb{Q}}(S)$ un produit scalaire invariant par le groupe de Weyl $W(G,S) = N_G(S)/C_G(S)$. On en déduit par conjugaison par G une distance $d(x,y)$ dans tout appartement. D'après 2.12 $d(x,y)$ est une fonction bien définie sur $I_{\mathbb{Q}}\times I_{\mathbb{Q}}$ et invariante par $G(k)$.

PROPOSITION 2.15. 1) d <u>est une distance</u>.
2) $\rho_{A,C}$ <u>conserve les distances de points contenus dans un même appartement que</u> C .
3) $\rho_{A,C}$ <u>diminue les distances</u>.

DEMONSTRATION. La seconde assertion est claire. Mais alors $\rho_{A,C}$ est une isométrie sur chaque chambre, donc il transforme un segment en une ligne brisée de même longueur d'où la dernière assertion. Il reste à montrer l'inégalité triangulaire $d(x,z) \leqslant d(x,y)+d(y,z)$ et pour cela on fait une rétraction sur un appartement contenant x et z .

2.16 L'IMMEUBLE REEL. L'immeuble $I_{\mathbb{Q}}(G)$ n'est pas complet ; dans le complété on considère la réunion des complétés des appartements :

$$I(G) = \bigcup_S A(S) = \bigcup_S Y(S)\otimes\mathbb{R} .$$

$I(G)$ est <u>l'immeuble vectoriel</u> de G sur k , il n'est pas substantiellement différent de $I_{\mathbb{Q}}(G)$.

Le complété d'une facette, d'un segment ou d'un appartement de $I_{\mathbb{Q}}(G)$ est noté de la même façon en supprimant l'indice $\mathbb{Q}$.

2.17 REMARQUES. 1) D'habitude on ne considère que l'immeuble sphérique $I^s(G) = \{x\in I(G)/d(x,0)=1\}$, (voir par exemple [5; II §2] sur lequel est calqué cet exposé). Mais l'immeuble considéré ici est parfois plus pratique car il ressemble aux immeubles affines de [2].
2) L'unique géodésique entre deux points x , y de $I(G)$ est le segment $[x,y]$ de centre contenant un point de $[x,y]$). On dit qu'une partie H de $I(G)$ est <u>convexe</u> si pour tous $x,y\in H$ on a $[x,y]\subset H$.

THÉORÈME 2.18. $I(G)$ <u>est complet</u>.

DÉMONSTRATION cf. [2;2.5.12].

Soient y_n une suite de Cauchy et C une chambre de $I(G)$: comme les paraboliques minimaux sont conjugués, il existe $g_n \in G(k)$ et $x_n \in C$ tels que $y_n = g_n . x_n$. Quitte à passer à une suite extraite on peut supposer que x_n a une limite x dans C . Alors :

$d(g_n^{-1} g_p x, x) = d(g_p x, g_n x) \leqslant d(x, x_p) + d(y_p, y_n) + d(x_n, x)$

ainsi $\forall \varepsilon$ $\exists N(\varepsilon)$, $p, n \geqslant N(\varepsilon)$ implique $d(g_n^{-1} g_p x, x) \leqslant \varepsilon$.

Mais alors (lemme 2.19) $g_p x = g_q x$ pour $p, q \geqslant N(\eta)$ et on voit que y_n tend vers $g_{N(\eta)} . x$.

LEMME 2.19. <u>Soit</u> $x \in I(G)$ <u>alors il existe</u> $\eta > 0$ <u>tel que</u>

1) <u>Si</u> $y \in I(G)$ <u>vérifie</u> $d(x,y) \leqslant \eta$ <u>alors</u> x <u>et</u> y <u>sont contenus dans une même chambre</u>.

2) <u>Si de plus il existe</u> $g \in G(k)$ <u>tel que</u> $y = g.x$ <u>alors</u> $y = x$.

DÉMONSTRATION. 1) Soit $A = A(S)$ un appartement contenant x . On définit η comme la distance minimale de x aux murs de A qui ne contiennent pas x (cf. 2.9). Le nombre η est indépendant du choix de A et convient.

2) Si $y = g.x$, d'après 2.7.1 on peut supposer que $g \in N_G(g)(k)$ mais alors g est dans le groupe de Weyl et celui-ci admet une chambre comme domaine fondamental donc $y = x$.

THÉORÈME 2.20. <u>Soit</u> Γ <u>un groupe d'isométries de</u> $I(G)$ <u>fixant</u> O <u>et soit</u> M <u>une partie convexe fermée non vide de</u> $I(G)$ <u>stable par</u> Γ . <u>Alors</u> Γ <u>fixe un point de</u> M .

DÉMONSTRATION. Quitte à intersecter M avec une boule de centre O on peut supposer M borné. Alors le lemme 3.2.3 de [2] permet de conclure si on montre la relation suivante : Soient $x, y, z \in I(G)$ et m le milieu de $[x,y]$ alors $d(x,y)^2 + d(y,z)^2 \geqslant 2d(m,z)^2 + \frac{1}{2} d(x,y)^2$.

Dans un espace euclidien on a égalité ; on se ramène à ce cas par une rétraction sur un appartement contenant x, y de centre contenant m .

PROPOSITION 2.21. <u>Soient</u> $\rho : G \to GL(V)$ <u>une représentation de</u> G <u>et</u> $v \in V$; <u>alors la fonction</u> $\mu(v,x)$ <u>est une fonction continue de</u> $x \in I_Q(G)$. <u>En particulier</u> $\{x \in I(G)/\mu(n,x) \leqslant \alpha\}$ <u>est convexe fermé</u>.

DÉMONSTRATION. Si x et y sont dans l'appartement $A_{\mathbb{Q}}(S)$ on dispose des expressions 2.2.1 et 2.5.2 il est alors clair qu'il existe une constante K indépendante de v telle que $|\mu(v,x)-\mu(v,y)| \leqslant K.d(x,y)$. Mais $\mu(v,gx) = \mu(gv,x)$, ainsi la même constante est valable dans $A_Q(gSg^{-1})$ donc dans $I_Q(G)$, et la fonction μ se prolonge en une fonction continue sur I(G). Il reste à voir que μ est convexe sur chaque appartement ce qui est évident.

2.22. DÉMONSTRATION DU THEOREME 1.10.

Soit I l'immeuble de G sur $\bar{k}$. Si T est un tore maximal k-défini on peut supposer le produit scalaire sur $Y(T\otimes\bar{k})$ invariant par le groupe de Galois Γ de $\bar{k}$ sur k . Ainsi Γ agit isométriquement sur I et fixe O . Par hypothèse l'ensemble H des $x \in I$ tels que $\mu(v,x) \leqslant -1$ est non vide (2.2.2), il est convexe fermé (2.21) ne contient pas O et est stable par Γ (car ρ est défini sur k et $v \in V \subset V\otimes\bar{k}$). Alors (2.20) Γ fixe un point $a \in H$; le sous-groupe parabolique associé P(a) est défini sur k . Soit T un tore maximal k-défini de P(a) ; l'appartement A(T) contient a ; le groupe de Galois Γ stabilise A(T) et induit sur $Y(T) \subset Y(T)\otimes\mathbb{R} = A(T)$ l'action canonique. Il existe donc $\lambda/n \in Y(T)\otimes\mathbb{Q}$ fixe par Γ et suffisamment proche de a ; alors λ est défini sur k et $\mu(x,\lambda) < 0$.

BIBLIOGRAPHIE

[1] BOREL-TITS.- Groupes réductifs. Publ. I.H.E.S. n° 27.

[2] BRUHAT-TITS.- Groupes réductifs sur un corps local. Publ. I.H.E.S. n° 41.

[3] W. HABOUSH.- Reductive groups are geometrically reductive. Annals of Maths, 102 (1975).

[4] J.E. HUMPHEYS.- Linear algebraic groups. Springer Verlag 1975.

[5] D. MUMFORD.- Geometric Invariant Theory. Ergebnisse der Mathematik Band 34.

[6] D. MUMFORD.- Stability of projective varieties. L'Enseignement des Mathématiques IIème série, Tome XXIII, Genève 1977.

[7] C.S. SESHADRI.- Quotient spaces modulo reductive algebraic groups. Annals of Maths, vol. 95 (1972).

[8] C.S. SESHADRI.- Theory of moduli. Proc. of Symp. in pure Math., Vol. XXIX, Publ. AMS Arcata (1974).

[9] C.S. SESHADRI.- Geometric Reductivity over arbitrary base. Advances in Maths, Vol. 26 (1977).

[10] G. ROUSSEAU.- Immeubles sphériques et théorie des Invariants. Note aux C.R.A.S. 1978.

Université de Nancy I
Département de Mathématique
Case Officielle n° 140
54037 NANCY CEDEX (France)

Exposé IX

INSTABILITÉ DANS LES FIBRÉS VECTORIELS

(d'après Bogomolov)

par G. ROUSSEAU

Dans cet exposé k désigne un corps algébriquement clos, et on adopte plutôt le langage des variétés.

§1. SECTIONS SEMI-STABLES

1.1 CONSTRUCTION DE FIBRÉS VECTORIELS. Etant données une fibration principale : $X_\gamma \xrightarrow{\gamma} X$ sous un groupe algébrique G et une représentation $\rho : G \longrightarrow GL(V)$ on peut définir un fibré vectoriel localement trivial : $V_{\gamma,\rho} = X_\gamma \times_G V \xrightarrow{\pi} X$; en effet comme X_γ est localement trivial sur X, on n'a aucun problème pour construire le quotient de $X_\gamma \times V$ par G.

REMARQUES 1.2.

a) Un point x de $V_{\gamma,\rho}$ détermine une orbite $O(x)$ de G dans V.

b) Si V est un G-module trivial alors $V_{\gamma,\rho} \simeq X \times V$.

c) Cette construction est fonctorielle pour les G-morphismes : Si $h : V \longrightarrow W$ est un G-morphisme on en déduit un morphisme $h_\gamma : V_{\gamma,\rho} \longrightarrow W_{\gamma,\rho}$ de fibrés vectoriels sur X.

d) Cette construction peut aussi se faire si V n'est pas un G-module mais seulement une variété sur laquelle G agit.

DÉFINITION 1.3. Si le fibré vectoriel $E \longrightarrow X$ est obtenu de cette manière avec le groupe G, on dit que G est un groupe structural de E.

LEMME 1.4. <u>Soient</u> $X_\gamma \xrightarrow{\gamma} X$ <u>une fibration principale de groupe</u> G <u>et</u> $X_{\gamma'} \xrightarrow{\gamma'} X$ <u>une sous-fibration principale de groupe</u> $H \subset G$. <u>Alors pour tout</u> G-<u>module</u> V , <u>on a</u> $V_{\gamma,\rho} \simeq V_{\gamma',\rho}$; <u>en particulier</u> H <u>est un groupe structural de</u> $V_{\gamma,\rho}$.

DÉMONSTRATION. L'application évidente $X_{\gamma'} \times_H V \longrightarrow X_\gamma \times_G V$ induit localement sur X un isomorphisme (car alors $X_{\gamma'}$ et X_γ sont triviales), c'est donc un isomorphisme.

LEMME 1.5. <u>S'il existe une section</u> s <u>de</u> $V_{\gamma,\rho}$ <u>telle que l'orbite</u> $O(s(x))$ <u>soit indépendante de</u> $x \in X$, <u>alors si</u> $v \in O(s(x))$, <u>la fibration</u> $X_\gamma \xrightarrow{\gamma} X$ <u>possède une sous-fibration de groupe le groupe d'isotropie</u> G_v <u>de</u> v . <u>En particulier</u> G_v <u>est un groupe structurel de</u> $V_{\gamma,\rho}$ (<u>et de tous ses tordus</u>, cf. 1.7).

DÉMONSTRATION. Soit $p : X_\gamma \times V \longrightarrow X_\gamma \times_G V$ l'application canonique. Notons $X_{\gamma'} = p^{-1}(s(X)) \cap X_\gamma \times \{v\}$, alors $\gamma' : X_{\gamma'} \longrightarrow X$ est une sous-fibration principale de groupe G_v .

LEMME 1.6. <u>Si</u> $E \xrightarrow{\pi} X$ <u>est un fibré vectoriel</u> (<u>localement trivial</u>) <u>de dimension</u> n , <u>alors</u> GL_n <u>est un groupe structurel de</u> E .

DÉMONSTRATION. Soit $X_\gamma = \underline{\mathrm{Isom}}_X(X \times k^n, E)$ la variété dont les points sont les isomorphismes de k^n sur les fibres de E . Pour $x \in X_\gamma$ on note $\gamma(x)$ le point de X déterminé par cette fibre. $X_\gamma \xrightarrow{\gamma} X$ est un fibré-principal pour l'action (à droite) de GL_n et l'application naturelle $X_\gamma \times_{GL_n} k^n \longrightarrow E$ est un isomorphisme car elle l'est localement sur X .

1.7 FIBRÉS TORDUS. Quand on a un fibré vectoriel E de groupe structurel G et une représentation $\rho' : G \longrightarrow GL(W)$, le fibré $W_{\gamma,\rho'}$ construit avec la même fibration X_γ que E est dit <u>tordu</u> de E par ρ'.

Plus particulièrement si E est un fibré vectoriel sur X de dimension n et si ρ est une représentation de GL_n , on note $E^{(\rho)}$ le fibré vectoriel sur X construit grâce à ρ et à la fibration principale du lemme 1.6.

EXEMPLE 1.8. Pour $m \in \mathbb{N}$ on a une représentation ρ de GL_n dans $(k^n)^{\otimes m}$ et le fibré $E^{(\rho)}$ correspondant est $E^{\otimes m}$.

Le morphisme de Véronèse $\nu_m : k^n \longrightarrow (k^n)^{\otimes m}$, $\nu_m(x) = x^{\otimes m}$, est un GL_n-morphisme et, si $E = V_\gamma$, alors $\nu_{m,\gamma} : E \longrightarrow E^{\otimes m}$ est le *morphisme de Véronèse*.

1.9. *On suppose dorénavant que* E *est un fibré* $V_{\gamma,\rho}$ *de groupe structurel* G *réductif et de base* X *propre intègre*.

Un point e de E est dit *instable* (resp. *stable*, *semi-stable*) si l'orbite $O(e)$ dans V est formée de points instables (resp. stables, semi-stables) pour l'action de G.

THÉORÈME-DÉFINITION 1.10 (Bogomolov [1]). *Soit* s *une section de* E *sur* X, *alors si* $s(x)$ *est stable* (*resp. semi-stable*, *instable*) *pour un point* x *de* X, *alors il en est de même pour tout autre point de* X. *On dit alors que la section* s *est stable* (*resp. semi-stable*, *instable*) *relativement à* G.

REMARQUE. En particulier une section qui s'annule quelque part est instable.

DÉMONSTRATION. Considérons le G-morphisme $\psi : V \longrightarrow V/G$ indiqué dans l'exposé 1. Comme G agit trivialement sur V/G on a le diagramme commutatif ci-contre.

$$\begin{array}{ccc} V_{\gamma,\rho} & \xrightarrow{\psi_\gamma} & X \times V/G \\ s \uparrow\downarrow & & \downarrow pr_1 \\ X & \xrightarrow{Id} & X \end{array}$$

$pr_2 \circ \varphi_\gamma \circ s$ est un morphisme de X propre dans V/G affine ; il est donc constant. Ainsi la fibre de φ contenant l'orbite $O(s(s))$ est indépendante de $x \in X$.

Or on a vu (exposé 1) qu'une orbite ω est formée de points instables (resp. stables) si et seulement si $\omega \subset \psi^{-1}(0)$ (resp. $\omega = \psi^{-1}(\psi(\omega))$ et le stabilisateur d'un point de ω est fini). La conclusion est donc évidente.

PROPOSITION 1.11. *Soit* E *un fibré vectoriel de base* X , *qui possède* (*ou dont un tordu possède*) *une section stable* (*relativement à un groupe structurel réductif*), *alors* E *a un groupe structurel fini et quitte à étendre la base* X *par un revêtement fini on peut supposer* E *trivial*.

DÉMONSTRATION. La seconde assertion est une conséquence immédiate de la première. Celle-ci résulte de la démonstration 1.10 et du lemme 1.5.

THÉORÈME 1.12. *Soient* G *un groupe réductif et* H *un sous-groupe fermé, alors* G/H *est affine si et seulement si* H *est réductif*.

Ce résultat est dû à Matsuschima en caractéristique 0 (voir Luna [5]) ; pour une démonstration en toutes caractéristiques voir Richardson [6]).

COROLLAIRE 1.13. *Les seules orbites fermées de* G *dans une variété affine sont de la forme* G/H *avec* H *réductif*.

THÉORÈME 1.14 (Luna [5]). *On suppose le corps* K *de caractéristique* 0 . *Si* $\rho : G \longrightarrow GL(V)$ *est une représentation du groupe réductif* G *et* ω *une orbite fermée dans* V , *il existe un* G-*morphisme du fermé* $P_\omega = \{v \in V / \omega \subset \overline{O(v)}\}$ *dans* ω .

PROPOSITION 1.15. *On suppose* K *de caractéristique* 0 . *Soient* $\gamma : X_\gamma \longrightarrow X$ *une fibration principale de groupe* G *réductif, sur la base propre* X *et* $\rho : G \longrightarrow GL(V)$ *une représentation de* G . *S'il existe une section semi-stable* s *de* $(V/V^{\rho(G)})_{\gamma,\rho}$, *alors il y a un sous-groupe réductif* H *de* G , *différent de* G *qui est groupe structurel de* $V_{\gamma,\rho}$ *et de ses tordus*.

REMARQUE. Sous cette hypothèse $V_{\gamma,\rho}$ possède une section semi-stable mais la réciproque est fausse.

DÉMONSTRATION. Comme on va démontrer cette proposition grâce au lemme 1.5, on peut supposer $V = V/V^{\rho(G)}$. Reprenons les notations de la démonstration 1.10. Par hypothèse, il existe $y \neq 0$, $y \in V/G$ tel que

$O(s(x)) \subset \varphi^{-1}(y)$ pour tout $x \in X$, autrement dit $s(X) \subset \varphi^{-1}(y)_\gamma = X_\gamma \times_G \varphi^{-1}(y)$. Mais $\psi^{-1}(y)$ contient une unique orbite fermée $O(v) = \omega$, (exposé 1, 1.2.2), on a $v \neq 0$ car $y \neq 0$ et le fixateur $H = G_v$ de v est différent de G (car $V^{\rho(G)} = \{0\}$). Le fermé P_ω de 1.14 est en fait $\psi^{-1}(y)$, on a donc des morphismes $\theta : \psi^{-1}(y) \longrightarrow \omega$ et $\theta_\gamma : \psi^{-1}(y)_\gamma \longrightarrow \omega_\gamma$. La section $\theta_\gamma \circ s$ de $V_{\gamma,\rho}$ est telle que $O(\theta_\gamma \circ s(x)) = O(v)$ pour tout $x \in X$; on conclut alors grâce à 1.5.

COROLLAIRE 1.16. On suppose K de caractéristique 0. Soient E un fibré vectoriel de rang n de base propre X et ρ une représentation sans point fixe de GL_n. S'il existe une section semi-stable de E ou de $E^{(\rho)}$, alors il existe un sous-groupe réductif de GL_n, différent de GL_n, qui est groupe structurel de E.

§2. MODÈLES DE BOGOMOLOV

Les résultats du paragraphe 1 ont été obtenus grâce à des G-morphismes dans deux sortes de G-variétés affines : les G-variétés triviales et les G-variétés G/H. Pour la suite (paragraphe 3) on a besoin de nouveaux modèles et de nouveaux morphismes.

2.1 LE GROUPE P_χ. Soit T un tore maximal du groupe réductif G de rang ℓ, alors $X(T)$ groupe des caractères de T est un $\mathbb{Z}$-module libre de rang ℓ. On choisit sur $X(T) \otimes \mathbb{R}$ un produit scalaire entier sur $X(T)$ et invariant par le groupe de Weyl W.

Si $\chi \in X(T) \otimes \mathbb{R}$, on note P_χ le sous-groupe parabolique de G engendré par T et les groupes radiciels U_α pour $\alpha \in \Phi$ et $(\alpha, \chi) \geqslant 0$; le produit scalaire identifie χ à un élément de $Y(T) \otimes \mathbb{R}$, et alors P_χ est le groupe défini en 2.0 de l'exposé I. Le radical unipotent U_χ de P_χ est engendré par les U_α pour $(\alpha, \chi) > 0$; on peut prendre comme sous-groupe de Levi le sous-groupe L_χ engendré par T et les U_α pour $(\alpha, \chi) = 0$.

Si $\chi \in X(T)$, le caractère χ de T s'étend d'une manière unique en un caractère de P_χ.

PROPOSITION 2.2. <u>Soit</u> $\chi \in X(T)$, <u>il existe un</u> k-<u>vectoriel</u> V^χ <u>une représentation irréductible</u> $\rho : G \longrightarrow GL(V^\chi)$ <u>et un vecteur non nul</u> $v_\chi \in V^\chi$ (<u>unique à une constante près</u>) <u>tels que pour tout</u> $p \in P_\chi$, <u>on a</u> :

$$\rho(p).v_\chi = \chi(p).v_\chi$$

Ainsi v_χ est un vecteur propre de T de poids χ ; en fait $V^\chi_\chi = K.v_\chi$. On peut montrer que toute représentation irréductible est de cette forme pour un poids χ déterminé à conjugaison près par W. En général on choisit un borel B contenant T et on suppose χ dominant pour l'ordre introduit par B, c'est-à-dire $P_\chi \supset B$; ceci fixe χ. Pour des démonstrations on se reportera à [4;§ 31].

2.3 EXEMPLE DE GL_n. On choisit pour tore le groupe T des matrices diagonales. Alors $X(T)$ est isomorphe à $\mathbb{Z}^n$: si $\chi = (r_1,\dots,r_n)$ on a $\chi\begin{pmatrix} t_1 & & 0 \\ & \ddots & \\ 0 & & t_n \end{pmatrix} = t_1^{r_1}. \quad .t_n^{r_n}$. Le groupe de Weyl est le groupe des permutations des n vecteurs de base ; on prend comme produit scalaire sur $X(T)\otimes\mathbb{R}$, $((r_i),(r_i')) = \Sigma\, r_i.r_i'$. Si $\chi \in X(T)$, quitte à conjuguer par W, on peut supposer $\chi = (r_1,\dots,r_n)$ dominant : $r_1 \geqslant r_2 \geqslant \dots \geqslant r_n$.

Pour $i = 1,n$, soit χ_i le caractère $\chi_i\begin{pmatrix} t_1 & & 0 \\ & \ddots & \\ 0 & & t_n \end{pmatrix} = t_1. \quad .t_i$, c'est le déterminant sur l'espace V_i engendré par les i premiers vecteurs de base. Les χ_i forment une base de $X(T)$, plus précisément ; si χ est dominant, il s'écrit de manière unique :

$$\chi = \sum_{i=1}^{\ell} a_i.\chi_{d(i)} + a.\chi_n \text{, avec } a_i \geqslant 1 \text{, } d(1) < \dots < d(\ell) \leqslant n-1 \text{ et } a \in \mathbb{Z}.$$

Le groupe parabolique P_χ est alors le stabilisateur du chapeau : $V_{d(1)} \subset \dots \subset V_{d(\ell)} \subset k^n = V$.

On a une représentation de GL_n dans $W^\chi = (\bigotimes_{i=1}^{\ell} (\overset{d(i)}{\Lambda} V)^{\otimes a_i}) \otimes (\overset{n}{\Lambda} V)^{\otimes a}$, obtenue en combinant des produits tensoriels et des produits extérieurs. L'exposant éventuellement négatif a ne pose pas de problème car $\overset{n}{\Lambda} V$ est de dimension 1.

Dans W^χ l'espace propre de poids χ est réduit à une droite, stable par $P_\chi = kv_\chi = (\bigotimes_{i=1}^{\ell} (\overset{d(i)}{\Lambda} V_{d(i)})^{\otimes a_i}) \otimes (\overset{n}{\Lambda} V)^{\otimes a}$. En quotientant W^χ par une sous-représentation, on trouve la représentation V^χ de 2.2.

DÉFINITION 2.4. <u>Soit</u> $\chi \in X(T)$, $\chi \neq 0$, <u>le modèle de Bogomolov correspondant est l'adhérence</u> A_χ <u>de</u> $G.v_\chi$ <u>dans</u> V^χ.

Comme χ est non trivial, $P_\chi.v_\chi = k.v_\chi - \{0\}$, donc A_χ ne dépend pas du choix de v_χ. De plus $k.v_\chi \subset A_\chi$ et d'après le lemme ci-dessous, $G.kv_\chi$ est fermé dans V^χ ; ainsi $A_\chi = G.kv_\chi$ est formé de 2 orbites : $G.v_\chi$ et $\{0\}$. En particulier A_χ est contenu dans la variété des points instables de V^χ.

LEMME 2.5. <u>Soient</u> $\rho : G \longrightarrow GL(V)$ <u>une représentation du groupe réductif</u> G, P <u>un parabolique de</u> G, W <u>un sous-espace vectoriel de</u> V <u>stable par</u> P <u>et</u> Ω <u>un ouvert de</u> G, <u>alors</u> $\rho(G).W$ <u>est fermé dans</u> V <u>et</u> $\rho(\Omega).W$ <u>est ouvert dans</u> $\rho(G).W$.

DÉMONSTRATION. Considérons la suite d'applications

$$G\times V \xrightarrow[\sim]{\varphi} G\times V \xrightarrow{\psi} G/P\times V \xrightarrow{pr_2} V$$

$\varphi(g,v) = (g,\rho(g)v)$; $\psi(g,v) = (gP,v)$; alors $\rho(G).W$ (resp. $\rho(\Omega).W$) est l'image par $pr_2\circ\psi\circ\varphi$ de $G\times W$ (resp. $\Omega\times W$).

Comme φ est un isomorphisme $\varphi(\Omega\times W)$ est ouvert dans $\varphi(G\times W)$ qui est fermé dans $G\times V$. De plus $\varphi(G\times W)$ est saturé pour ψ (et même $pr_2\circ\psi$), et ψ est ouverte donc $\psi\circ\varphi(\Omega\times W)$ est ouvert dans $\psi\circ\varphi(G\times W)$ qui est fermé dans $G/P\times V$. On conclut alors car pr_2 est ouverte (comme toute projection) et fermée (car G/P est propre).

REMARQUE. $\psi\circ\varphi(G\times W)$ est en fait $G\times_P W$.

2.6. NOTATIONS. On considère une représentation $\rho : G \longrightarrow GL(E)$ du groupe réductif G et on note $Y = I_G(E)$ la sous-variété affine fermée de E formée des points instables. Le théorème suivant de Bogomolov [1] est le résultat principal de ce paragraphe.

THÉORÈME 2.7. <u>Soit</u> X <u>une sous-variété fermée</u> G-<u>invariante</u> <u>de</u> $I_G(E)$, $X \neq \{0\}$, <u>alors il existe</u> $\chi \neq 0$, $\chi \in X(T)$ <u>et un</u> G-<u>morphisme</u> <u>non trivial de</u> X <u>dans</u> A_χ .

REMARQUE. Il suffit de faire la démonstration pour X irréductible : Si les composantes irréductibles de X sont les X_i , $i = 1,n$, chaque X_i est stable par G donc contient 0 . Si $n \geq 2$, soient I l'idéal des fonctions sur E nulles sur $X_2 \cup \ldots \cup X_n$ et F un sous-espace vectoriel de I de dimension finie et stable par G [4;8.6]. Si $f_1,\ldots,f_m$ est une base de F , on a des fonctions $a_{i,j}$ sur G telles que $f_i(gx) = \sum_{j=1}^{m} a_{i,j}(g)f_j(x)$.

Le morphisme $\varphi : E \longrightarrow k^m$, déterminé par les f_i est un G-morphisme pour les représentations ρ et $\rho' : G \longrightarrow GL(k^m)$, $\rho'(g) = (a_{i,j}(g))$. De plus $\varphi(I_G(E)) \subset I_G(k^m)$ et $\varphi(X) = \varphi(X_1) \neq \{0\}$ est irréductible. Il suffit donc de trouver un G-morphisme de $\overline{\varphi(X)}$ dans A_χ et de le composer avec φ .

COROLLAIRE 2.8. <u>Il existe une filtration</u> $Y_0 = Y \supset Y_1 \supset \ldots \supset Y_m = \{0\}$ <u>de</u> Y <u>par des sous-variétés fermées</u> G-<u>stables</u> <u>telles que pour</u> $i < m$, Y_{i+1} <u>soit l'intersection des images réciproques de</u> 0 <u>par tous les</u> G-<u>morphismes</u> <u>de</u> Y_i <u>dans un modèle</u> A_χ .

En effet, d'après le théorème et la remarque ci-dessus, la dimension maximum des composantes irréductibles de Y_{i+1} est strictement inférieure à celle de Y_i .

EXEMPLE 2.9. Reprenons l'exemple 1.8 de l'exposé I : SL_2 agit sur l'espace E des polynômes homogènes de degré n en deux variables. Il résulte clairement de la suite de ce paragraphe que la variété Y_i du corollaire ci-dessus est l'ensemble des polynômes de E qui ont dans $\mathbb{P}_1$ une racine de multiplicité $> \frac{n}{2} + i$.

2.10 DÉBUT DE LA DÉMONSTRATION DE 2.7.

On sait qu'un point est instable si et seulement si il l'est pour un sous-groupe à un paramètre. Mais tout sous-groupe à un paramètre est contenu dans un tore maximal et tous les tores maximaux sont conjugués. Donc si on choisit un tore maximal T de G on a $I_G(E) = G.I_T(E)$.

Regardons maintenant $I_T(E)$. Soit $E = \underset{\chi}{\oplus} E_\chi$ la décomposition de E selon les poids de T ; seul un nombre fini de poids interviennent. Si $e \in E$ on note $\mathrm{Supp}(e)$ l'ensemble (fini) des $\chi \in X(T)$ tels que la composante e_χ de e sur E_χ soit non nulle et $\langle \mathrm{Supp}(e) \rangle$ l'enveloppe convexe de $\mathrm{Supp}(e)$ dans $X(T) \otimes \mathbb{R} = X_{\mathbb{R}}$.

Pour $c \in X_{\mathbb{R}}$, $c \neq 0$ on note $D(c)$ le demi-espace $\{x \in X_{\mathbb{R}} / (x-c,c) \geqslant 0\}$ et $H(c) = \{x \in X_{\mathbb{R}} / (x-c,c) = 0\}$ l'hyperplan correspondant.

LEMME 2.11. <u>Soit</u> $e \in E$ <u>alors</u>,
$e \in I_G(T) \Longleftrightarrow \langle \mathrm{Supp}(e) \rangle \not\ni 0 \Longleftrightarrow \exists c \neq 0 \quad c \in X_{\mathbb{Q}} = X(T) \otimes \mathbb{Q} \quad \mathrm{Supp}(e) \subset D(c)$.

DÉMONSTRATION. On sait que $e \in I_G(T) \Longleftrightarrow \exists \lambda \in Y(T)$ tel que les poids de e par rapport à λ sont > 0 . Or $Y(T)$ et $X(T)$ sont deux $\mathbb{Z}$-modules libres en dualité par $\langle \chi, \lambda \rangle = \chi \circ \lambda \in X(\mathbb{G}_m) = \mathbb{Z}$ et les poids de e par rapport à λ sont les $\chi \circ \lambda$ pour $\chi \in \mathrm{Supp}(e)$. Compte tenu de l'identification, grâce au produit scalaire sur $X_{\mathbb{R}}$, de $Y(T)$ à un sous-$\mathbb{Z}$-module de $X_{\mathbb{Q}}$, on a $e \in I_G(T) \Longleftrightarrow \exists c \in X_{\mathbb{Q}}$ tel que $\forall \chi \in \mathrm{Supp}(e)$ $(\chi, c) > 0$. Le lemme est donc maintenant évident.

2.12 FIN DE LA DÉMONSTRATION DE 2.7.

Pour $A \subset X_{\mathbb{R}}$, on note E_A l'espace vectoriel des $e \in E$ tels que $\mathrm{Supp}(e) \subset A$. Comme $\mathrm{Supp}(E)$ est fini il y a un nombre fini de tels espaces vectoriels.

D'après les définitions de $D(c)$, $M(c)$, P_c et le lemme 2.3 de l'exposé I, $E_{D(c)}$ est stable par le parabolique P_c et $E_{H(c)}$ par son sous-groupe de Lévi L_c . En particulier $G.E_{D(c)}$ est fermé dans E (lemme 2.5).

D'après le lemme 2.11 $I_T(E) = \bigcup_{\substack{c \neq 0 \\ c \in X_{\mathbb{Q}}}} E_{D(c)}$ et donc $I_G(E)$ est contenu dans la réunion finie des fermés $G \circ E_{D(c)}$.

Si X est une sous-variété irréductible, stable par G, de $I_G(E)$, il existe donc un $c \in X_{\mathbb{Q}}$ tel que $X \subset G.E_{D(c)}$. Alors $X = G.X'$ avec $X' \subset E_{D(c)}$, i.e. $\mathrm{supp}(X') \subset D(c)$. Soit c' le point de $\langle \mathrm{supp}(X') \rangle$ le plus proche de 0, alors $\mathrm{supp}(X') \subset D(c')$, c'est-à-dire $X \subset G.E_{D(c')}$ et $c' \in \langle \mathrm{supp}(x') \rangle \cap X_{\mathbb{Q}}$. Le théorème résulte donc de la proposition suivante.

PROPOSITION 2.13. <u>Soit</u> $c \in X_{\mathbb{Q}}$, $c \neq 0$, <u>alors il existe</u> $m \geq 1$ <u>tel que</u> $\chi = mc \in X(T)$ <u>et un</u> G-<u>morphisme</u> φ <u>de</u> $G.E_{D(c)}$ <u>dans</u> A_χ. <u>L'intersection des noyaux de tous les</u> G-<u>morphismes</u> <u>que l'on sait ainsi construire est une union finie de fermés de la forme</u> $G.E_{D(c')\cap D(c)}$ <u>pour</u> $c' \in D(c)$ <u>et</u> $\|c'\| > \|c\|$.

<u>1ère étape</u>. Il existe un multiple χ de c qui est un caractère de T, donc aussi de $P_c = P_\chi$ et en particulier de L_c. Le groupe réductif $L_c' = (\mathrm{Ker}(\chi) \cap L_c)^{\circ}$ est indépendant du multiple χ choisi et il existe un sous-groupe multiplicatif de L_c tel que $L_c = L_c'.\mathbb{G}_m$.

Soit S l'anneau des fonctions polynomiales sur $E_{H(c)}$ invariantes par L_c' (cela a un sens car L_c stabilise $E_{H(c)}$). Comme l'action de L_c' sur $k[E_{H(c)}]$ provient d'une action linéaire sur $E_{H(c)}$, elle est homogène ; ainsi $S = \bigoplus_{m \in \mathbb{N}} S^m$, où les éléments de S^m sont homogènes de degré m. Je dis que l'action de L_c sur S^m se fait par le caractère $\chi = mc$ (en particulier $S^m = 0$ si $mc \notin X(T)$).

En effet soit $(e_1, \ldots, e_n)$ une base de $E_{H(c)}$ qui diagonalise l'action de T, avec donc des poids $\chi_1, \ldots, \chi_n \in H(c)$. Soient $X_1, \ldots, X_n$ les applications coordonnées correspondantes, le monôme $\prod_{i=1}^{n} X_i^{r_i}$ est de poids $\sum_{i=1}^{n} r_i.\chi_i \in H((\sum_{i=1}^{n} r_i).c)$ relativement à T. Or la décomposition $L_c = L_c'.\mathbb{G}_m$ montre que l'action de L_c sur S est celle de $\mathbb{G}_m$, elle est donc diagonalisable avec des caractères multiples (rationnels) de c. La conjonction de ces deux résultats entraîne la propreté annoncée.

Soient maintenant $m \geq 1$ et $f \neq 0$, $f \in S^m$ (s'il en existe), on en déduit un P_c morphisme :

$$\hat{f} : E_{D(c)} \longrightarrow E_{D(c)}/E_{D(c)-H(c)} \simeq E_{H(c)} \xrightarrow{f} k$$

où P_c agit sur k par le poids $\chi = mc$; et un G-morphisme

$$\psi_f : G\times_{P_c} E_{D(c)} \longrightarrow G\times_{P_c} k \longrightarrow A_\chi \subset V^\chi$$

défini par $\psi_f(g,e) = g(\hat{f}(e).v_\chi)$.

<u>2ème étape</u>. Considérons le morphisme de Véronèse $\nu_m : E \longrightarrow E^{\otimes m}$ défini en 1.8. Alors f est le composé de ν_m et d'une application linéaire f_1 de $E_{H(c)}^{\otimes m}$ dans k : par exemple $\prod_{i=1}^{n} X_i^{r_i}$ est le composé de ν_m et de la projection sur $\bigotimes_{i=1}^{n} e_i^{\otimes r_i}$. Comme f est de poids χ, on peut considérer f_1 (resp. $\hat{f}_1$) comme la projection linéaire de $(E_{H(c)})^{\otimes m} = (E^{\otimes m})_{H(m.c)}$ (resp. $(E^{\otimes m})_{D(m-c)}$) sur un vecteur $e_\chi \in (E^{\otimes m})_{H(m-c)}$ de poids $\chi = m-c$.

Comme ν_m est un G-morphisme on pourra, dans la suite, supposer f linéaire, avec $\chi = c$.

<u>3ème étape</u>. Il existe une application (ensembliste) φ_f de $G.E_{D(c)}$ dans A_χ qui factorise l'application ψ_f et est compatible aux actions de G.

Il suffit de montrer que si $e \in E_{D(c)}$, $g \in G$ sont tels que $g \notin P_c$ et $g.e \in E_{D(c)}$, alors $\hat{f}(e) = 0$; en effet la même démonstration montrera que $\hat{f}(g.e) = 0$ et donc $g.\psi_f(e) = 0 = \psi_f(g.e)$.

Supposons $\hat{f}(e) \neq 0$ et appliquons à g la décomposition de Bruhat : $g = p.w.p'$ $p,p' \in P_c$, $w \in W$.

Or P_c stabilise $E_{D(c)}$ et $\hat{f}$ est un P_c-morphisme ; donc, quitte à remplacer e par $p'.e$ on peut supposer $p = p' = 1$: On a $f(e) \neq 0$, $w.e \in E_{D(c)}$ et il faut montrer que $w \in P_c$.

D'après l'étape précédente on peut supposer f linéaire et, puisque $f(e) \neq 0$, $\chi = c \in \mathrm{Supp}(e)$.

Alors, $w.c \in w.\mathrm{Supp}(e) = \mathrm{Supp}(w.e) \subset D(c)$. Mais c est le seul élément de $D(c)$ de norme $\|c\|$, donc $w.c = c$ et ainsi $P_c = P_{wc} = w\,P_c\,w^{-1}$, donc $w \in N_G(P_c) = P_c$.

<u>4ème étape</u>. Quitte à remplacer f par une puissance f^r $(r \geqslant 1)$ et donc χ par $r\chi$, φ_f est un morphisme.

D'après la seconde étape, on peut supposer f linéaire, déterminée par un $e_\chi \in E_\chi \subset E_{H(c)}$, avec $c = \chi$. Si Ω est un ouvert non vide de G, $\Omega.E_{D(c)}$ est un ouvert non vide de $G.E_{D(c)}$ (lemme 2.5) et la réunion de ses translatés par G est $G.E_{D(c)}$, il suffit donc d'examiner φ_f sur cet ouvert.

Soit $\Psi = \{\alpha_1, \ldots, \alpha_n\}$ l'ensemble des racines $\alpha \in \Phi$ telles que $(\alpha, c) < 0$, c'est-à-dire telles que $U_\alpha \not\subset P_c$. Alors $\Omega = (\prod_{i=1}^{n} U_{\alpha_i}).P_c$ est un ouvert non vide de G : c'est le saturé pour P_c de la grosse cellule. On a $\Omega \times_{P_c} E_{D(c)} = (\prod_{i=1}^{n} U_{\alpha_i}) \times E_{D(c)}$ et le G-morphisme ψ_f vaut : $\psi_f(u_1, \ldots, u_n, e) = (u_1 \cdot \ldots \cdot u_n).\hat{f}(e)$, il est déterminé par $\psi_f(u_1, \ldots, u_n, e_\chi) = \varphi_f((u_1 \cdot \ldots \cdot u_n).e_\chi) = (u_1 \cdot \ldots \cdot u_n).v_\chi$.

On choisit l'ordre sur Ψ tel que si $\alpha_i = \alpha_j + \alpha_\ell$ alors $i < j$ et $i < \ell$ et on identifie chaque U_{α_i} au groupe additif $\mathbb{G}_a$ par un isomorphisme fixé.

Le lemme 2.3 de l'exposé I, montre qu'à chaque n-uple $\ell = (\ell_1, \ldots, \ell_n) \in \mathbb{N}^n$ est associé un vecteur $v(\ell)$ de poids $\chi + \sum_{i=1}^{n} \ell_i.\alpha_i$ tel que :

$$(*) \quad \begin{cases} v(0, \ldots, 0) = v_\chi \\ (u_1 \cdot \ldots \cdot u_n)v_\chi = \sum_{\ell} (v(\ell).\prod_{i=1}^{n} u_i^{\ell_i}) \end{cases}$$

Le même résultat vaut pour le calcul de $(u_1 \cdot \ldots \cdot u_n)e_\chi$.

La remarque page 40 de [2] montre que :

$\frac{(q+r)!}{r!q!} e(0, \ldots, 0, q+r, \ell_{i+1}, \ldots, \ell_n)$ se calcule linéairement en fonction de $e(0, \ldots 0, q, \ell_{i+1}, \ldots, \ell_n)$.

En particulier en caractéristique 0 la nullité de $e(0, \ldots, 0, 1, \ell_{i+1}, \ldots, \ell_n)$ entraîne celle de $e(\ell_1, \ldots, \ell_n)$ pour $\ell_i \geqslant 1$, (ceci peut se démontrer sans la remarque citée en passant par les algèbres de Lie, voir [4;13.2]). En raisonnant par récurrence descendante sur i, on en déduit que soit u_i n'intervient pas dans le calcul de $(u_1.\dots.u_n).e_\chi$ (mais alors puisque l'application φ_f existe il n'intervient pas non plus dans le calcul de $(u_1.\dots.u_n)v_\chi$) soit il se calcule polynômialement à partir des coordonnées de $(u_1.\dots.u_n)e_\chi$. Ainsi $\varphi_f((u_1.\dots.u_n)e_\chi) = (u_1.\dots.u_n)v_\chi$ est bien une expression polynômiale des coordonnées de $(u_1.\dots.u_n)e_\chi$ et φ_f est un morphisme.

En caractéristique p, on voit facilement que si p ne divise pas r alors $\dfrac{(r.p^q)!}{(p^q)!((r-1)p^q)!}$ n'est pas divisible par p. Ainsi,

soit $e(0,\dots,0,\ell_i,\dots,\ell_n) = 0 \quad \forall \ell_i \neq 1$

soit il existe $q \in \mathbb{N}$ tel que $e(0,\dots 0,p^q,\ell_{i+1},\dots,\ell_n) \neq 0$ et l'assertion $e(\ell) \neq 0$ implique que p^q divise ℓ_i.

Dans le premier cas u_i n'intervient pas dans le calcul de $(u_1.\dots.u_n)e_\chi$ et donc dans celui de $(u_1.\dots.u_n)v_\chi$. Dans le second, $u_i^{p^q}$ peut se calculer polynômialement à partir des coordonnées de $(u_1.\dots.u_n)e_\chi$.

Quitte à augmenter q on peut le supposer indépendant de i.

Soit $r = p^q$, alors $V^{r\chi}$ est un quotient de $(V^\chi)^{\otimes r}$, ou plutôt de son quotient symétrique $S^r(V^\chi)$, ν_r est un G-morphisme de V^χ dans $V^{r\chi}$ et on a $\nu_r(v_\chi) = v_{r\chi}$. En fait ν_r est l'élévation à la puissance p^q-ième et $\nu_r \circ \varphi_f$ est φ_{f^r}. On en déduit que dans l'expression (*) pour $V^{r\chi}$, chaque u_n n'intervient que par sa puissance u_i^r ; et ainsi φ_{f^r} est un morphisme.

<u>5ème et dernière étape</u>. Il reste à calculer l'intersection des noyaux des φ_f. L'intersection des noyaux des $f \in S^m$ pour $f \neq 0$, $m \in \mathbb{N}$, $m \geqslant 1$ est, par définition, la variété des points L'_c-instables dans $E_{H(c)}$. On peut donc la décrire comme réunion d'un nombre fini de fermés $L'_c.(E_{H(c)} \cap E_{D(d)})$ pour $d \in X(T \cap L'_c) \otimes \mathbb{Q} \subset X_{\mathbb{Q}}$, $d \neq 0$, comme $L'_c = \mathrm{Ker}(\chi)^\circ$ on a $(d,c) = 0$, donc $c \notin D(d)$.

L'intersection des noyaux des $\hat{f}$ est réunion des fermés $L'_c.(E_{H(c)\cap D(d)} + E_{D(c)-H(c)}) = L'_c.E_{(D(c)\cap D(d))\cup(D(c)-H(c))}$. Mais c n'est pas dans l'enveloppe convexe de $(D(c)\cap D(d))\cup(D(c)-H(c))$ donc il existe $c' \in D(c)$ tel que $\|c'\| > \|c\|$ et $(D(c)\cap D(d))\cup(D(c)-H(c)) \subset D(c)\cap D(c')$. On en déduit donc l'assertion de la proposition 2.13.

§3. SECTIONS INSTABLES

On reprend les notations des paragraphes précédents, ainsi X est une variété propre irréductible que l'on suppose maintenant <u>normale</u>.

On note PA_χ l'image dans l'espace projectif $\mathbb{P}(V^\chi)$ de $A_\chi - \{0\}$; c'est un fermé de $\mathbb{P}(V^\chi)$ donc une variété projective. Le groupe réductif G agit sur $\mathbb{P}(V^\chi)$ et PA_χ est une orbite de cette action.

On se donne une fibration principale $\gamma : X_\gamma \longrightarrow X$ de groupe G et pour toute variété Y sur laquelle G agit on note $Y_\gamma = X_\gamma \times_G X$.

PROPOSITION 3.1. <u>On suppose qu'il existe une section instable non nulle d'un fibré vectoriel</u> $V_{\gamma,\rho}$ <u>sur</u> X , <u>alors</u>,

1) <u>il existe</u> $\chi \neq 0$ $\chi \in X(T)$ <u>et une section non nulle</u> s <u>de</u> $A_{\chi,\gamma}$;

2) <u>la section</u> s_1 <u>de</u> $PA_{\chi,\gamma}$ <u>sur un ouvert non vide de</u> X , <u>induite par</u> s , <u>se prolonge à un ouvert</u> U <u>de complémentaire de codimension au moins</u> 2 ;

3) <u>il existe une sous-fibration principale</u> $\gamma' : X_{\gamma'} \longrightarrow U$ <u>de groupe</u> P_χ , <u>de</u> $\gamma : X_\gamma \longrightarrow U$; <u>ainsi au-dessus de</u> U <u>on peut réduire à</u> P_χ <u>le groupe structurel de tous les</u> $V_{\gamma,\rho'}$.

DÉMONSTRATION.

1) Soit σ la section donnée de $V_{\gamma,\rho}$; c'est en fait une section de Y_γ , où $Y = I_G(V)$ est la variété des points instables de V . D'après 2.8 il existe une filtration $Y_\gamma = Y_{o,\gamma} \supset Y_{1,\gamma} \supset \ldots \supset Y_{n,\gamma} = X \times \{0\}$ de Y_γ . Soit i le plus grand entier tel que $\sigma(X) \subset Y_{i,\gamma}$; alors il existe un G-morphisme $\varphi : Y_i \longrightarrow A_\chi$ pour un certain caractère χ , tel que si $\varphi_\gamma : Y_{i,j} \longrightarrow A_{\chi,\gamma}$ est l'application qui s'en déduit alors $\varphi_\gamma(\sigma(X)) \neq 0$.

Ainsi $s = \varphi_\gamma \circ \sigma$ est une section non nulle de $A_{\chi,\gamma}$.

2) Soit $U_1 = \{x \in X / s(x) \neq 0\}$, alors le composé de $s_{|U_1}$ avec la projection de $A_{\chi,\gamma} - X \times \{0\}$ sur $PA_{\chi,\gamma}$ est une section s_1 de $PA_{\chi,\gamma}$. Mais PA_χ est projective donc $PA_{\chi,\gamma} \longrightarrow X$ est propre, de plus X est normale donc cette section s_1 se prolonge comme indiqué [3;7.3.5].

3) Cette dernière assertion est une conséquence immédiate du lemme 1.5.

3.2 UN CAS PARTICULIER. On se donne maintenant un fibré vectoriel E sur X de rang n . Le groupe G est GL_n et la fibration principale est celle construite en 1.6. On reprend les notations de 1.7 et 2.3.

PROPOSITION 3.3. _On suppose qu'un tordu_ $E^{(\ell)}$ _de_ E _possède une section instable_ σ _non nulle, alors_

1) _Il existe un ouvert_ U _de_ X _de complémentaire de codimension au moins_ 2, _et un caractère_ χ _de_ T _tels que au-dessus de_ U _on peut réduire le groupe structurel de_ E _à_ P_χ .

2) _Au-dessus de_ U , _il existe des sous-fibrés vectoriels_ E_i _de_ E _pour_ $i=1,\dots,\ell$ _de rangs_ $0 < d(1) < \dots < d(\ell) < n$ _et inclus les uns dans les autres_.

3) _Si_ $a_1,\dots,a_{\ell-1} \geq 1$ _et_ $a \in \mathbb{Z}$ _sont les entiers déterminés par_ χ , _et si la caractéristique de_ k _est_ 0 _il existe une section_ s' _du fibré en droite_ $D = \bigotimes_{i=1}^{\ell} (\overset{d(i)}{\Lambda} E_i)^{\otimes a_i} \otimes (\overset{n}{\Lambda} E)^{\otimes a}$ _sur_ U .

DÉMONSTRATION. La première assertion est un résumé de la proposition 3.1. Pour la seconde on construit facilement les E_i : $E_i = X_{\gamma'} \times_{P_\chi} V_i$. Enfin on connait une section s au-dessus de X de $A_{\chi,\gamma}$ donc de V^χ_γ . Mais comme on est en caractéristique 0 , V^χ est en fait un facteur direct de la représentation W^χ définie en 2.3. D'après 1) et le lemme 1.4, au-dessus de U , $A_{\chi,\gamma}$ est $X_{\gamma'} \times_{P_\chi} kv_\chi = D$. Mais par construction de $X_{\gamma'}$, la section s_1 de $PA_{\chi,\gamma} = X_{\gamma'} \times_{P_\chi} PA_\chi$ est en fait à valeurs dans $X_{\gamma'} \times_{P_\chi} [v_\chi]$; il en résulte que, au-dessus de V , la section s de $A_{\chi,\gamma}$, qui détermine s_1 , est à valeurs dans $X_{\gamma'} \times_{P_\chi} kv_\chi = D$.

REMARQUE. En caractéristique p , V^χ est seulement un quotient de W^χ et il n'y a pas de raison pour que la section s de V^χ_γ se remonte en une section de W^χ_γ . Par exemple, en langage de schémas, le stabilisateur $\mathcal{P}_\chi$ de kv_χ n'est pas forcément P_χ (ce qui est vrai en caractéristique 0) ; on a seulement $P_\chi = \mathcal{P}_{red}$.

REMARQUE 3.4. On peut prolonger les fibrés E_i en des fibrés non forcément localement triviaux sur X de même rang, et les inclusions en des morphismes de fibrés. Si de plus X est lisse les E_i sont localement triviaux sur un ouvert de complémentaire de codimension au moins 3. En caractéristique 0, mais sans supposer X lisse, la section s' se prolonge (par 0) sur tout X .

[1] F.A. BOGOMOLOV notes manuscrites distribuées au C.I.M.E (Juillet 1977).

[2] A. BOREL et alli.- Seminar on algebraïc groups and related finite groups. Springer Lecture Note 131 (1970).

[3] A. GROTHENDIECK.- Eléments de géométrie algébrique, II. Pub. Math. I.H.E.S. n° 8 (1961).

[4] J.E. HUMPHREYS.- Linear algebraïc groups. Springer Verlag (1975).

[5] D. LUNA.- Slices étales. Bull. Soc. Math. France, mémoire 33 (1973), p. 81-105.

[6] R.W. RICHARDSON.- Affine coset spaces of reductive algebraïc groups. Bull. London Math. Soc., 9 (1977), p. 38-41.

Université de Nancy I
Département de Mathématique
Case Officielle n° 140
54037 NANCY CEDEX (France)

Exposé X

FIBRÉS VECTORIELS INSTABLES-APPLICATIONS AUX SURFACES

par M. RAYNAUD (d'après Bogomolov) (*)

Sources. Notes manuscrites de Bogomolov distribuées au CIME (juillet 77).

Pre-print de M. Reid "Bogomolov's theorem $c_1^2 \leqslant 4c_2$", (Kyoto 77).

0. NOTATIONS

Soient k un corps algébriquement clos de caractéristique 0, X un k-schéma propre intègre normal, E un fibré vectoriel sur X et r son rang.

Si Z est un k-schéma, muni d'une action de Gl_r, on note $\tilde{Z}$ le X-schéma déduit de Z par torsion par E (Exp. 1.1). Lorsque Z est l'espace V d'une représentation vectorielle ρ de Gl_r, $\tilde{V}$ est canoniquement muni d'une structure de fibré vectoriel sur X et on le note $E^{(\rho)}$.

1. FIBRÉS VECTORIELS INSTABLES

DÉFINITION 1.1. Le fibré E est instable, s'il existe une représentation ρ de Gl_r, de déterminant 1 (i.e. qui se factorise à travers PGl_r), telle que $E^{(\rho)}$ possède une section s non nulle,

---

(*) Equipe de Recherche Associée au C.N.R.S. n° 653.

<u>nulle au-dessus d'au moins un point de</u> X .

Comme la section s s'annule au-dessus d'un point de X , elle est <u>instable</u> (Exp. 1.10) et on peut retraduire la définition ci-dessus en termes des modèles de points instables du type $\widetilde{A}_\chi$ (Exp. 3.1) :

Le fibré E est instable, si et seulement si, il existe un caractère χ d'un tore maximal de PGl_r , tel que le cône sur X $\widetilde{A}_\chi$ possède une section non nulle, nulle au-dessus d'au moins un point de X .

Enfin, on peut interpréter les sections non nulles de $\widetilde{A}_\chi$ en terme de drapeaux, de type χ , de E (Exp. 3.3). Plus précisément, soient V le k-vectoriel k^r , T le tore maximal de Gl_r formé des matrices diagonales $\begin{pmatrix}\lambda_1 & 0\\ 0 & \lambda_r\end{pmatrix}$.

Tout caractère de T est de la forme $(\lambda_1,\ldots,\lambda_r)\longmapsto\lambda_1^{m_1}\ldots\lambda_r^{m_r}$.

Quitte à faire une permutation des λ_i , c'est-à-dire, à faire opérer un élément du groupe de Weyl de T , on peut supposer $m_1\geqslant\ldots\geqslant m_r$. Soit

$$\chi_i : (\lambda_1,\ldots,\lambda_r)\longmapsto\lambda_1\ldots\lambda_i$$

le poids dominant dans la représentation de Gl_r dans $\Lambda^i(V)$ (puissance extérieure $i^{\text{ème}}$) $(i=1,\ldots,r)$. Alors χ s'écrit de manière unique :

$$\chi = n_1\chi_{i_1} +\ldots+ n_s\chi_{i_s} - n_r\chi_r \ ,$$

avec $1\leqslant i_1<\ldots<i_s<r$, $n_1>0,\ldots,n_s>0$ et $n_r\in\mathbb{Z}$. De plus, le caractère χ vaut 1 sur le centre de Gl_r si et seulement si

$$(*)\qquad n_1i_1 +\ldots+ n_si_s = n_rr \ .$$

Ceci étant, si Δ_χ désigne la droite dominante dans

$$W = (\Lambda^{i_1}V)^{\otimes n_1}\otimes\ldots\otimes(\Lambda^{i_s}V)^{\otimes n_s}\otimes(\Lambda^rV)^{\otimes -n_r} \ ,$$

le tore T agit sur Δ_χ par le caractère χ , Δ_χ engendre dans W la représentation irréductible V_χ de Gl_r de poids dominant χ et l'adhérence de l'orbite de Δ_χ est le cône A_χ . Posons $\widetilde{V}_\chi = E^{(\chi)}$.

On a donc

$$\tilde{A}_\chi \subset E^{(\chi)} \subset \tilde{W} .$$

Soit alors s une section non nulle de $\tilde{A}_\chi$. On sait (Exp. 3.3) qu'il lui correspond un plus grand ouvert U de X , avec $\operatorname{codim}(X-U,X) \geqslant 2$, un drapeau $E_1 \subset \ldots \subset E_s$ de $E|U$, de type χ , (i.e. $\dim E_j = i_j$ pour $j=1,\ldots,s$) tel que si $L_j = \det(E_j)$, $L_r = \det(E)$, alors $L = L_1^{n_1} \ldots L_s^{n_s} L_r^{-n_r}$ est le sous-fibré en droites de $E^{(\chi)}|U$ qui contient s . En particulier $L = O_U(D)$ où $D \geqslant 0$ est le diviseur des zéros de s sur U .

Supposons que s s'annule en au moins un point de X . Ou bien s s'annule en codimension 1 et alors $D > 0$; ou bien s s'annule en codimension $\geqslant 2$, alors $D = 0$, mais $U \neq X$ et s s'annule exactement sur $X-U$ (le drapeau se déchire au-dessus de $X-U$).

En résumé :

PROPOSITION 1.2. <u>Pour qu'un fibré</u> E , <u>de rang</u> r , <u>sur</u> X <u>soit instable, il faut et il suffit qu'il existe</u> :

- <u>des entiers</u> i_j , $j=1,\ldots,s$ <u>avec</u> $1 \leqslant i_1 < \ldots < i_s < r$, <u>des entiers</u> $n_j > 0$ <u>pour</u> $j=1,\ldots,s$ <u>et</u> $j=r$, <u>tels que</u>

$$n_1 i_1 + \ldots + n_s i_s = n_r r$$

- <u>un ouvert</u> U <u>de</u> X , $\operatorname{codim}(X-U,X) \geqslant 2$, <u>et un drapeau</u> $E_1 \subset \ldots \subset E_s$ <u>de</u> $E|U$, <u>avec</u> $\operatorname{rang}(E_j) = i_j$, $j=1,\ldots,s$. <u>On pose</u> $L_j = \det(E_j)$, $j=1,\ldots,s$
- <u>une section non nulle</u> s <u>de</u> $L = L_1^{n_1} \otimes \ldots \otimes L_s^{n_s} \otimes \det(E)^{-n_r}$ <u>telle que ou bien</u> s <u>s'annule en codimension</u> 1 , i.e. $L = O_X(D)$, $D > 0$, <u>ou bien</u> s <u>engendre</u> L (i.e. $D = 0$), <u>mais le drapeau</u> (E_j), $j=1\ldots s$ <u>de</u> $E|U$, <u>ne se prolonge pas en un drapeau de</u> E .

REMARQUES 1.3. Si N est un faisceau inversible sur X , $E \otimes N$ est instable si et seulement si E est instable.

Lorsque $\det(E) = N^{\otimes r}$, quitte à remplacer E par $E \otimes N^{-1}$, on se ramène au cas $\det(E) = O_X$. Dans le cas général, on peut introduire les faisceaux virtuels $\det(E)^{\otimes t}$, $t \in \mathbb{Q}$ et le faisceau virtuel $F = E \otimes \det(E)^{-1/r}$. Pour tout caractère $\chi' = n_1\chi_{i_1} + \ldots + n_s\chi_{i_s}$, $1 \leqslant i_1 < \ldots i_s < r$, $n_j > 0$, on définit de même les faisceaux virtuels :

$$F^{(\chi')} = E^{(\chi')} \otimes \det(E)^{-\frac{n_2 q_2 + \ldots + n_s i_s}{r}}$$

de déterminant virtuel trivial. Lorsque $n_1 i_1 + \ldots + n_s i_s = n_r r$, $F^{(\chi')}$ est le faisceau $E^{(\chi)}$ avec $\chi = \chi' - n_r \chi_r$.

2. CAS DES COURBES

Supposons que X soit une courbe lisse propre intègre de genre g. Un fibré vectoriel E sur X a un rang $r(E)$ et un degré $d(E)$ égal au degré de $\det(E)$. De plus, si L est un faisceau inversible sur X, les conditions suivantes sont équivalentes : i) $d(L) > 0$; ii) $\exists m > 0$ et $D > 0$, tels que $L^{\otimes m} \simeq O_X(D)$.

Rappelons la notion de fibré stable introduite par Mumford :

DÉFINITION 2.1. Un fibré E sur une courbe X est stable (resp. semi-stable) si, pour tout sous-fibré F de E, $F \neq 0$, E, on a :

$$d(F)/r(F) < d(E)/r(E) \quad (\text{resp. } d(F)/r(F) \leqslant d(E)/rE)).$$

Disons que E est instable au sens de Mumford, s'il n'est pas semi-stable.

PROPOSITION 2.2. Instable au sens de Bogomolov $\Longleftrightarrow$ instable au sens de Mumford. En effet, supposons E instable au sens de Bogomolov et appliquons la proposition 1.2 dont on garde les notations. Il existe un drapeau $E_1 \subset \ldots \subset E_s$ de E, tel que $L = L_1^{n_1} \otimes \ldots \otimes L_s^{n_s} \otimes \det(E)^{-n_r}$ soit de degré > 0. Posons $d_j = d(E_j)$. On a :

$$d(L) = n_1 d_1 + \ldots + n_s d_s - n_r d(E) > 0$$

et

$$n_1 i_1 + \ldots + n_s i_s - n_r r = 0 .$$

Donc il existe $j \in [1,\ldots,s]$ avec

$$d_j/i_j > d(E)/r \quad \text{soit} \quad d(E_j)/r(E_j) > d(E)/r(E)$$

et E est instable au sens de Mumford.

Réciproquement, si F est un sous-fibré non nul de E, tel que

$$d(F)/r(F) > d(E)/r(E) ,$$

alors $\det(F)^{r(E)} \otimes \det(E)^{r(F)} = L'$ est de degré > 0, donc $\exists m > 0$ tel que $L'^{\otimes m} = O_X(D)$, $D > 0$. Les conditions de la proposition 1.2 sont réalisées en prenant $s = 1$, $E_1 = F$, $n_1 = mr(E)$.

Les fibrés stables et semi-stables sur les courbes ont été largement étudiés ([6]). Rappelons en particulier l'interprétation transcendante ($k = \mathbb{C}$) des fibrés stables de degré 0 :

Soit $x \in X$ et soit π_1 le groupe fondamental de X en x. A toute représentation ρ de π_1 dans un vectoriel complexe V de dimension r, on associe un faisceau de coefficients $V(\rho)$ sur X, puis un fibré holomorphe $E(\rho) = V(\rho) \otimes_{\mathbb{C}_X} O_X$.

THÉORÈME 2.3. L'application $\rho \longmapsto E(\rho)$ établit une bijection entre les classes de représentations unitaires irréductibles de π_1 et les classes d'isomorphismes de fibrés stables, de degré 0.

REMARQUES 2.4. 1) En caractéristique $p > 0$, la notion de fibré instable au sens de Mumford et celle décrite dans la proposition 1.2, sont encore équivalentes, mais elles ne sont plus équivalentes à la notion introduite dans 1.1. Par exemple, cette dernière fournit une notion de fibré instable invariante par puissance $p^{\text{ème}}$, ce qui n'est pas le cas des fibrés instables au sens de Mumford ([4]). Dès lors, il est peut-être raisonnable de définir un fibré instable, en toute caractéristique et en toute dimension, à l'aide du critère énoncé dans 1.2.

2) Soit X une variété projective, à anneaux locaux factoriels, telle que $NS(X)/\text{torsion}$ soit de rang 1 (par exemple l'espace projectif). Alors tout fibré vectoriel F, défini sur un ouvert U de

X avec codim(X-U,X) $\geqslant$ 2 , a un déterminant qui est un faisceau inversible sur X et donc a un degré d(F). Procédant comme dans la démonstration de 2.2 on trouve que E est instable si et seulement si, il existe un ouvert U de X avec codim(X-U,X) $\geqslant$ 2 et un sous-fibré F de $E|U$, $F \neq 0$, $F \neq E|U$, tel que :

- ou bien $d(F)/r(F) > d(E)/r(E)$;
- ou bien $d(F)/r(F) = d(E)/r(E)$ et F ne se prolonge pas en un sous-fibré de E .

3. OPÉRATIONS SUR LES FIBRÉS INSTABLES

PROPOSITION 3.1. *Soient* E *un fibré de rang* r *sur* X *et* σ *une représentation irréductible de* Gl(r), *qui n'est pas somme directe de représentations de dimension* 1. *Alors* E *est instable si et seulement si* $E^{(\sigma)}$ *est instable*.

Si $E^{(\sigma)}$ est instable, il est clair sur la définition 1.1 que E est instable. Réciproquement, supposons E instable et soit s une représentation de PGl(r) telle que $E^{(\rho)}$ possède une section non nulle, nulle en un point de X . Soit N le rang de $E^{(\sigma)}$. Par hypothèse, l'image de Gl(r) dans Gl(N), déduite de σ , n'est pas commutative, de sorte que, par passage au quotient, le morphisme PGl(r) $\longrightarrow$ PGL(N) est injectif. Soit B l'algèbre de PGl(r) qui est un quotient de l'algèbre A de PGL(N). On peut supposer ρ irréductible, d'espace V . Alors V est contenu comme sous-représentation de B (PGl(r) opérant par translations, à gauche sur B). Par semi-simplicité, V se relève dans A comme PGL(r)-module, donc est contenu dans une représentation de dimension finie W de PGl(N). Un point de W instable sous PGl(r) est, a fortiori, instable sous PGl(N) et donc $E^{(\sigma)}$ est instable.

PROPOSITION 3.2. *Soient* Y *un* k-*schéma* *propre*, *normal*, *intègre*, $f : Y \longrightarrow X$ *un* k-*morphisme* *surjectif*. *Alors* $f^*(E)$ *est un fibré instable sur* Y *si et seulement si* E *est un fibré instable sur* X .

L'assertion est claire si $f_*(O_Y) = O_X$. Par factorisation de Stein, il suffit donc de traiter le cas où f est fini ; soit m son degré. Il est immédiat que si E est instable, $f^*(E)$ aussi. Réciproquement, s'il existe une représentation ρ de $PGl(r)$ telle que $(f^*(E))^{(\rho)} = f^*(E^{(\rho)})$ possède une section s , non nulle, nulle en un point de Y , la norme de s est une section non nulle, nulle en un point de X , de $S^m(E^{(\rho)})$ (puissance symétrique $m^{\text{ième}}$ de $E^{(\rho)}$) et donc E est instable.

4. PRÉLIMINAIRES A L'ÉTUDE DES FIBRÉS DE RANG DEUX SUR LES SURFACES

Dans la suite X est une surface lisse. Rappelons que l'on définit dans $NS(X)\otimes_{\mathbb{Z}}\mathbb{Q}$ des cônes convexes épointés, correspondant à diverses notions de positivité. Par ordre d'inclusion décroissante on trouve :

- le cône C_+ engendré par les diviseurs > 0 , donc aussi par les faisceaux inversibles L , tels qu'il existe $m > 0$ avec $L^{\otimes m} = O_X(D)$, $D > 0$;
- le cône C_{++} engendré par les L de C_+ tels que $L.L > 0$. C'est un cône convexe d'après le théorème de l'index. Si H est une section hyperplane de X , on a

$$L \in C_{++} \Longleftrightarrow L.L > 0 \quad \text{et} \quad L.H > 0 \;;$$

- le cône engendré par les faisceaux inversibles L numériquement positifs, c'est-à-dire tels que $L.L > 0$ et $L.C \geq 0$, pour toute courbe C de X ;
- le cône engendré par les faisceaux inversibles amples, c'est-à-dire encore les L tels que $L.L > 0$ et $L.C > 0$ pour toute courbe C .

Parmi les faisceaux numériquement positifs, figurent ceux dont un multiple > 0 est engendré par ses sections ; on obtient ainsi les faisceaux inversibles L sur X , tels qu'il existe $m > 0$ pour lequel $L^{\otimes m}$ est l'image réciproque d'un faisceau ample sur une surface X' déduite de X en contractant un nombre fini de courbes. Il peut exister des faisceaux numériquement positifs qui ne sont pas de ce type ([7] p. 124).

Soit maintenant un fibré vectoriel E sur X ; il a des classes de Chern, $c_1(E) = \det(E)$ et $c_2(E) \in \mathbb{Z}$. Examinons le cas où E est de rang 2 et cherchons à déterminer $c_2(E)$.

- Si E est extension de faisceaux inversibles :

$$0 \longrightarrow L \longrightarrow E \longrightarrow M \longrightarrow 0 ,$$

$c_2(E) = L.M$.

- Si E possède une section s n'ayant que des zéros isolés, $c_2(E)$ est le degré du cycle Z des zéros de s .
- Dans le cas général, notons K le corps fractions de X . A toute droite L_K de la fibre générique E_K de E , est associé un plus grand sous-faisceau L de E , de fibre générique L_K . D'où une suite exacte :

$$0 \longrightarrow L \longrightarrow E \longrightarrow E/L \longrightarrow 0 .$$

Alors L et E/L sont des faisceaux sans torsion de rang 1. Par suite L est réflexif, donc est un faisceau inversible, puisque les anneaux locaux de X sont factoriels. Le faisceau E/L se plonge dans son bidual M , qui pour les mêmes raisons est un faisceau inversible, donc E/L est de la forme $I_Z M$, où I_Z est un faisceau d'idéaux de O_X qui définit un fermé Z de dimension 0. D'où une suite exacte :

(**) $$0 \longrightarrow L \longrightarrow E \longrightarrow I_Z M \longrightarrow 0 .$$

Nous dirons que L est une <u>droite saturée</u> de E (mais L n'est un sous-fibré de E , i.e. est localement facteur direct dans E , qu'en dehors du support de Z) et que (**) est un dévissage de E . Les classes de Chern de E sont en évidence sur (**) :

- $c_1(E) = L \otimes M$
- $c_2(E) = L.M + \deg(Z)$.

Enfin, on note $S^n(E)$ le fibré puissance symétrique $n^{\text{ième}}$ de E .

5. FIBRÉS INSTABLES DE RANG 2 SUR UNE SURFACE

PROPOSITION 5.1. _Soit_ E _un fibré de rang_ 2 _sur la surface_ X . _Les conditions suivantes sont équivalentes_ :

i) _le fibré_ E _est instable_.

ii) $\exists n > 0$, _tel que_ $S^{2n}(E) \otimes \det(E)^{-n}$ _possède une section non nulle, nulle en un point de_ X .

iii) _Le fibré_ E _admet un dévissage_ :

$$0 \longrightarrow L \longrightarrow E \longrightarrow I_Z M \longrightarrow 0$$

dans lequel, ou bien $L \otimes M^{-1} \in C_+$ (4), _ou bien_ $\exists n > 0$ $(L \otimes M^{-1})^n = O_X$ _et_ $\deg(Z) > 0$.

De plus, si ces conditions sont réalisées, le dévissage introduit dans iii) _est unique_.

DÉMONSTRATION. Soit V un k-espace vectoriel de rang 2. Pour $n \geqslant 0$, les représentations naturelles de $Gl(V)$ dans $S^{2n}(V) \otimes \det(V)^{-n}$ se factorisent à travers $PGl(V)$ et conduisent aux diverses classes de représentations irréductibles de $PGl(V)$ d'où l'équivalence de i) et ii) compte tenu de la définition 1.1.

Nous allons d'abord prouver l'équivalence de ii) et iii), à l'aide du théorème 1.2, donc en utilisant les résultats de Bogomolov sur les morphismes dans les modèles de points instables. Nous donnerons ensuite une démonstration directe qui n'utilise que la caractérisation des points instables dans $S^{2n}(V) \otimes \det(V)^{-n}$ donnée dans (Exp. 1.8).

D'après 1.2, E est instable, si et seulement si il existe un ouvert U de X , $\operatorname{codim}(X-U,X) \geqslant 2$, un sous-fibré L_1 de $E|U$ de rang 1 , un entier $n_1 > 0$ et une section non nulle s de $L_1^{2n_1} \otimes \det(E)^{-n_1}$, tels que :

- ou bien s s'annule en codimension 1 ,
- ou bien s engendre $L_1^{2n_1} \otimes \det(E)^{-n_1}$ et L_1 ne se prolonge pas en un sous-fibré en droites de E sur X .

Soit L l'unique droite saturée de E telle que $L|U \supset L_1$, d'où un dévissage :

$$0 \longrightarrow L \longrightarrow E \longrightarrow I_Z M \longrightarrow 0$$

et posons $n = n_1$. On a $L_1^{2n} \otimes \det(E)^{-n} \subset (L \otimes M^{-1}|U)^n$, avec égalité si et seulement si $L|U = L_1$. Finalement on obtient :

- ou bien $(L \otimes M^{-1})^n = O_X(D)$, $D > 0$, donc $L \otimes M^{-1} \in C^+$;
- ou bien $L|U = L_1$, $(L \otimes M^{-1})^n = O_X$ et $\deg(Z) > 0$. D'où ii) $\Longleftrightarrow$ iii).

DÉMONSTRATION DIRECTE DE ii) $\Longrightarrow$ iii). Soient $P = P(E)$ le fibré en droites projectives sur X , associé à E , $\pi : P \longrightarrow X$ le morphisme structural et $O_P(1)$ le faisceau tautologique sur P . On a $\pi_*(O_P(n)) = S^n(E)$.

Rappelons les faits élémentaires suivants :

5.2. Soit n un entier $\geqslant 0$. Si D_n est un diviseur positif sur P , de degré n relativement à X , il existe un faisceau inversible L sur X , unique à isomorphisme près, tel que $O_P(D_n) \simeq O_P(n)\pi^*(L^{-1})$, d'où un morphisme injectif : $O_P \xhookrightarrow{\text{can.}} O_P(D_n) \xrightarrow{\sim} O_P(n)\pi^*(L^{-1})$; soit encore un morphisme injectif : $\pi^*(L) \hookrightarrow O_P(n)$. Par image directe, on en déduit un morphisme injectif : $L \hookrightarrow S^n(E)$. Réciproquement, partant d'un morphisme injectif $L \hookrightarrow S^n(E)$, on en déduit une section non nulle de $S^n(E) \otimes L^{-1}$ donc, de $O_P(n)\pi^*(L^{-1})$; son diviseur des zéros est un diviseur positif D_n de degré n au-dessus de X .

Soit alors s une section non nulle, nulle quelque part, de $S^{2n}(E) \otimes \det(E)^{-n}$ donc instable (1.1). D'après le lemme, il lui correspond un diviseur > 0 , D_{2n} sur P de degré $2n$ au-dessus de X . Choisissons une base (A, B) de la fibre générique E_K de E . Alors s s'interprète comme un polynôme homogène Q_{2n} en A , B , de degré $2n$, défini à multiplication près par un élément de K^* et $(D_{2n})_K$ est le fermé des zéros de Q_{2n} . On sait que s est instable si et seulement si Q_{2n} a un facteur multiple d'ordre $> n$ (Exp. 1.8). Ce facteur est alors unique ; soit $n+r$, $0 < r \leqslant n$ sa multiplicité. D'où

$$Q_{2n} = S^{n+r} T_{n-r} ,$$

où S est homogène en A , B de degré 1 et T_{n-r} homogène de degré $n-r$. Le facteur S correspond à un point rationnel de la fibre générique de π , dont l'adhérence dans P est un diviseur D_1 de degré 1 sur X . Alors on a

$$D_{2n} = (n+r)D_1 + D_{n-r}$$

où D_{n-r} est un diviseur $\geqslant 0$, correspondant génériquement au facteur T_{n-r} . Compte tenu du lemme 5.2, il existe des faisceaux inversibles L et N sur X et des isomorphismes : $O_X(D_1) \simeq O_P(1)\pi^*(L^{-1})$,

$$O_X(D_{n-r}) \simeq O_P(n-r)\pi^*(N^{-1})$$

$$O_X(D_{2n}) \simeq O_P(2n)\pi^*(\det(E)^{-n}) .$$

D'où un isomorphisme :

(1) $$\det(E)^n \simeq L^{n+r} \otimes N .$$

Toujours d'après 5.2, le diviseur D_1 correspond à une injection $L \hookrightarrow E$. Comme D_1 n'a pas de composantes verticales au-dessus des points de codimension 1 de X , L est une droite saturée de E et fournit un dévissage :

(2) $$0 \longrightarrow L \longrightarrow E \longrightarrow I_Z M \longrightarrow 0 .$$

On a $x \in \mathrm{Supp}(Z)$, si et seulement si, $\pi^{-1}(x) \subset \mathrm{Supp}(D_1)$. Soit $U = X - \mathrm{Supp}(Z)$. Au-dessus de U , on déduit de 2), une suite de composition de $S^{n-r}(E|U)$, à quotients successifs isomorphes à $L^i \otimes M^{n-r-i}|_U$ $(0 \leqslant i \leqslant n-r)$. D'après 5.2, le diviseur D_{n-r} correspond à une injection $N \hookrightarrow S^{n-r}(E)$. Il existe donc i , $0 \leqslant i \leqslant n-r$ et une injection $N|U \hookrightarrow L^i \otimes M^{n-r-i}|_U$; elle se prolonge en une injection $N \hookrightarrow L^i \otimes M^{n-r-i}$. Compte tenu de 1) et 2), on en déduit une injection :

$$(L \otimes M)^n = \det(E)^n = L^{n+r} \otimes N \hookrightarrow L^{n+r+i} \otimes M^{n-r-i}$$

d'où une section t non nulle de $(L\otimes M^{-1})^{r+i}$. De plus, si $\deg(Z) = 0$, on a $U = X$ et D_1 est un diviseur relatif. Si donc s s'annule en x, on a $D_{n-r} \supset \pi^{-1}(x)$, $N \hookrightarrow S^{n-r}(E)$ s'annule en x, donc t s'annule en x et $L\otimes M^{-1} \in C_+$. Ceci achève la démonstration de ii) $\Longrightarrow$ iii).

Il reste à voir que le dévissage de E donné dans iii) est unique. Soit

$$0 \longrightarrow L' \longrightarrow E \longrightarrow I_{Z'}M' \longrightarrow 0$$

un dévissage de E, distinct du précédent et tel que ou bien $L'\otimes M'^{-1} \in C^+$ ou bien $L'^{n'} = M'^{n'}$ et $\deg(Z') > 0$. On en déduit une injection

$$(3) \qquad L \hookrightarrow I_{Z'}M' \hookrightarrow M',$$

donc $M' = L(D)$ avec $D \geqslant 0$. Comme $M'\otimes L' = M\otimes L = \det(E)$, on a $L' = M(-D)$. Alors $L'\otimes M'^{-1} = (M\otimes L^{-1})(-2D)$. Mais $L'\otimes M'^{-1}$ et $L\otimes M^{-1}$ sont de torsion ou dans C^+ ; ceci n'est possible que si $D = 0$, $L = M'$ et $L' = M$. On en déduit d'abord $L\otimes M' = (L'\otimes M'^{-1})^{-1}$ donc $L\otimes M^{-1}$ et $L'\otimes M'^{-1}$ ne sont pas dans C^+, donc sont de torsion. Enfin de (3) on déduit $Z' = 0$ d'où une contradiction.

COROLLAIRE 5.3. _Si_ E _est un fibré de rang_ 2, _qui n'est pas instable, et si_ $\det(E)^{-1} \in C_+$, _alors_ $\forall n > 0$, $H^0(X,S^n(E)) = 0$.

Soit s une section non nulle de $S^n(E)$. Quitte à remplacer n par un multiple convenable, on peut supposer $n = 2m$ et $\det(E)^{-m} = O_X(D)$, $D > 0$. Alors à s est associée une injection $O_X \hookrightarrow S^{2m}(E)$, d'où une injection $O_X(D) = \det(E)^{-m} \hookrightarrow S^{2m}(E)\otimes\det(E)^{-m}$. Il en résulte que $S^{2m}(E)\otimes\det(E)^{-m}$ possède une section non nulle, qui s'annule sur D, donc est instable et par suite E est instable.

REMARQUE 5.4. La proposition 5.1 ainsi que la démonstration ci-dessus, restent valables si E est un fibré de rang 2 sur un schéma X propre, intègre, à anneaux locaux factoriels, de dimension quelconque ;

simplement, dans iii), I_Z est l'idéal d'un fermé Z de X , de codimension 2 (localement défini par une 2-suite régulière).

6. CRITÈRE D'INSTABILITÉ (Bogomolov)

THÉORÈME 6.1. Soit E un fibré de rang 2 sur la surface X . Si $c_1^2(E) > 4c_2(E)$, E est instable. Plus précisément, les conditions suivantes sont équivalentes :

i) $c_1^2(E) > 4c_2(E)$.

ii) Il existe un dévissage de E :

$$0 \longrightarrow L \longrightarrow E \longrightarrow I_Z M \longrightarrow 0$$

avec $L\otimes M^{-1} \in C_+$ et $c_1^2(L\otimes M^{-1}) > 4\deg(Z)$ (donc en particulier $L\otimes M^{-1} \in C_{++}$ (4). De plus ce dévissage est unique.

En fait il suffit de prouver que si $c_1^2(E) > 4c_2(E)$, E est instable ; les autres assertions résultent en effet immédiatement de 5.1.

Notons ω le faisceau des 2-formes différentielles sur X . Si E est un fibré de rang 2 sur X et L un faisceau inversible sur X , la caractéristique d'Euler-Poincaré de $S^n(E)\otimes L$ est donnée par la formule suivante :

$$\begin{aligned}\chi(S^n(E)\otimes L) = {} & \frac{\frac{n}{2}(\frac{n}{2}+1)(n+1)}{6}\,(c_1^2(E) - 4c_2(E)) \\ & + \frac{(n+1)}{2}\left[(c_1(L)+\tfrac{n}{2}\,c_1(E))^2 - \omega.(c_1(L)+\tfrac{n}{2}\,c_1(E))\right] \\ & + (n+1)\,\chi(O_X).\end{aligned} \tag{6.2}$$

COROLLAIRE 6.3.

$$\chi(S^{2n}(E)\otimes \det(E)^{-n}) = \frac{n(n+1)(2n+1)}{6}\,(c_1^2(E) - 4c_2(E)) + (2n+1)\chi(O_X) .$$

LEMME 6.4. Soient E un fibré vectoriel de rang 2 sur X et L un faisceau inversible. On a $|h^o(S^n(E)\otimes L) - h^o(S^n(E))| \leqslant O(n^2)$.

On peut trouver des diviseurs amples et lisses C et C' sur X , tels que

$$O_X(-C') \subset L \subset O_X(C) .$$

Alors $h^o(S^n(E)\otimes L) - h^o(S^n(E)) \leqslant h^o(S^n(E)\otimes O_X(C)) - h^o(S^n(E))$
$\leqslant h^o(S^n(E)\otimes O_X(C)|C) \leqslant O(n^2)$.

De même $h^o(S^n(E) - h^o(S^n(E)\otimes L) \leqslant h^o(S^n(E) - h^o(S^n(E)\otimes O_X(-C'))$
$\leqslant h^o(S^n(E)|C') \leqslant O(n^2)$.

Soit alors E de rang 2 sur X, tel que $c_1^2(E) \geqslant 4c_2(E)$. Posons $F_n = S^{2n}(E)\otimes \det(E)^{-n}$. D'après 6.3, on a $\chi(F_n) = O(n^3)$, donc $h^o(F_n) + h^2(F_n) \geqslant O(n^3)$. Par ailleurs F_n est isomorphe à son dual $F_n^\vee$, (car les représentations de $PGl(2)$ sont isomorphes à leur contragrédiente) d'où $h^2(F_n) = h^o(\omega\otimes F_n^\vee) = h^o(\omega\otimes F_n)$. D'après 6.4, appliqué au faisceau virtuel $E\otimes \det(E)^{-1/2}$ en place de E, on a $|h^o(F_n\otimes\omega) - h^o(F_n)| \leqslant O(n^2)$. On déduit de ces considérations que $h^o(F_n) = O(n^3)$. Soit $x \in X$. Comme F_n n'est que de rang $2n+1$, il existe pour $n \gg 0$, une section non nulle de F_n, qui s'annule en x et donc E est instable.

REMARQUE 6.5. Par une méthode analogue, Bogomolov prouve plus généralement que si E est un fibré de rang r sur une surface X, E est instable si $c_1^2(E) > \frac{2r}{r-1}\, c_2(E)$ ([1]).

7. APPLICATION AU THÉORÈME DE KODAIRA-RAMANUJAM

Si L est ample sur X, le "vanishing" de Kodaira entraîne $H^1(X,L^{-1}) = 0$. Dans le cas des surfaces, Ramanujan prouve plus généralement :

THEOREME 7.1. <u>Si</u> L <u>est un faisceau numériquement</u> > 0 (cf. 4) <u>sur la surface</u> X, <u>on a</u> $H^1(X,L^{-1}) = 0$ ([7]).

Le critère d'instabilité de Bogomolov, donné dans 6, fournit une démonstration algébrique, très élégante, de ce résultat.

Soit donc L un faisceau numériquement positif sur X. On a

$$H^1(X,L^{-1}) = \mathrm{Ext}^1(O_X,L^{-1}) = \mathrm{Ext}^1(L,O_X) .$$

Il nous faut montrer que toute extension :

(1) $$0 \longrightarrow O_X \longrightarrow E \longrightarrow L \longrightarrow 0$$

est triviale.

On a $c_1(E) = L$, $c_2(E) = 0$, $c_1^2(E) - 4c_2(E) = L.L > 0$. Donc E est instable (th. 6.1) et il existe un dévissage de E :

(2) $$0 \longrightarrow M \longrightarrow E \longrightarrow I_Z N \longrightarrow 0$$

avec $M \otimes N^{-1} \in C_{++}$. On ne peut avoir $M = O_X$, sinon $N = L$ et $M \otimes N^{-1} = L^{-1} \notin C_{++}$. Par suite les dévissages (1) et (2) de E sont distincts, d'où une injection $M \hookrightarrow L$. Il existe donc un diviseur $D \geqslant 0$, tel que $M = L(-D)$, $N = O_X(D)$ et (2) devient

(3) $$0 \longrightarrow L(-D) \longrightarrow E \longrightarrow I_Z(D) \longrightarrow 0 .$$

Pour voir que l'extension (1) est triviale, il suffit de montrer que $D = 0$. On a $0 = c_2(E) = L.D - D^2 + \deg(Z)$, d'où

(4) $$0 \leqslant L.D \leqslant D^2 .$$

Comme $M \otimes N^{-1} = L(-2D)$ est dans C_+ et que L est numériquement 0 , on a $L.L(-2D) \geqslant 0$ soit :

(5) $$0 \leqslant 2D.L \leqslant L^2 .$$

Considérons le discriminant de la forme quadratique d'intersection relatif à D et L :

$$\begin{vmatrix} D^2 & L.D \\ L.D & L^2 \end{vmatrix} = D^2.L^2 - (L.D)^2 .$$

D'après 4) et 5), $D^2L^2 - (L.D)^2 \geqslant (D.L)^2 \geqslant 0$. Mais d'après le théorème de l'index et le fait que $L^2 > 0$, ce discriminant et $\leqslant 0$. Donc il est nul et $L.D = D^2 = 0$. Le théorème de l'index encore, entraîne que $D = 0$ dans $NS(X) \otimes Q$. Comme $D \geqslant 0$, on a bien $D = 0$.

REMARQUES 7.2. Supposons que k soit de caractéristique $p > 0$.

1) Le "vanishing" de Kodaira et, a fortiori, le théorème de Ramanujam ne sont plus vrais ([8]).

2) Soit L numériquement positif. Le théorie de l'instabilité de Bogomolov permet de montrer que pour $n \gg 0$, le morphisme de Frobénius itéré :

$$H^1(X,L^{-1}) \longrightarrow H^1(X,L^{-p^n})$$

est nul. Pour une autre démonstration voir ([10], Prop. 2.1).

8. L'INÉGALITÉ $c_1^2 \leqslant 4c_2$

Soient c_i, $i=1,2$, les classes de Chern de Ω^1_X, faisceaux des formes différentielles de degré 1 sur la surface X. Lorsque X est de type général, Bogomolov a montré que l'on a $c_1^2 \leqslant 4c_2$; puis Miyaoka a prouvé $c_1^2 \leqslant 3c_2$. D'après Hirzebruch, cette dernière inégalité est la meilleure possible. Dans ce numéro nous exposons le résultat de Bogomolov, dans le suivant, celui de Miyaoka ([5]) (voir aussi [11]).

LEMME 8.1. <u>Soit</u> $\pi : y \longrightarrow C$ <u>un</u> k-<u>morphisme</u> <u>surjectif d'un schéma de type fini normal</u> y <u>dans une courbe lisse</u> C. <u>Soit</u> ω <u>une forme différentielle méromorphe sur</u> C. <u>Si</u> $\pi^*(\omega)$ <u>est holomorphe</u>, <u>sur</u> X, ω <u>est holomorphe sur</u> C (<u>on rappelle que</u> k <u>est de caractéristique</u> 0).

Soients $x \in C$ et y un point maximal d'une composante irréductible V de $\pi^{-1}(x)$. Alors y est de codimension 1 dans X, donc X est lisse sur k en y. Soit n la multiplicité de V dans $\pi^{-1}(x)$. Localement pour la topologie étale en y, on peut trouver une coordonnée t sur C, centrée en x et une coordonnée τ en y telle que $t\circ\pi = \tau^n$. Ecrivons $\omega = u(t)dt/t$ au voisinage de x, avec $u(t)$ méromorphe. Alors $\pi^*(\omega) = u(\tau^n)n\, d\tau/\tau$. Mais si $u(\tau^n)/\tau$ est holomorphe en y, $u(t)/t$ est holomorphe en x.

LEMME 8.2 (Castelnovo). <u>Soient</u> ω_1 <u>et</u> ω_2 <u>des formes différentielles holomorphes sur la surface lisse</u> X, <u>linéairement indépendantes</u>

<u>sur</u> k <u>et telles que</u> $\omega_1 \wedge \omega_2 = 0$. <u>Alors il existe un morphisme</u> π <u>de</u> X <u>dans une courbe</u> C <u>et des formes différentielles holomorphes</u> $\tilde{\omega}_i$, $i = 1,2$, <u>sur</u> C , <u>telles que</u> $\omega_i = \pi^*(\tilde{\omega}_i)$.

Les hypothèses faites sur les formes ω_i entraînent l'existence d'une fonction rationnelle non constante f sur X telle que $\omega_2 = f\omega_1$. Il existe un éclatement X' de X telle que f définisse un morphisme de X' dans la droite projective P^1 . Soit $\pi' : X' \longrightarrow C$ la factorisation de Stein de ce morphisme ; f provient d'une fonction méromorphe sur C notée encore f . On sait que ω_i est fermée, donc on a :

$$0 = d(\omega_2) = df \wedge \omega_1 . \tag{1}$$

Soit U un ouvert non vide de C tel que $f|U$ soit holomorphe, df engendre Ω^1_U et π' est lisse au-dessus de U . Posons $V = \pi'^{-1}(U)$. On a la suite exacte de faisceaux localement libres :

$$0 \longrightarrow \pi'^*(\Omega^1_U) \longrightarrow \Omega^1_V \longrightarrow \Omega^1_{V/U} \longrightarrow 0 .$$

De (1), on déduit que $\omega_i \in H^0(V, \pi'^*(\Omega^1_U)) = H^0(U, \Omega^1_U)$. Il existe donc des formes méromorphes $\tilde{\omega}_i$ sur C , $i = 1,2$, telles que $\pi'^*(\tilde{\omega}_i) = \omega_i$. D'après 8.1, $\tilde{\omega}_i$ est holomorphe. Alors C est nécessairement de genre $\geqslant 1$ et par suite le morphisme $\pi' : X' \longrightarrow C$, se factorise à travers X , d'où le lemme.

LEMME 8.3. <u>Soient</u> L <u>un faisceau inversible sur</u> X , n <u>un entier</u> > 0 <u>et</u> s <u>une section non nulle de</u> $L^{\otimes n}$. <u>Il existe une surface lisse</u> X', <u>un morphisme</u> $u : X' \longrightarrow X$ <u>génériquement fini</u>, <u>de degré</u> n <u>et une section</u> s' <u>de</u> $L' = u^*(L)$, <u>telle que</u> $s'^{\otimes n} = u^*(s)$.

La section s définit un morphisme $O_X \longrightarrow L^{\otimes n}$, donc un morphisme $L^{-n} \longrightarrow O_X$. Celui-ci permet de définir une structure de O_X-algèbre sur $\bigoplus_{i=0}^{1-n} L^{\otimes i}$. Soient Y le spectre de cette algèbre et $\pi : Y \longrightarrow X$ le morphisme canonique qui est fini, de degré n , étale en dehors des zéros de s . On a $\pi_*\pi^*(L) = \bigoplus_{i=1}^{2-n} L^{\otimes i}$. Dans cet isomorphisme, la section 1 de O_X correspond à une section t de $\pi^*(L)$ telle que $t^{\otimes n} = \pi^*(s)$.

Il reste à prendre pour X' une désingularisation de Y .

THÉORÈME 8.4 (Bogomolov). Soit L un faisceau inversible sur X , contenu dans Ω^1_X . Alors $h^o(X,L^{\otimes n}) \leqslant O(n)$, pour $n > 0$.

Distinguons trois cas :

- $\forall n > 0$, $h^o(X,L^n) \leqslant 1$. L'assertion est claire.
- $h^o(X,L) \geqslant 2$. D'après 8.2, il existe un morphisme $\pi : X \longrightarrow C$, C courbe lisse, et une forme holomorphe non nulle ω sur C telle que $\pi^*(\omega) \in H^o(X,L)$. Comme la fibre générique de π est lisse, $\pi^*(\omega)$ engendre une droite saturée dans Ω^1_X au-dessus d'un ouvert non vide U de C ; a fortiori, $\pi^*(\omega)$ engendre L au-dessus de U . Il en résulte que $L = O_X(D)$, où D est un diviseur > 0 , vertical (i.e. les composantes de D , sont des composantes des fibres de π). Alors il existe M , faisceau inversible sur C , tel que $L \subset \pi^*(M)$. D'où $h^o(X,L^n) \leqslant h^o(C,M^n) \leqslant O(n)$.
- Enfin, supposons qu'il existe $m > 0$, tel que $h^o(X,L^{\otimes m}) \geqslant 2$. En appliquant deux fois le lemme 8.3, on trouve une surface lisse X' et un morphisme surjectif $u : X' \longrightarrow X$, tel que si $L' = u^*(L)$, on ait $h^o(L') \geqslant 2$. Comme u est génériquement étale, on a $\pi^*(\Omega^1_X) \subset \Omega^1_{X'}$, et donc $L' \subset \Omega^1_{X'}$. Alors $h^o(X,L^n) \leqslant h^o(X',L'^n) \leqslant O(n)$.

COROLLAIRE 8.5. Il n'existe pas de faisceau inversible L de C_{++} contenu dans Ω^1_X .

REMARQUE 8.6. Bogomolov prouve plus généralement que si Y est un schéma propre et lisse sur k et L un faisceau inversible contenu dans Ω^i_Y , on a $h^o(Y,L^n) \leqslant O(n^i)$.

COROLLAIRE 8.7. Si X est de type général, Ω^1_X n'est pas instable et en particulier (6.1), on a $c_1^2 \leqslant 4c_2$.

En effet, si Ω^1_X est instable, il existe un dévissage :

$$0 \longrightarrow L \longrightarrow \Omega^1_X \longrightarrow I_Z M \longrightarrow 0$$

et un entier $n > 0$ tel que $(L\otimes M^{-1})^n = O_X(D)$, $D \geqslant 0$. Par ailleurs $L\otimes M = \Omega_X^2 = \omega$ et comme X est de type général, $h^0(X,\omega_X^2) = O(n^2)$. Mais $L^2 = (L\otimes M^{-1})\otimes(L\otimes M)$ et on ne peut avoir $h^0(L^m) \leqslant O(m)$, en contradiction avec 8.4.

9. L'INÉGALITÉ $c_1^2 \leqslant 3c_2$.

LEMME 9.1. _Soit_ E _un fibré de rang_ 2 _contenu dans_ Ω_X^1, _tel que_ det(E) _soit numériquement_ > 0. _Alors_ :

i) E _n'est pas instable et_ $c_2(E) \geqslant 0$.

ii) _Si_ L _est un faisceau inversible contenu dans_ E, _on a_

$$L.c_1(E) \leqslant c_2(E) .$$

L'assertion i) se démontre comme dans le corollaire 8.7.

Prouvons ii). Soit $L(D)$, $D \geqslant 0$, la droite saturée de E contenant L. Comme $c_1(E)$ est numériquement > 0, on a $L(D).c_1(E) \geqslant L.c_1(E)$ et il suffit de considérer le cas où L est saturé dans E. Alors $L^{-1}\otimes E$ possède une section n'ayant que des zéros isolés, donc a une deuxième classe de Chern $\geqslant 0$:

$$0 \leqslant c_2(L^{-1}\otimes E) = c_2(E) - L.c_1(E) + L.L .$$

Si $L.L \leqslant 0$, c'est fini. Supposons $L.L > 0$. D'après Riemann-Roch, on a alors $h^0(X,L^n) + h^2(X,L^n) \geqslant O(n^2)$, et donc $h^2(X,L^n) \geqslant O(n^2)$ d'après 8.4. Mais $h^2(X,L^n) = h^0(\omega\otimes L^{-n})$ et donc, pour $n \gg 0$, on a $\omega\otimes L^{-n} = O_X(D_n)$, $D_n \geqslant 0$. Comme $c_1(E)$ est numériquement positif, on obtient $\omega.c_1(E) - nL.c_1(E) \geqslant 0$, donc $L.c_1(E) \leqslant 0 \leqslant c_2(E)$.

LEMME 9.2. _Soit_ E _un sous-fibré de rang_ 2 _de_ Ω_X^1 _tel que_ det(E) _soit numériquement positif_. _Si_ L _est un sous-faisceau inversible de_ $S^n(E)$, _on a_ $L.c_1(E) \leqslant nc_2(E)$.

Soit $P = P(E)$ le fibré en droites projectives sur X associé à E. La donnée de l'injection $\alpha : L \hookrightarrow S^n(E)$ équivaut à la donnée d'un diviseur positif D sur P, de degré n au-dessus de X (cf. 5.2).

Soient K le corps des fractions de X et K_i , $i=1,\dots,r$, les corps de fractions des composantes irréductibles réduites de D qui dominent X . Notons K' une extension finie galoisienne de K qui contient les K_i . Soient X' une désingularisation de la normalisée de X dans K', $\pi : X' \longrightarrow X$ le morphisme canonique et d son degré. Notons E', P', L', D' les images réciproques de E, P, L, D par π . Le diviseur D' est associé à l'injection $\alpha' = \pi^*(\alpha) : L' \longrightarrow S^n(E')$ et, vu le choix de K', on a $D' = \sum_{i=1}^{n} D'_i$, où les D'_i sont des diviseurs positifs de P', de degré 1 sur X' (les diviseurs D'_i peuvent contenir des composantes verticales au-dessus des points de codimension 1 de X'). D'après 5.2, il existe des faisceaux inversibles L'_i sur X' $(i=1\dots,n)$, des injections $\alpha'_i : L'_i \hookrightarrow E'$, un isomorphisme $L' \simeq L'_1 \otimes\dots\otimes L'_n$ tel que $\alpha' = \alpha'_1\dots\alpha'_n$. Comme π est génériquement étale, le morphisme canonique $\pi^*(\Omega^1_X) \hookrightarrow \Omega^1_{X'}$ est injectif de sorte que E' est un sous-faisceau de $\Omega^1_{X'}$; évidemment $\det(E')$ est encore numériquement positif. D'après 9.1, on a

$$L'_i.c_1(E') \leqslant c_2(E') \quad \text{pour} \quad i=1,\dots,n$$

d'où $$L'.c_1(E') \leqslant nc_2(E')$$

soit $$d(L.c_1(E)) \leqslant dnc_2(E) \text{ , d'où le lemme.}$$

Supposons maintenant que X est une surface de type général. Par éclatement d'un point de X , c_1^2 diminue tandis que c_2 augmente. Il suffit donc de prouver l'inégalité $c_1^2 \leqslant 3c_2$ pour X minimale.

Posons $c_2 = \alpha c_1^2$, de sorte que l'on doit montrer $\alpha \geqslant 1/3$. Comme X est supposée minimale, ω est numériquement positif ([3]) et on peut appliquer 9.2 avec $E = \Omega^1_X = \Omega^1$. D'où :

COROLLAIRE 9.3. <u>Soit</u> L <u>un faisceau inversible sur</u> X . <u>Alors</u> $h^0(S^n(\Omega^1)\otimes L^{-1}) = 0$ <u>pour</u> $L.c_1 > nc_2$.

Prenons L virtuel (1.3), de la forme $\omega^{\lambda n}$, $\lambda \in \mathbb{Q}$. On obtient

(1) $$h^0(S^n(\Omega^1 \otimes \omega^{-\lambda}) = 0 \quad \text{pour } n\lambda \text{ entier, } \lambda > \alpha \text{ .}$$

Notons que d'après 8.7 et 5.3, on a $h^o(S^n(\Omega^1 \otimes \omega^{-\lambda}) = 0$ pour $\lambda > 1/2$, de sorte que le corollaire 9.3 apporte seulement un résultat meilleur pour $\alpha < 1/2$ ce que nous supposerons désormais.

On a $h^2(S^n(\Omega^1 \otimes \omega^{-\lambda}) = h^o(\omega \otimes S^n(\Omega^1 \otimes \omega^{-\lambda})^{\vee}) = h^o(\omega \otimes S^n(\Omega^1 \otimes \omega^{-1} \otimes \omega^{\lambda}))$
$= h^o(S^n(\Omega^1 \otimes \omega^{-(1-\lambda-1/n)}))$.

Toujours d'après (1), on a donc $h^2(S^n(\Omega^1 \otimes \omega^{-\lambda}) = 0$, pour $n\lambda$ entier $(1-\lambda-1/n) > \alpha$, donc pour $n\lambda$ entier, $n \gg 0$ et $\lambda < 1-\alpha$

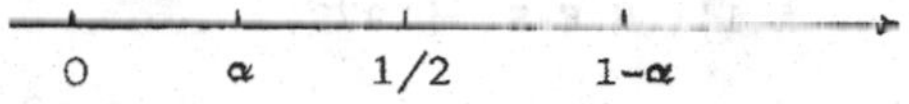

Finalement $h^o(S^n(\Omega^1 \otimes \omega^{-\lambda})) = h^2(S^n(\Omega^1 \otimes \omega^{-\lambda}) = 0$ pour $n\lambda$ entier, $n \gg 0$ et $\alpha < \lambda < 1-\alpha$. On a alors $\chi(S^n(\Omega^1 \otimes \omega^{-\lambda})) \leq 0$. Or d'après 6.2, $\chi(S^n(\Omega^1 \otimes \omega^{-\lambda}) = \frac{n^3}{24}(c_1^2-4c_2) + \frac{n}{2}(-n\lambda+n/2)^2 c_1^2 + O(n^2)$.
On doit donc avoir $1/4 - \alpha + 3(1/2-\lambda)^2 \leq 0$ pour $\alpha < \lambda < 1-\alpha$. D'où pour $\lambda = \alpha$, $1/4 - \alpha + 3(1/2-\alpha)^2 \leq 0$ soit $3(\alpha-1)(\alpha-1/3) \leq 0$, d'où $\alpha > 1/3$.

BIBLIOGRAPHIE

[1] F.A. BOGOMOLOV.- Notes distribuées au CIME (juillet 77).

[2] F.A. BOGOMOLOV.- Holomorphic tensors and vector bundles on projective varieties. Math. U.S.S.R Izvestija vol. 13 n° 3 (1979).

[3] E. BOMBIÈRI.- Canonical models of surfaces of general type. Pub. I.H.E.S. n° 42 (1972), p. 171-220.

[4] D. GIESEKER.- Stable vector bundles and the Frobenius morphism. Notes publiées à l'I.H.E.S. (1972).

[5] Y. MIYAOKA.- On the Chern numbers of surfaces of general type. Invent. Math. vol. 42 (1977), p. 225-237.

[6] M.S. NARASIMHAN and C.S. SESHADRI.- Stable and unitary vector bundles on a compact Riemann surface. Annals of Maths, vol. 82 (1965), p. 540-567.

[7] C.P. RAMANUJAM.- Supplement to the article "remarks on the Kodaira Vanishing theorem". Journal of Indian Math. Soc., vol. 38 (1974), p. 121-124.

[8] M. RAYNAUD.- Contre-exemple au "vanishing theorem" en caractéristique $p > 0$. C.P. Ramanujam Publ. of the Tata Institute (1978).

[9] M. RIED.- Bogomolov's theorem $c_1^2 \leqslant 4c_2$. Pre-print du colloque de Kyoto (1977).

[10] L. SZPIRO.- Sur le théorème de rigidité de Parsin et Arakelov. Journées de géométrie algébrique de Rennes, Astérisque n° 64 (1979).

[11] VAN DE VEN.- Some recent results on surfaces of general type. Sém. Bourbaki 1976-77, n° 500.

Université de Paris-Sud
Centre d'Orsay
Mathématique, bât. 425
91405 ORSAY (France)